精品课程配套立体化教材

线性代数

（第三版）

主　编：曾　翔　王远清
副主编：郦　园　刘筱萍
莫莉萍　王泸怡
范金梅　冯凤香
编　者：林　亮　伍艳春
云逢明

华中师范大学出版社

内 容 提 要

本书是作者在第二版的基础上，进一步结合教学实践，总结经验，根据新时期对教学的要求修订而成。全书遵循现代大学教育的规律，一切从读者出发，一切为读者服务，融入了许多新的教学思想和方法。书中例题丰富典型，注意归纳总结，增强逻辑思维，体现了通俗易懂、便于自学等特点。本书内容共六章，包括：行列式、矩阵、矩阵的初等变换与线性方程组、n维向量及向量空间、相似矩阵及对角化、二次型，还配有网络视频课。每章各节都有习题、本章小结和总习题，书末附有习题参考答案或提示。

本书不仅可作为本科生教材，也可作为大专、自考和各类成人教育的教材及考研参考书。

新出图证(鄂)字 10 号

图书在版编目(CIP)数据

线性代数/曾翔，王远清主编. —3 版. —武汉：华中师范大学出版社，2019. 11(2022. 7 重印)

ISBN 978-7-5622-8879-4

Ⅰ. ①线…　Ⅱ. ①曾…　②王…　Ⅲ. ①线性代数—高等学校—教材

Ⅳ. ①O151. 2

中国版本图书馆 CIP 数据核字(2019)第 299894 号

线性代数(第三版)

©曾　翔　王远清　主编

责任编辑：袁正科　**责任校对**：刘　峥		**封面设计**：甘　英	
编 辑 室：高教分社		**电　　话**：027—67867364	
出版发行：华中师范大学出版社		**社　　址**：湖北省武汉市珞喻路 152 号	
电　　话：027—67861549(发行部)		**传　　真**：027—67863291	
网　　址：http://press. ccnu. edu. cn		**电子信箱**：press@mail. ccnu. edu. cn	
印　　刷：武汉兴和彩色印务有限公司		**督　　印**：刘　敏	
字　　数：250 千字			
开　　本：787mm×1092mm　1/16		**印　　张**：11. 25	
版　　次：2020 年 2 月第 3 版		**印　　次**：2022 年 7 月第 3 次印刷	
印　　数：9001—11000		**定　　价**：28. 50 元	

欢迎上网查询、购书

第三版前言

本书第三版是在第二版的基础上，按照坚持改革，总结经验，不断完善，提高质量，适应新时期对教学的要求修订而成。在修订中，我们新增了观看网络视频课的二维码，保持了上一版中概念引入自然，理论条理清晰，阐述详细流畅，由浅入深，循序渐进，通俗易懂，便于自学等优点。

本次修订主要做了以下工作：

1. 对每章的各节都配备了习题。题目丰富典型，便于读者及时练习和巩固知识。在各章小结后面还配备了较全面的总习题，能更好地满足读者复习本章知识的需要。

2. 对第 3 章的前三节内容顺序作了适当调整，使之更加符合逻辑思维，阅读起来更加顺畅。

3. 将上一版中有关概念改为定义，有关结论改为定理，使概念和理论知识更加清晰、完整。

4. 对上一版中有关叙述作了进一步推敲、精细修改（包括修改错误的字词和符号）和补充，使其更加合理、规范、完善、科学。

5. 本次修订配备有电子视频课，并放置在专门的网络学习平台上。读者可借助手机扫描书中二维码进入平台观看这些视频，从而为读者提供多种学习渠道。视频课可课前观看预习，也可课后观看，进一步加深理解和掌握所学内容。

本次修订是在征求和收集使用本书的老师和读者建议的基础上完成。具体分工为：王远清负责第 1 章、第 6 章的修订和全书的审定工作，郦园负责第 2 章的修订工作，刘筱萍负责第 3 章的修订工作，莫莉萍负责第 4 章的修订工作，王泸怡负责第 5 章的修订工作，曾翔、范金梅、冯凤香三位老师负责全书所有电子视频课的录制和加工剪辑工作。

本次修订工作得到了桂林理工大学理学院领导和老师们的大力支持，尤其是得到了刘淑芹老师一如既往的关心和帮助。在此，对他们表示诚挚的感谢。

由于编者水平有限，本版中难免存在疏漏，恳请专家、同仁和读者批评指正。

编　者

2019 年 8 月

第二版前言

本书是在我们多年使用第一版的基础上，结合自己的教学实践，按照新形势下线性代数的教学要求修订而成。在修订中，我们保留了原书的体系和风格以及概念引入自然，理论条理清晰，阐述详细流畅，由浅入深、循序渐进、通俗易懂、便于自学等优点。此外，我们还努力体现了以下特点：

1. 遵循现代大学教育的规律。在严格按照高等学校本科线性代数课程教学基本要求的前提下，充分考虑大众教育的特点。以学生掌握线性代数的基本概念、基本理论和基本方法为重点，培养应用线性代数的基本思想和基本方法来解决问题的能力。

2. 站在读者的角度，一切从读者出发。为了增强读者对内容的理解，我们改变了有关定理的证明方法，补充了有关定理、例题和习题，增加了直观易懂的阐述。根据需要，有的更加简明扼要，有的更加通俗详尽，有利于自学。同时，对综合性较强的内容和习题加了“*”号，以便对教学要求稍高的专业选用。本书保留和充实了每章的小结，旨在帮助读者更好地掌握知识要点。

3. 更加合理地安排内容，增强了逻辑思维。改变了有关内容的编排顺序，减少了思维的跳跃性和抽象性，增加了对知识的归纳和总结性的语句，这些更加有助于读者记住并应用定理的结论和方法。

4. 教材的难易程度适中，几乎包含考研的全部知识。本书不仅可以作为本科生教材，也可作为大专、自考和各类成人教育的教材及考研参考书。

本次修订的主要工作由王远清完成。在修订过程中，我们得到了桂林理工大学理学院的领导、相关老师的热情支持和帮助，莫莉萍和刘筱萍两位老师分别对第一、二、三章和第五、六章提出了具体的宝贵意见；同时，我们还得到了吴群英博士(教授)一如既往的关心和指导，在此向他们表示诚挚的谢意。

由于编者水平有限，书中难免存在不足之处，恳请读者批评指正。

编　者

2013 年 12 月

第一版前言

本书是按照教育部对高等学校工科本科线性代数课程的基本要求，并结合作者多年的教学实践编写而成的。

在编写过程中，力求概念引入自然、理论条理清晰、阐述详细流畅、内容通俗易懂。对较抽象的内容尽量用具体的例子加以说明，做到由浅入深，循序渐进，减少初学者的困难。

本书注重帮助读者掌握基本知识，提高分析和解决问题的能力，这在选择和解答例题以及配备习题等方面都有体现。书的每章后面都有内容小结，可起到指导读者学习的作用。

根据有关教学文件，文科生和专科生使用本书时，对第六章可以删减，对各章综合性较强的例题和习题也可以不作要求。

在编写过程中，得到了桂林工学院数理系领导、老师的大力支持和帮助；特别是得到了吴群英博士（教授）的关心和指导，并仔细审阅了全部书稿，在此，向他们表示衷心的感谢。

由于编者水平有限，本书难免有不足之处，敬请批评指正。

编　者

2004 年 6 月

目　　录

第 1 章　行　列　式

行列式是研究线性方程组和矩阵的重要工具,同时在许多科学技术领域内有着广泛的应用,本章先介绍排列及逆序数的概念,再介绍 n 阶行列式的定义、性质、计算方法以及用克莱姆法则解线性方程组的方法。

1.1　排列及其逆序数

二维码 1-1

1.1.1　排列与逆序的概念

现在给出 1,2,3 三个数字,能够组成 $3! = 6$ 个没有重复数字的三位数 123,231,312,132,213,321。

这 6 个数,就是三个不同元素的六种不同的排列,其中 123 是由小到大的排列,称为标准排列,另外五个排列,总有大的数排在较小的数前面,称这种排列为有逆序的排列。

定义 1.1.1　由 $1,2,\cdots,n$ 这 n 个数组成的一个有序数组称为一个 **n 阶排列**,记为 $p_1p_2\cdots p_n$,其中排列 $12\cdots n$ 称为**标准排列**。

$1,2,\cdots,n$ 的 n 阶排列共有 $n(n-1)(n-2)\cdots 2\cdot 1 = n!$ 个。

定义 1.1.2　在一个 n 阶排列中,当某两个数,较大的排在较小的前面,则称这两个数有一个**逆序**,这个 n 阶排列中所有逆序的总数称为该排列的**逆序数**。当逆序数为偶数时,称这个排列为**偶排列**;当逆序数为奇数时,称这个排列为**奇排列**。排列 $p_1p_2\cdots p_n$ 的逆序数记为 $\tau(p_1p_2\cdots p_n)$。

若 $p_i(i = 2,3,\cdots,n)$ 的前面有 t_i 个比它大的数,就说 p_i 的逆序数是 t_i。则排列 $p_1p_2\cdots p_n$ 的逆序数为

$$t_2 + t_3 + \cdots + t_n = \sum_{i=2}^{n} t_i。$$

例如　$\tau(53142) = 1+2+1+3 = 7$,　　是奇排列;

$\tau(54132) = 1+2+2+3 = 8$,　　是偶排列;

$\tau(12345) = 0$,　　是偶排列。

在排列中,对换任意两个元素,其余元素位置不变,得到新排列的做法叫作**对换**;相邻两个元素的对换,叫作**相邻对换**。

1.1.2 对换的性质

定理 1.1.1 一个排列中，任意对换两数，则排列改变奇偶性。

证 1° 当对换的两个数 p_l，q_1 相邻时，设排列为

$$p_1p_2\cdots p_lq_1q_2\cdots q_s, \tag{1}$$

经 p_l，q_1 对换变成新的排列

$$p_1p_2\cdots p_{l-1}q_1p_lq_2\cdots q_s, \tag{2}$$

其中排列 $p_1p_2\cdots p_{l-1}$ 与 $q_2\cdots q_s$ 的逆序数没有发生变化，而当 $p_l<q_1$ 时，对换以后，排列(2)的逆序数比排列(1)的逆序数增加 1；当 $p_l>q_1$ 时，对换以后，排列(2)的逆序数比排列(1)的逆序数减少 1，从而得知，相邻对换改变排列的奇偶性。

2° 当对换的两个数 p_l 与 q_1 之间有 k 个数 $t_1t_2\cdots t_k$ 时，设排列为

$$p_1p_2\cdots p_{l-1}p_lt_1t_2\cdots t_kq_1q_2\cdots q_s, \tag{3}$$

经 p_l，q_1 对换得新的排列

$$p_1p_2\cdots p_{l-1}q_1t_1t_2\cdots t_kp_lq_2\cdots q_s。 \tag{4}$$

排列(4)可看成是由排列(3)中的 q_1 向左经过 k 次相邻对换，变成

$$p_1p_2\cdots p_{l-1}p_lq_1t_1t_2\cdots t_kq_2\cdots q_s, \tag{5}$$

再把排列(5)中的 p_l 向右经过 $k+1$ 次相邻对换而得到的，这两步共经过 $2k+1$ 次相邻对换，而每一次相邻对换都使得排列的奇偶性发生改变，又 $2k+1$ 为奇数，所以排列(3)与排列(4)的奇偶性相反。综合上述 1°，2° 定理得证。

定理 1.1.2 偶排列变成标准排列的对换次数为偶数，奇排列变成标准排列的对换次数为奇数。

证 因为标准排列的逆序数为 0，是偶数，再由定理 1.1.1 知对换一次，奇偶性改变一次，从而偶排列变为偶排列，其对换次数应为偶数，奇排列变为偶排列，其对换次数为奇数。

习题 1.1

1. 求下列排列的逆序数：

(1) 31542；　　(2) 264315；

(3) 54321；　　(4) $246\cdots(2n-2)(2n)135\cdots(2n-3)(2n-1)$。

2. 计算下列各式：

(1) $(-1)^{\tau(2413)}$；　　(2) $(-1)^{\tau(4321)}$；

(3) $2^{\tau(21453)}$；　　(4) $3^{\tau(2143)}$。

1.2 n 阶行列式的定义

1.2.1 二阶与三阶行列式

二维码 1-2

用消元法解二元一次方程组

$$\begin{cases} a_{11}x_1 + a_{12}x_2 = b_1, \\ a_{21}x_1 + a_{22}x_2 = b_2。 \end{cases} \tag{1}$$

为消去未知数 x_2，以第一个方程乘以 a_{22} 减去第二个方程乘以 a_{12}，得

$$(a_{11}a_{22} - a_{12}a_{21})x_1 = b_1a_{22} - b_2a_{12}。$$

类似地可消去 x_1，得

$$(a_{11}a_{22} - a_{12}a_{21})x_2 = b_2a_{11} - b_1a_{21},$$

当 $a_{11}a_{22} - a_{12}a_{21} \neq 0$ 时，求得

$$x_1 = \frac{b_1a_{22} - b_2a_{12}}{a_{11}a_{22} - a_{12}a_{21}}, \quad x_2 = \frac{b_2a_{11} - b_1a_{21}}{a_{11}a_{22} - a_{12}a_{21}}。 \tag{2}$$

为了便于记忆，引入下面定义：

定义 1.2.1 由四个数 $a_{11}, a_{12}, a_{21}, a_{22}$ 排成二行二列（横排为行，竖排为列）的数表 $\begin{matrix} a_{11} & a_{12} \\ a_{21} & a_{22} \end{matrix}$ 所确定的表达式 $a_{11}a_{22} - a_{12}a_{21}$ 称为**二阶行列式**，记为

$$D = \begin{vmatrix} a_{11} & a_{12} \\ a_{21} & a_{22} \end{vmatrix} = a_{11}a_{22} - a_{12}a_{21}, \tag{3}$$

其中数 $a_{ij}(i = 1,2;\ j = 1,2)$ 称为行列式(3) 的**元素**，第一个下标 i 称为**行标**，第二个下标 j 称为**列标**，数 a_{ij} 表示是位于行列式的第 i 行、第 j 列的元素。

如图 1.1 中 a_{11} 至 a_{22} 的实连线称为**主对角线**，a_{12} 至 a_{21} 的虚连线称为**副对角线**，于是二阶行列式的值等于主对角线上两个元素的乘积减去副对角线上两个元素的乘积，这种计算方法称为二阶行列式的**对角线法则**。

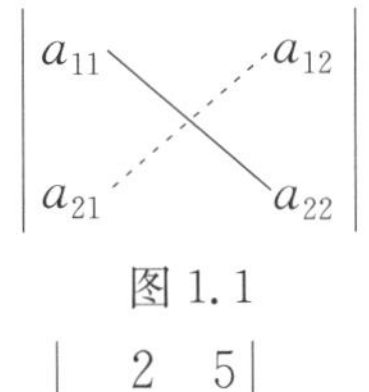

图 1.1

例 1 计算二阶行列式 $D = \begin{vmatrix} 2 & 5 \\ -7 & 6 \end{vmatrix}$。

解 $D = 2 \times 6 - 5 \times (-7) = 47$。

利用行列式的定义，(2) 式中的分子也可写成二阶行列式，即

$$b_1a_{22} - b_2a_{12} = \begin{vmatrix} b_1 & a_{12} \\ b_2 & a_{22} \end{vmatrix}, \quad b_2a_{11} - b_1a_{21} = \begin{vmatrix} a_{11} & b_1 \\ a_{21} & b_2 \end{vmatrix}。$$

若记 $D=\begin{vmatrix} a_{11} & a_{12} \\ a_{21} & a_{22} \end{vmatrix}$，$D_1=\begin{vmatrix} b_1 & a_{12} \\ b_2 & a_{22} \end{vmatrix}$，$D_2=\begin{vmatrix} a_{11} & b_1 \\ a_{21} & b_2 \end{vmatrix}$，则(2)式，即方程组(1)的解可写成

$$x_1=\frac{D_1}{D}=\frac{\begin{vmatrix} b_1 & a_{12} \\ b_2 & a_{22} \end{vmatrix}}{\begin{vmatrix} a_{11} & a_{12} \\ a_{21} & a_{22} \end{vmatrix}},\quad x_2=\frac{D_2}{D}=\frac{\begin{vmatrix} a_{11} & b_1 \\ a_{21} & b_2 \end{vmatrix}}{\begin{vmatrix} a_{11} & a_{12} \\ a_{21} & a_{22} \end{vmatrix}}。$$

注意，这里的分母D是方程组(1)中的未知数的系数按原次序排列而成的二阶行列式，D_1是用常数项b_1,b_2替换D中x_1的相应系数a_{11},a_{21}而得到的二阶行列式，D_2是用常数项b_1,b_2替换D中x_2的相应系数a_{12},a_{22}而得到的二阶行列式。

例 2 解二元一次方程组$\begin{cases} 3x_1+x_2=5, \\ 2x_1-4x_2=-6。\end{cases}$

解 由于

$$D=\begin{vmatrix} 3 & 1 \\ 2 & -4 \end{vmatrix}=-12-2=-14\neq 0,$$

$$D_1=\begin{vmatrix} 5 & 1 \\ -6 & -4 \end{vmatrix}=-20-(-6)=-14,$$

$$D_2=\begin{vmatrix} 3 & 5 \\ 2 & -6 \end{vmatrix}=-18-10=-28,$$

所以 $$x_1=\frac{D_1}{D}=\frac{-14}{-14}=1,\quad x_2=\frac{D_2}{D}=\frac{-28}{-14}=2。$$

下面类似地定义三阶行列式。

定义 1.2.2 由 $3^2=9$ 个数排成三行三列的数表

$$\begin{matrix} a_{11} & a_{12} & a_{13} \\ a_{21} & a_{22} & a_{23} \\ a_{31} & a_{32} & a_{33} \end{matrix} \tag{4}$$

并记 $$D=\begin{vmatrix} a_{11} & a_{12} & a_{13} \\ a_{21} & a_{22} & a_{23} \\ a_{31} & a_{32} & a_{33} \end{vmatrix}$$

$$=a_{11}a_{22}a_{33}+a_{13}a_{21}a_{32}+a_{12}a_{23}a_{31}-a_{13}a_{22}a_{31}-a_{12}a_{21}a_{33}-a_{11}a_{23}a_{32}, \tag{5}$$

则(5)式称为数表(4)所确定的**三阶行列式**。

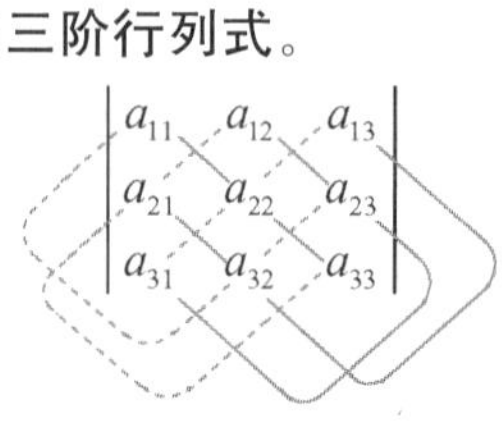

图 1.2

三阶行列式所含 6 项的元素及符号可按图 1.2 记忆，即三阶行列式的值等于各实线上三个元素乘积之和减去各虚线上三个元素乘积之和。这种计算方法称为三阶行列式的对角线法则。

例 3 计算三阶行列式

$$D=\begin{vmatrix}1 & -2 & 3\\ 2 & 1 & -1\\ 3 & -5 & 2\end{vmatrix}。$$

解

$$\begin{aligned}D&=1\times1\times2+3\times2\times(-5)+(-2)\times(-1)\times3\\&\quad-3\times1\times3-1\times(-1)\times(-5)-(-2)\times2\times2\\&=2-30+6-9-5+8=-28。\end{aligned}$$

从二阶及三阶行列式的展开式中，我们看出它们有如下的规律（现只用三阶行列式说明）：

(1) 三阶行列式是一个数，它为 $3!=6$ 项的代数和。

(2) 每一项都是三个元素的乘积，这三个元素是取自不同行及不同列的元素，且每行每列只能有一个元素。

(3) 对于项 $a_{1p_1}a_{2p_2}a_{3p_3}$，其中 $p_1p_2p_3$ 为数 1,2,3 的一个全排列，当 $\tau(p_1p_2p_3)$ 为偶数时 $a_{1p_1}a_{2p_2}a_{3p_3}$ 前面取正号，当 $\tau(p_1p_2p_3)$ 为奇数时 $a_{1p_1}a_{2p_2}a_{3p_3}$ 前面取负号，这样三阶行列式的每一项都可以写成 $(-1)^{\tau(p_1p_2p_3)}a_{1p_1}a_{2p_2}a_{3p_3}$。

所以，三阶行列式可写成

$$\begin{vmatrix}a_{11} & a_{12} & a_{13}\\ a_{21} & a_{22} & a_{23}\\ a_{31} & a_{32} & a_{33}\end{vmatrix}=\sum(-1)^{\tau(p_1p_2p_3)}a_{1p_1}a_{2p_2}a_{3p_3}。$$

1.2.2 *n* 阶行列式的定义

定义 1.2.3 由 n^2 个数排成 n 行 n 列的数表

$$\begin{matrix}a_{11} & a_{12} & \cdots & a_{1n}\\ a_{21} & a_{22} & \cdots & a_{2n}\\ \vdots & \vdots & & \vdots\\ a_{n1} & a_{n2} & \cdots & a_{nn}\end{matrix}$$

并记

$$D=\begin{vmatrix}a_{11} & a_{12} & \cdots & a_{1n}\\ a_{21} & a_{22} & \cdots & a_{2n}\\ \vdots & \vdots & & \vdots\\ a_{n1} & a_{n2} & \cdots & a_{nn}\end{vmatrix}=\sum(-1)^{\tau(p_1p_2\cdots p_n)}a_{1p_1}a_{2p_2}\cdots a_{np_n}, \tag{6}$$

称此式为上述 n 行 n 列的数表所确定的 ***n* 阶行列式**。

二维码 1-3

二维码 1-4

(6) 式中，$p_1p_2\cdots p_n$ 为 $1,2,\cdots,n$ 的一个全排列，$\sum$ 表示对一切 n 阶排列求和，右边的和式称为 n 阶行列式 D 的展开式；显然 D 的展开式中共有 $n!$ 项，其中每一项都是取自 D 的不同行、不同列的 n 个元素的乘积，而且每个乘积项前面所带符号的规律为：当逆序数 $\tau(p_1p_2\cdots p_n)$ 为偶数时取正号，而当逆序数 $\tau(p_1p_2\cdots p_n)$ 为奇数时取负号。

行列式有时简记为 $D=\det(a_{ij})$，$a_{ij}(i=1,2,\cdots,n;\ j=1,2,\cdots,n)$ 表示行列式 D 中第 i 行第 j 列的元素。

特别地，当 $n=1$ 时，$|a_{11}|=a_{11}$ 称为**一阶行列式**，注意不要与绝对值记号相混淆。

主对角线以下(上)的元素都为 0 的行列式叫作**上(下)三角行列式**。

例 4 证明下三角行列式

$$D=\begin{vmatrix} a_{11} & 0 & 0 & \cdots & 0 \\ a_{21} & a_{22} & 0 & \cdots & 0 \\ a_{31} & a_{32} & a_{33} & \cdots & 0 \\ \vdots & \vdots & \vdots & & \vdots \\ a_{n1} & a_{n2} & a_{n3} & \cdots & a_{nn} \end{vmatrix}=a_{11}a_{22}\cdots a_{nn}。$$

证 由行列式定义，其展开式的一般项为 $a_{1p_1}a_{2p_2}\cdots a_{np_n}$，在 D 中，第一行只有 a_{11} 可能不为 0，则取 $p_1=1$；第二行中，只有 a_{21}，a_{22} 可能不为 0，而 a_{11} 已经取了，所以 a_{21} 不能取(与 a_{11} 同列)，故只能取 a_{22}，即 $p_2=2$。这样继续下去，D 中可能不为 0 的项只有一项 $(-1)^{\tau(12\cdots n)}a_{11}a_{22}\cdots a_{nn}$。

又由于 $\tau(12\cdots n)=0$ 为偶数，符号取正，所以得

$$D=a_{11}a_{22}\cdots a_{nn}。$$

同理有上三角行列式

$$D=\begin{vmatrix} a_{11} & a_{12} & a_{13} & \cdots & a_{1n} \\ 0 & a_{22} & a_{23} & \cdots & a_{2n} \\ \vdots & \vdots & \vdots & & \vdots \\ 0 & 0 & 0 & \cdots & a_{nn} \end{vmatrix}=a_{11}a_{22}\cdots a_{nn}。$$

类似可推得

$$D=\begin{vmatrix} 0 & 0 & 0 & \cdots & 0 & 0 & a_{1n} \\ 0 & 0 & 0 & \cdots & 0 & a_{2,n-1} & a_{2n} \\ 0 & 0 & 0 & \cdots & a_{3,n-2} & a_{3,n-1} & a_{3n} \\ \vdots & \vdots & \vdots & & \vdots & \vdots & \vdots \\ 0 & a_{n-1,2} & a_{n-1,3} & \cdots & a_{n-1,n-2} & a_{n-1,n-1} & a_{n-1,n} \\ a_{n1} & a_{n2} & a_{n3} & \cdots & a_{n,n-2} & a_{n,n-1} & a_{nn} \end{vmatrix}$$

$$=\begin{vmatrix} a_{11} & a_{12} & a_{13} & \cdots & a_{1,n-1} & a_{1n} \\ a_{21} & a_{22} & a_{23} & \cdots & a_{2,n-1} & 0 \\ \vdots & \vdots & \vdots & & \vdots & \vdots \\ a_{n-1,1} & a_{n-1,2} & 0 & \cdots & 0 & 0 \\ a_{n1} & 0 & 0 & \cdots & 0 & 0 \end{vmatrix}=(-1)^{\frac{n(n-1)}{2}}a_{1n}a_{2,n-1}a_{3,n-2}\cdots a_{n1}\text{。}$$

主对角线以上和以下的元素都为 0 的行列式叫作**对角行列式**。由上(下)三角行列式计算方法,可直接得

$$\begin{vmatrix} \lambda_1 & & & \\ & \lambda_2 & & \\ & & \ddots & \\ & & & \lambda_n \end{vmatrix}=\lambda_1\lambda_2\cdots\lambda_n\text{;}$$

$$\begin{vmatrix} & & & \lambda_1 \\ & & \lambda_2 & \\ & \iddots & & \\ \lambda_n & & & \end{vmatrix}=(-1)^{\frac{n(n-1)}{2}}\lambda_1\lambda_2\cdots\lambda_n\text{。}$$

从 n 阶行列式定义知,其任一项由 n 个元素相乘构成,而乘积有交换律。如果把该项的列标的排列 $p_1p_2\cdots p_n$ 经过 k 次对换变成标准排列 $12\cdots n$,这时其相应的行标排列 $12\cdots n$ 也经过 k 次的对换后变成 $s_1s_2\cdots s_n$,即有

$$a_{1p_1}a_{2p_2}\cdots a_{np_n}=a_{s_1 1}a_{s_2 2}\cdots a_{s_n n}\text{。}$$

又由定理 1.1.2 知 $\tau(p_1p_2\cdots p_n)$ 与 $\tau(s_1s_2\cdots s_n)$ 有着相同的奇偶性,则有

$$(-1)^{\tau(p_1p_2\cdots p_n)}a_{1p_1}a_{2p_2}\cdots a_{np_n}=(-1)^{\tau(s_1s_2\cdots s_n)}a_{s_1 1}a_{s_2 2}\cdots a_{s_n n}\text{,}$$

这样,可以给出 n 阶行列式的另一个定义。

定义 1.2.3′ n 阶行列式定义为

$$D=\begin{vmatrix} a_{11} & a_{12} & \cdots & a_{1n} \\ a_{21} & a_{22} & \cdots & a_{2n} \\ \vdots & \vdots & & \vdots \\ a_{n1} & a_{n2} & \cdots & a_{nn} \end{vmatrix}=\sum(-1)^{\tau(s_1s_2\cdots s_n)}a_{s_1 1}a_{s_2 2}\cdots a_{s_n n}\text{。}$$

习题 1.2

1. 计算下列行列式:

(1) $\begin{vmatrix} 2 & 5 \\ 6 & 3 \end{vmatrix}$; (2) $\begin{vmatrix} \sin\alpha & -\cos\alpha \\ \cos\alpha & \sin\alpha \end{vmatrix}$;

(3) $\begin{vmatrix} a^2 & ab \\ ab & b^2 \end{vmatrix}$; (4) $\begin{vmatrix} a^2-ab+b^2 & a-b \\ a^2+ab+b^2 & a+b \end{vmatrix}$;

(5) $\begin{vmatrix} 2 & 1 & 3 \\ 1 & 5 & 2 \\ 4 & 2 & 1 \end{vmatrix}$；　　(6) $\begin{vmatrix} 2 & 3 & 5 \\ 4 & 2 & 3 \\ 3 & 4 & 2 \end{vmatrix}$；

(7) $\begin{vmatrix} 0 & 0 & 3 \\ 0 & 2 & 1 \\ 4 & 5 & 0 \end{vmatrix}$；　　(8) $\begin{vmatrix} a & 0 & 0 & 0 \\ 0 & b & 0 & 0 \\ 0 & 0 & c & 0 \\ 0 & 0 & 0 & d \end{vmatrix}$；

(9) $\begin{vmatrix} 0 & a & 0 & 0 \\ 0 & 0 & b & 0 \\ 0 & 0 & 0 & c \\ d & 0 & 0 & 0 \end{vmatrix}$。

2. 用例 2 的方法解下列方程组：

(1) $\begin{cases} 2x_1+x_2=0, \\ x_1+2x_2=3; \end{cases}$　　(2) $\begin{cases} 2x_1-x_2=1, \\ x_1+2x_2=8。 \end{cases}$

3. 求出四阶行列式中含有元素 a_{31} 且带有负号的项。

4. 求出行列式 $\begin{vmatrix} x & 2 & 1 & x \\ 1 & 3x & 2 & 4 \\ 5 & x & 6x & 1 \\ 7 & 4 & 3 & x \end{vmatrix}$ 包含 x^4 和 x^3 的项。

5. 设 n 阶行列式中有 n^2-n 个以上的元素为零，证明该行列式为零。(提示：用反证法)

1.3　行列式的性质

二维码 1-5

二维码 1-6

当 n 阶行列式的 n 较大时，用行列式的定义计算其值很麻烦且计算量大。本节介绍的行列式的性质，可以把复杂的行列式化为比较简单的行列式进行计算。

设 n 阶行列式

$$D=\begin{vmatrix} a_{11} & a_{12} & \cdots & a_{1n} \\ a_{21} & a_{22} & \cdots & a_{2n} \\ \vdots & \vdots & & \vdots \\ a_{n1} & a_{n2} & \cdots & a_{nn} \end{vmatrix},$$

将 D 的行变成相应的列后得到的行列式记为

$$D^{T}=\begin{vmatrix} a_{11} & a_{21} & \cdots & a_{n1} \\ a_{12} & a_{22} & \cdots & a_{n2} \\ \vdots & \vdots & & \vdots \\ a_{1n} & a_{2n} & \cdots & a_{nn} \end{vmatrix},$$

则称 D^{T} 为 D 的**转置行列式**。

性质 1　行列式与它的转置行列式相等，即 $D^{\mathrm{T}}=D$。

证　设行列式 $D=\sum(-1)^{\tau(p_1p_2\cdots p_n)}a_{1p_1}a_{2p_2}\cdots a_{np_n}$，

$$D^{\mathrm{T}}=\begin{vmatrix} b_{11} & b_{12} & \cdots & b_{1n} \\ b_{21} & b_{22} & \cdots & b_{2n} \\ \vdots & \vdots & & \vdots \\ b_{n1} & b_{n2} & \cdots & b_{nn} \end{vmatrix}=\sum(-1)^{\tau(p_1p_2\cdots p_n)}b_{1p_1}b_{2p_2}\cdots b_{np_n},$$

由转置行列式定义知　$b_{ij}=a_{ji}(i,j=1,2,\cdots,n)$，所以有

$$D^{\mathrm{T}}=\sum(-1)^{\tau(p_1p_2\cdots p_n)}b_{1p_1}b_{2p_2}\cdots b_{np_n}=\sum(-1)^{\tau(p_1p_2\cdots p_n)}a_{p_11}a_{p_22}\cdots a_{p_nn},$$

又由定义 1.2.3′ 有

$$D=\sum(-1)^{\tau(p_1p_2\cdots p_n)}a_{p_11}a_{p_22}\cdots a_{p_nn},$$

因而得出　$$D^{\mathrm{T}}=D。$$

这个性质表明，在行列式中行和列所处的地位是相同的，因而凡是对行成立的性质，对列也同样成立；反之亦然。

性质 2　交换行列式的两行(列)，行列式的值变号。

证　设

$$D=\begin{vmatrix} a_{11} & a_{12} & \cdots & a_{1n} \\ \vdots & \vdots & & \vdots \\ a_{i1} & a_{i2} & \cdots & a_{in} \\ \vdots & \vdots & & \vdots \\ a_{j1} & a_{j2} & \cdots & a_{jn} \\ \vdots & \vdots & & \vdots \\ a_{n1} & a_{n2} & \cdots & a_{nn} \end{vmatrix}\begin{matrix} \\ \\ (\text{第 } i \text{ 行}) \\ \\ (\text{第 } j \text{ 行}) \\ \\ \\ \end{matrix},$$

由 D 交换第 i,j 两行得到

$$D_1=\begin{vmatrix} b_{11} & b_{12} & \cdots & b_{1n} \\ \vdots & \vdots & & \vdots \\ b_{i1} & b_{i2} & \cdots & b_{in} \\ \vdots & \vdots & & \vdots \\ b_{j1} & b_{j2} & \cdots & b_{jn} \\ \vdots & \vdots & & \vdots \\ b_{n1} & b_{n2} & \cdots & b_{nn} \end{vmatrix}=\sum(-1)^{\tau(p_1p_2\cdots p_n)}b_{1p_1}b_{2p_2}\cdots b_{ip_i}\cdots b_{jp_j}\cdots b_{np_n},$$

显然，当 $k\neq i$ 且 $k\neq j$ 时，$b_{kp}=a_{kp}$；当 $k=i$ 时，$b_{ip}=a_{jp}$；当 $k=j$ 时，$b_{jp}=a_{ip}$，从而

$$D_1 = \sum (-1)^{\tau(p_1\cdots p_i\cdots p_j\cdots p_n)} a_{1p_1}\cdots a_{jp_i}\cdots a_{ip_j}\cdots a_{np_n}$$

$$= \sum (-1)(-1)^{\tau(p_1\cdots p_j\cdots p_i\cdots p_n)} a_{1p_1}\cdots a_{ip_j}\cdots a_{jp_i}\cdots a_{np_n} = -D。$$

推论　如果行列式中有两行(列)的对应元素相同,则这行列式的值为零。

证　现将行列式 D 中元素相同的两行互换,则仍为 D;但由性质 2,这时其值为 $-D$,即 $D=-D$,所以 $D=0$。

性质3　用数 k 乘以行列式的某一行(列)的所有元素,等于以数 k 乘以此行列式,即

$$D_1 = \begin{vmatrix} a_{11} & a_{12} & \cdots & a_{1n} \\ \vdots & \vdots & & \vdots \\ ka_{i1} & ka_{i2} & \cdots & ka_{in} \\ \vdots & \vdots & & \vdots \\ a_{n1} & a_{n2} & \cdots & a_{nn} \end{vmatrix} = k\begin{vmatrix} a_{11} & a_{12} & \cdots & a_{1n} \\ \vdots & \vdots & & \vdots \\ a_{i1} & a_{i2} & \cdots & a_{in} \\ \vdots & \vdots & & \vdots \\ a_{n1} & a_{n2} & \cdots & a_{nn} \end{vmatrix} = kD。$$

证　记 $D=\det(a_{ij})$,

$$D_1 = \sum (-1)^{\tau(p_1p_2\cdots p_n)} a_{1p_1}a_{2p_2}\cdots ka_{ip_i}\cdots a_{np_n}$$

$$= k\sum (-1)^{\tau(p_1p_2\cdots p_n)} a_{1p_1}a_{2p_2}\cdots a_{ip_i}\cdots a_{np_n} = kD。$$

推论1　如果行列式的某行(列)的所有元素有公因子,则公因子可以提到行列式符号外面。

推论2　若行列式有两行(列)的对应元素成比例,则行列式的值等于零。

这是因为,由推论 1,先把行列式的成比例的两行(列)的比例系数提到行列式符号外面后,则行列式的这两行(列)的对应元素相同,再由性质 2 的推论可知这个行列式的值等于零。

性质4　如果行列式 D 中的某一行(列)的每一个元素都由两个数之和组成,则 D 可写为两个行列式之和,即若

$$D = \begin{vmatrix} a_{11} & a_{12} & \cdots & a_{1n} \\ \vdots & \vdots & & \vdots \\ b_{i1}+c_{i1} & b_{i2}+c_{i2} & \cdots & b_{in}+c_{in} \\ \vdots & \vdots & & \vdots \\ a_{n1} & a_{n2} & \cdots & a_{nn} \end{vmatrix},$$

$$D_1 = \begin{vmatrix} a_{11} & a_{12} & \cdots & a_{1n} \\ \vdots & \vdots & & \vdots \\ b_{i1} & b_{i2} & \cdots & b_{in} \\ \vdots & \vdots & & \vdots \\ a_{n1} & a_{n2} & \cdots & a_{nn} \end{vmatrix}, \quad D_2 = \begin{vmatrix} a_{11} & a_{12} & \cdots & a_{1n} \\ \vdots & \vdots & & \vdots \\ c_{i1} & c_{i2} & \cdots & c_{in} \\ \vdots & \vdots & & \vdots \\ a_{n1} & a_{n2} & \cdots & a_{nn} \end{vmatrix},$$

则

$$D = D_1 + D_2。$$

证
$$\begin{aligned}D&=\sum(-1)^{\tau(p_1p_2\cdots p_n)}a_{1p_1}a_{2p_2}\cdots(b_{ip_i}+c_{ip_i})\cdots a_{np_n}\\&=\sum(-1)^{\tau(p_1p_2\cdots p_n)}a_{1p_1}a_{2p_2}\cdots b_{ip_i}\cdots a_{np_n}\\&\quad+\sum(-1)^{\tau(p_1p_2\cdots p_n)}a_{1p_1}a_{2p_2}\cdots c_{ip_i}\cdots a_{np_n}\\&=D_1+D_2\text{。}\end{aligned}$$

性质5 行列式的某一行(列)的所有元素加上另一行(列)的对应元素的k倍,行列式的值不变。

即

$$D=\begin{vmatrix}a_{11}&a_{12}&\cdots&a_{1n}\\\vdots&\vdots&&\vdots\\a_{i1}&a_{i2}&\cdots&a_{in}\\\vdots&\vdots&&\vdots\\a_{j1}&a_{j2}&\cdots&a_{jn}\\\vdots&\vdots&&\vdots\\a_{n1}&a_{n2}&\cdots&a_{nn}\end{vmatrix}=\begin{vmatrix}a_{11}&a_{12}&\cdots&a_{1n}\\\vdots&\vdots&&\vdots\\a_{i1}+ka_{j1}&a_{i2}+ka_{j2}&\cdots&a_{in}+ka_{jn}\\\vdots&\vdots&&\vdots\\a_{j1}&a_{j2}&\cdots&a_{jn}\\\vdots&\vdots&&\vdots\\a_{n1}&a_{n2}&\cdots&a_{nn}\end{vmatrix}=D_1\text{。}$$

证 由行列式性质4以及性质3的推论2可得到

$$D_1=\begin{vmatrix}a_{11}&a_{12}&\cdots&a_{1n}\\\vdots&\vdots&&\vdots\\a_{i1}&a_{i2}&\cdots&a_{in}\\\vdots&\vdots&&\vdots\\a_{j1}&a_{j2}&\cdots&a_{jn}\\\vdots&\vdots&&\vdots\\a_{n1}&a_{n2}&\cdots&a_{nn}\end{vmatrix}+\begin{vmatrix}a_{11}&a_{12}&\cdots&a_{1n}\\\vdots&\vdots&&\vdots\\ka_{j1}&ka_{j2}&\cdots&ka_{jn}\\\vdots&\vdots&&\vdots\\a_{j1}&a_{j2}&\cdots&a_{jn}\\\vdots&\vdots&&\vdots\\a_{n1}&a_{n2}&\cdots&a_{nn}\end{vmatrix}=D+0=D\text{。}$$

为了表达行列式运算过程中要用到的三种运算,现用下列符号来表示,用$r_i\leftrightarrow r_j$表示行列式互换第i行与第j行;kr_i表示行列式第i行的各元素乘以数k,称为用数k乘以第i行;r_i+kr_j表示行列式第i行各元素加上第j行对应元素的k倍,称为第i行加上第j行的k倍;同理,$c_i\leftrightarrow c_j$,kc_i,c_i+kc_j分别表示行列式互换第i列与第j列,数k乘以第i列,第i列各元素加上第j列对应元素的k倍。

例1 计算 $D=\begin{vmatrix}2&3&1&2\\4&2&2&3\\3&4&0&2\\5&7&3&1\end{vmatrix}$。

解 $$D\xlongequal{c_1\leftrightarrow c_3}-\begin{vmatrix}1&3&2&2\\2&2&4&3\\0&4&3&2\\3&7&5&1\end{vmatrix}\xlongequal[r_4-3r_1]{r_2-2r_1}-\begin{vmatrix}1&3&2&2\\0&-4&0&-1\\0&4&3&2\\0&-2&-1&-5\end{vmatrix}$$

$$\xlongequal{r_2 \leftrightarrow r_4}\begin{vmatrix}1&3&2&2\\0&-2&-1&-5\\0&4&3&2\\0&-4&0&-1\end{vmatrix}\xlongequal[r_4-2r_2]{r_3+2r_2}\begin{vmatrix}1&3&2&2\\0&-2&-1&-5\\0&0&1&-8\\0&0&2&9\end{vmatrix}$$

$$\xlongequal{r_4-2r_3}\begin{vmatrix}1&3&2&2\\0&-2&-1&-5\\0&0&1&-8\\0&0&0&25\end{vmatrix}=1\times(-2)\times1\times25=-50。$$

例 2 计算 $D=\begin{vmatrix}1&2&3&4\\2&3&4&1\\3&4&1&2\\4&1&2&3\end{vmatrix}$。

解 $D\xlongequal[(i=2,3,4)]{c_1+c_i}\begin{vmatrix}10&2&3&4\\10&3&4&1\\10&4&1&2\\10&1&2&3\end{vmatrix}\xlongequal[(i=2,3,4)]{r_i-r_1}\begin{vmatrix}10&2&3&4\\0&1&1&-3\\0&2&-2&-2\\0&-1&-1&-1\end{vmatrix}$

$$\xlongequal[r_4+r_2]{r_3-2r_2}\begin{vmatrix}10&2&3&4\\0&1&1&-3\\0&0&-4&4\\0&0&0&-4\end{vmatrix}=10\times1\times(-4)\times(-4)=160。$$

例 3 计算 $D=\begin{vmatrix}101&1&0&1\\100&-1&1&3\\99&-1&1&3\\98&-2&3&4\end{vmatrix}$。

解 将行列式分成两个行列式的和,即

$$D=\begin{vmatrix}101&1&0&1\\100&-1&1&3\\99&-1&1&3\\98&-2&3&4\end{vmatrix}=\begin{vmatrix}100&1&0&1\\100&-1&1&3\\100&-1&1&3\\100&-2&3&4\end{vmatrix}+\begin{vmatrix}1&1&0&1\\0&-1&1&3\\-1&-1&1&3\\-2&-2&3&4\end{vmatrix}。$$

令

$$D_1=\begin{vmatrix}100&1&0&1\\100&-1&1&3\\100&-1&1&3\\100&-2&3&4\end{vmatrix},\quad D_2=\begin{vmatrix}1&1&0&1\\0&-1&1&3\\-1&-1&1&3\\-2&-2&3&4\end{vmatrix},$$

则 $D=D_1+D_2$。又因为

$$D_1 \xlongequal{r_2\text{与}r_3\text{相同}} 0,$$

$$D_2=\begin{vmatrix}1&1&0&1\\0&-1&1&3\\-1&-1&1&3\\-2&-2&3&4\end{vmatrix} \xlongequal[r_4+2r_1]{r_3+r_1} \begin{vmatrix}1&1&0&1\\0&-1&1&3\\0&0&1&4\\0&0&3&6\end{vmatrix}=6,$$

所以
$$D=D_1+D_2=0+6=6。$$

例4 计算

$$D=\begin{vmatrix}1+a_1&2+a_1&3+a_1&\cdots&n+a_1\\1+a_2&2+a_2&3+a_2&\cdots&n+a_2\\\vdots&\vdots&\vdots&&\vdots\\1+a_n&2+a_n&3+a_n&\cdots&n+a_n\end{vmatrix},$$

其中 $a_i\neq a_j,i\neq j;i,j=1,2,\cdots,n$。

解 当 $n=1$ 时,$D_1=1+a_1$;

当 $n=2$ 时,$D_2=\begin{vmatrix}1+a_1&2+a_1\\1+a_2&2+a_2\end{vmatrix}\xlongequal{c_2-c_1}\begin{vmatrix}1+a_1&1\\1+a_2&1\end{vmatrix}=a_1-a_2$;

当 $n\geqslant 3$ 时,$D_n\xlongequal[(i=2,3,\cdots,n)]{c_i-c_1}\begin{vmatrix}1+a_1&1&2&\cdots&n-1\\1+a_2&1&2&\cdots&n-1\\\vdots&\vdots&\vdots&&\vdots\\1+a_n&1&2&\cdots&n-1\end{vmatrix}=0$(列成比例)。

例5 计算 $2n$ 阶行列式(其中空白处元素为0)

$$D_{2n}=\begin{vmatrix}a&&&&&&&b\\&a&&&&&b&\\&&\ddots&&&\iddots&&\\&&&a&b&&&\\&&&b&a&&&\\&&\iddots&&&\ddots&&\\&b&&&&&a&\\b&&&&&&&a\end{vmatrix}。$$

解 $D_{2n}\xlongequal[\substack{\cdots\cdots\\c_n+c_{n+1}}]{\substack{c_1+c_{2n}\\c_2+c_{2n-1}}}\begin{vmatrix}a+b&&&&&&&b\\&a+b&&&&&b&\\&&\ddots&&&\iddots&&\\&&&a+b&b&&&\\&&&a+b&a&&&\\&&\iddots&&&\ddots&&\\&a+b&&&&&a&\\a+b&&&&&&&a\end{vmatrix}$

$$
\xlongequal[\substack{r_{2n-1}-r_2\\ \cdots\cdots \\ r_{n+1}-r_n}]{r_{2n}-r_1}
\begin{vmatrix}
a+b & & & & & & & b \\
& a+b & & & & & b & \\
& & \ddots & & & \iddots & & \\
& & & a+b & b & & & \\
& & & 0 & a-b & & & \\
& & \iddots & & & \ddots & & \\
& 0 & & & & & a-b & \\
0 & & & & & & & a-b
\end{vmatrix}
$$

$$= (a+b)^n(a-b)^n = (a^2-b^2)^n。$$

习题 1.3

1. 用行列式性质计算下列行列式：

(1) $\begin{vmatrix} 2019 & 2020 \\ 2021 & 2022 \end{vmatrix}$；　　(2) $\begin{vmatrix} 99 & 2 & 1 \\ 101 & 1 & 2 \\ 102 & 2 & 3 \end{vmatrix}$；

(3) $\begin{vmatrix} 1 & 2 & 3 & 4 \\ 2 & 2 & 0 & 0 \\ 3 & 0 & 3 & 0 \\ 4 & 0 & 0 & 4 \end{vmatrix}$；　　(4) $\begin{vmatrix} 3 & 2 & 1 & 0 \\ 1 & 1 & 0 & -1 \\ 2 & 1 & -1 & 1 \\ 1 & 1 & 1 & 1 \end{vmatrix}$；

(5) $\begin{vmatrix} 1 & 2^2 & 3^2 & 4^2 \\ 2^2 & 3^2 & 4^2 & 5^2 \\ 3^2 & 4^2 & 5^2 & 6^2 \\ 4^2 & 5^2 & 6^2 & 7^2 \end{vmatrix}$；　　(6) $D_n = \begin{vmatrix} x & a & \cdots & a \\ a & x & \cdots & a \\ \vdots & \vdots & & \vdots \\ a & a & \cdots & x \end{vmatrix}$；

(7) $D_{n+1} = \begin{vmatrix} -a_1 & a_1 & 0 & \cdots & 0 & 0 \\ 0 & -a_2 & a_2 & \cdots & 0 & 0 \\ \vdots & \vdots & \vdots & & \vdots & \vdots \\ 0 & 0 & 0 & \cdots & -a_n & a_n \\ 1 & 1 & 1 & \cdots & 1 & 1 \end{vmatrix}$。

2. 计算下列有关行列式：

(1) 设 $\begin{vmatrix} a_1 & b_1 & c_1 \\ a_2 & b_2 & c_2 \\ a_3 & b_3 & c_3 \end{vmatrix} = 3$，求 $\begin{vmatrix} a_1 & 2b_1+c_1 & c_1 \\ a_2 & 2b_2+c_2 & c_2 \\ a_3 & 2b_3+c_3 & c_3 \end{vmatrix}$；

(2) 设 $\begin{vmatrix} a_1 & b_1 & c_1 \\ a_2 & b_2 & c_2 \\ a_3 & b_3 & c_3 \end{vmatrix} = m$，$\begin{vmatrix} d_1 & b_1 & c_1 \\ d_2 & b_2 & c_2 \\ d_3 & b_3 & c_3 \end{vmatrix} = n$，求 $\begin{vmatrix} 2a_1+2d_1 & 6b_1 & 8c_1 \\ a_2+d_2 & 3b_2 & 4c_2 \\ a_3+d_3 & 3b_3 & 4c_3 \end{vmatrix}$。

3. 解下列方程：

(1) $\begin{vmatrix} 1-\lambda & -1 & 1 \\ 1 & 3-\lambda & -1 \\ 1 & 1 & 1-\lambda \end{vmatrix}=0$；　　(2) $\begin{vmatrix} 1-\lambda & 2 & 1 \\ 2 & 1-\lambda & 1 \\ 1 & 1 & 2-\lambda \end{vmatrix}=0$。

4. 证明下列等式成立：

(1) $\begin{vmatrix} a+b+2c & a & b \\ c & 2a+b+c & b \\ c & a & a+2b+c \end{vmatrix}=2(a+b+c)^3$；

(2) $\begin{vmatrix} a_1+b_1 & b_1+c_1 & c_1+a_1 \\ a_2+b_2 & b_2+c_2 & c_2+a_2 \\ a_3+b_3 & b_3+c_3 & c_3+a_3 \end{vmatrix}=2\begin{vmatrix} a_1 & b_1 & c_1 \\ a_2 & b_2 & c_2 \\ a_3 & b_3 & c_3 \end{vmatrix}$。

1.4 行列式按行(列)展开

二维码 1-7

上一节，利用行列式的性质，把行列式化为上三角(或下三角)行列式计算行列式的值，但对不少行列式化为上三角行列式比较麻烦。另外，低阶行列式比高阶行列式的计算简便些。本节要介绍的内容就是如何把高阶行列式化为低阶行列式来计算的方法。

1.4.1 行列式的余子式和代数余子式

定义 1.4.1 在 n 阶行列式中，把元素 a_{ij} 所在的第 i 行和第 j 列划去后，由剩下的元素按原有的次序构成的 $n-1$ 阶行列式称为 a_{ij} 的**余子式**，记为 M_{ij}。

令 $A_{ij}=(-1)^{i+j}M_{ij}$，称为元素 a_{ij} 的**代数余子式**。

例如，在四阶行列式 $\begin{vmatrix} 2 & 1 & 3 & -1 \\ 3 & -2 & 1 & 2 \\ -1 & 4 & 2 & 1 \\ 4 & 1 & -1 & 3 \end{vmatrix}$ 中，a_{34} 的余子式和代数余子式分别为

$$M_{34}=\begin{vmatrix} 2 & 1 & 3 \\ 3 & -2 & 1 \\ 4 & 1 & -1 \end{vmatrix}=42,\quad A_{34}=(-1)^{3+4}M_{34}=-42。$$

1.4.2 行列式按某行(列)展开

定理 1.4.1 n 阶行列式 $D=\det(a_{ij})$ 等于它的任意一行(列)的各元素与其对应的代数余子式乘积的和，即

$$D=a_{i1}A_{i1}+a_{i2}A_{i2}+\cdots+a_{in}A_{in}=\sum_{k=1}^{n}a_{ik}A_{ik}\quad(i=1,2,\cdots,n)$$

或

$$D=a_{1j}A_{1j}+a_{2j}A_{2j}+\cdots+a_{nj}A_{nj}=\sum_{k=1}^{n}a_{kj}A_{kj}\quad(j=1,2,\cdots,n)。$$

证　(1) 先讨论 D 中第 1 行的元素只有 $a_{11}\neq 0$，而其余 $n-1$ 个元素皆为 0 的情况，即

$$D=\begin{vmatrix} a_{11} & 0 & \cdots & 0 \\ a_{21} & a_{22} & \cdots & a_{2n} \\ \vdots & \vdots & & \vdots \\ a_{n1} & a_{n2} & \cdots & a_{nn} \end{vmatrix},$$

按照行列式定义，以及 D 中第 1 行的元素只有 $a_{11}\neq 0$，则有

$$\begin{aligned} D&=\sum(-1)^{\tau(1p_2\cdots p_n)}a_{11}a_{2p_2}\cdots a_{np_n}=a_{11}\sum(-1)^{\tau(1p_2\cdots p_n)}a_{2p_2}a_{3p_3}\cdots a_{np_n} \\ &=a_{11}M_{11}=a_{11}(-1)^{1+1}M_{11}=a_{11}A_{11}。\end{aligned}$$

(2) 再讨论 D 中的第 i 行元素中只有 $a_{ij}\neq 0$，而该行其余的 $n-1$ 个元素皆为 0 的情况，即

$$D=\begin{vmatrix} a_{11} & \cdots & a_{1,j-1} & a_{1j} & a_{1,j+1} & \cdots & a_{1n} \\ \vdots & & \vdots & \vdots & \vdots & & \vdots \\ a_{i-1,1} & \cdots & a_{i-1,j-1} & a_{i-1,j} & a_{i-1,j+1} & \cdots & a_{i-1,n} \\ 0 & \cdots & 0 & a_{ij} & 0 & \cdots & 0 \\ a_{i+1,1} & \cdots & a_{i+1,j-1} & a_{i+1,j} & a_{i+1,j+1} & \cdots & a_{i+1,n} \\ \vdots & & \vdots & \vdots & \vdots & & \vdots \\ a_{n1} & \cdots & a_{n,j-1} & a_{nj} & a_{n,j+1} & \cdots & a_{nn} \end{vmatrix}。$$

为了把 D 中第 i 行中唯一不为零的元素 a_{ij} 对调到第 1 行第 1 列位置，以便利用前面(1) 的结果，现对 D 的行及列做如下的对换：把 D 的第 i 行依次与第 $i-1$ 行，第 $i-2$ 行，…，第 1 行对换，这样 a_{ij} 调到第 1 行第 j 列位置，接着第 j 列依次与第 $j-1$ 列，第 $j-2$ 列，…，第 1 列对换，把 a_{ij} 调到第 1 行第 1 列的位置上，且共进行了 $(i-1)+(j-1)=i+j-2$ 次对换，得到

$$\begin{aligned} D&=(-1)^{i+j-2}\begin{vmatrix} a_{ij} & 0 & \cdots & 0 & 0 & \cdots & 0 \\ a_{1j} & a_{11} & \cdots & a_{1,j-1} & a_{1,j+1} & \cdots & a_{1n} \\ \vdots & \vdots & & \vdots & \vdots & & \vdots \\ a_{i-1,j} & a_{i-1,1} & \cdots & a_{i-1,j-1} & a_{i-1,j+1} & \cdots & a_{i-1,n} \\ a_{i+1,j} & a_{i+1,1} & \cdots & a_{i+1,j-1} & a_{i+1,j+1} & \cdots & a_{i+1,n} \\ \vdots & \vdots & & \vdots & \vdots & & \vdots \\ a_{nj} & a_{n1} & \cdots & a_{n,j-1} & a_{n,j+1} & \cdots & a_{nn} \end{vmatrix} \\ &=(-1)^{i+j-2}a_{ij}(-1)^{1+1}M_{ij}=a_{ij}(-1)^{i+j}M_{ij}=a_{ij}A_{ij}。\end{aligned}$$

(3) 最后讨论一般情况

$$D=\begin{vmatrix} a_{11} & a_{12} & \cdots & a_{1n} \\ \vdots & \vdots & & \vdots \\ a_{i1}+0+\cdots+0 & 0+a_{i2}+\cdots+0 & \cdots & 0+0+\cdots+a_{in} \\ \vdots & \vdots & & \vdots \\ a_{n1} & a_{n2} & \cdots & a_{nn} \end{vmatrix}$$

$$=\begin{vmatrix} a_{11} & a_{12} & \cdots & a_{1n} \\ \vdots & \vdots & & \vdots \\ a_{i1} & 0 & \cdots & 0 \\ \vdots & \vdots & & \vdots \\ a_{n1} & a_{n2} & \cdots & a_{nn} \end{vmatrix}+\begin{vmatrix} a_{11} & a_{12} & \cdots & a_{1n} \\ \vdots & \vdots & & \vdots \\ 0 & a_{i2} & \cdots & 0 \\ \vdots & \vdots & & \vdots \\ a_{n1} & a_{n2} & \cdots & a_{nn} \end{vmatrix}+\cdots+\begin{vmatrix} a_{11} & a_{12} & \cdots & a_{1n} \\ \vdots & \vdots & & \vdots \\ 0 & 0 & \cdots & a_{in} \\ \vdots & \vdots & & \vdots \\ a_{n1} & a_{n2} & \cdots & a_{nn} \end{vmatrix}$$

$$=a_{i1}A_{i1}+a_{i2}A_{i2}+\cdots+a_{in}A_{in}\text{。}$$

显然，对于 $i=1,2,\cdots,n$ 都有上面的结果。

同理可证将 D 按列展开的情况。

定理 1.4.2　n 阶行列式 $D=\det(a_{ij})$ 的某一行(列)的元素与另一行(列)对应元素的代数余子式乘积的和等于零，即

$$a_{s1}A_{i1}+a_{s2}A_{i2}+\cdots+a_{sn}A_{in}=0\quad(i\neq s)$$

或

$$a_{1j}A_{1s}+a_{2j}A_{2s}+\cdots+a_{nj}A_{ns}=0\quad(j\neq s)\text{。}$$

证

$$D=\begin{vmatrix} a_{11} & a_{12} & \cdots & a_{1n} \\ \vdots & \vdots & & \vdots \\ a_{i1} & a_{i2} & \cdots & a_{in} \\ \vdots & \vdots & & \vdots \\ a_{s1} & a_{s2} & \cdots & a_{sn} \\ \vdots & \vdots & & \vdots \\ a_{n1} & a_{n2} & \cdots & a_{nn} \end{vmatrix}\overset{r_i+r_s}{=\!=\!=}\begin{vmatrix} a_{11} & a_{12} & \cdots & a_{1n} \\ \vdots & \vdots & & \vdots \\ a_{i1}+a_{s1} & a_{i2}+a_{s2} & \cdots & a_{in}+a_{sn} \\ \vdots & \vdots & & \vdots \\ a_{s1} & a_{s2} & \cdots & a_{sn} \\ \vdots & \vdots & & \vdots \\ a_{n1} & a_{n2} & \cdots & a_{nn} \end{vmatrix}$$

$$\overset{\text{按 } r_i \text{ 展开}}{=\!=\!=\!=}\sum_{k=1}^{n}(a_{ik}+a_{sk})A_{ik}=\sum_{k=1}^{n}a_{ik}A_{ik}+\sum_{k=1}^{n}a_{sk}A_{ik}=D+\sum_{k=1}^{n}a_{sk}A_{ik}\text{。}$$

把 D 移项得　$\sum_{k=1}^{n}a_{sk}A_{ik}=0$，即

$$a_{s1}A_{i1}+a_{s2}A_{i2}+\cdots+a_{sn}A_{in}=0,i\neq s\text{。}$$

同理可证

$$a_{1j}A_{1s}+a_{2j}A_{2s}+\cdots+a_{nj}A_{ns}=0,j\neq s\text{。}$$

综合上面两个定理的结论，得到代数余子式的重要性质如下：

对行而言 $$\sum_{j=1}^{n} a_{ij}A_{kj} = \begin{cases} D\ (i=k), \\ 0\ (i\neq k)。\end{cases}$$

对列而言 $$\sum_{i=1}^{n} a_{ij}A_{ik} = \begin{cases} D\ (j=k), \\ 0\ (j\neq k)。\end{cases}$$

例 1 计算四阶行列式

$$D=\begin{vmatrix} 2 & -5 & 1 & 2 \\ -3 & 7 & -1 & 4 \\ 5 & -9 & 2 & 7 \\ 4 & -6 & 1 & 2 \end{vmatrix}。$$

解 $$D \xlongequal[r_4-r_1]{\substack{r_2+r_1\\ r_3-2r_1}} \begin{vmatrix} 2 & -5 & 1 & 2 \\ -1 & 2 & 0 & 6 \\ 1 & 1 & 0 & 3 \\ 2 & -1 & 0 & 0 \end{vmatrix} \xlongequal{\text{按 } c_3 \text{ 展开}} 1\times(-1)^{1+3}\begin{vmatrix} -1 & 2 & 6 \\ 1 & 1 & 3 \\ 2 & -1 & 0 \end{vmatrix}$$

$$\xlongequal{c_1+2c_2} \begin{vmatrix} 3 & 2 & 6 \\ 3 & 1 & 3 \\ 0 & -1 & 0 \end{vmatrix} \xlongequal{\text{按 } r_3 \text{ 展开}} (-1)\times(-1)^{3+2}\begin{vmatrix} 3 & 6 \\ 3 & 3 \end{vmatrix} = 9-18=-9。$$

例 2 计算四阶行列式

$$D_4=\begin{vmatrix} a+b & a & a & a \\ a & a-b & a & a \\ a & a & a+c & a \\ a & a & a & a-c \end{vmatrix}。$$

解 $$D_4 \xlongequal{r_1-r_2} \begin{vmatrix} b & b & 0 & 0 \\ a & a-b & a & a \\ a & a & a+c & a \\ a & a & a & a-c \end{vmatrix} \xlongequal{c_2-c_1} \begin{vmatrix} b & 0 & 0 & 0 \\ a & -b & a & a \\ a & 0 & a+c & a \\ a & 0 & a & a-c \end{vmatrix}$$

$$\xlongequal{\text{按 } r_1 \text{ 展开}} b\times(-1)^{1+1}\begin{vmatrix} -b & a & a \\ 0 & a+c & a \\ 0 & a & a-c \end{vmatrix}$$

$$\xlongequal{\text{按 } c_1 \text{ 展开}} -b^2\times(-1)^{1+1}\begin{vmatrix} a+c & a \\ a & a-c \end{vmatrix}$$

$$=-b^2[(a^2-c^2)-a^2]=b^2c^2。$$

例 3 证明范德蒙德(Vandermonde)行列式

二维码 1-8

$$D_n = \begin{vmatrix} 1 & 1 & 1 & \cdots & 1 \\ x_1 & x_2 & x_3 & \cdots & x_n \\ x_1^2 & x_2^2 & x_3^2 & \cdots & x_n^2 \\ \vdots & \vdots & \vdots & & \vdots \\ x_1^{n-1} & x_2^{n-1} & x_3^{n-1} & \cdots & x_n^{n-1} \end{vmatrix} = \prod_{1 \leqslant j < i \leqslant n} (x_i - x_j),$$

这里
$$\prod_{1 \leqslant j < i \leqslant n} (x_i - x_j) = (x_2 - x_1)(x_3 - x_1)\cdots(x_n - x_1) \cdot (x_3 - x_2)\cdots(x_n - x_2)\cdots \cdot (x_n - x_{n-1})。$$

*证 用数学归纳法:

(1) 当 $n=2$ 时,$D_2 = \begin{vmatrix} 1 & 1 \\ x_1 & x_2 \end{vmatrix} = x_2 - x_1$,命题成立。

(2) 假设对于 $n-1$ 阶范德蒙德行列式结论成立,即

$$D_{n-1} = \prod_{1 \leqslant j < i \leqslant n-1} (x_i - x_j)。$$

现证明对于 n 阶行列式也成立。

对 D_n 从第 n 行起,各行减去前一行的 x_1 倍,得到

$$D_n = \begin{vmatrix} 1 & 1 & 1 & \cdots & 1 \\ 0 & (x_2 - x_1) & (x_3 - x_1) & \cdots & (x_n - x_1) \\ 0 & x_2(x_2 - x_1) & x_3(x_3 - x_1) & \cdots & x_n(x_n - x_1) \\ \vdots & \vdots & \vdots & & \vdots \\ 0 & x_2^{n-2}(x_2 - x_1) & x_3^{n-2}(x_3 - x_1) & \cdots & x_n^{n-2}(x_n - x_1) \end{vmatrix}$$

$$\xlongequal[\text{各列的公因子}]{\text{按 } c_1 \text{ 展开,并提取}} (x_2 - x_1)(x_3 - x_1)\cdots(x_n - x_1) \begin{vmatrix} 1 & 1 & \cdots & 1 \\ x_2 & x_3 & \cdots & x_n \\ \vdots & \vdots & & \vdots \\ x_2^{n-2} & x_3^{n-2} & \cdots & x_n^{n-2} \end{vmatrix}$$

$$\xlongequal{\text{由假设}} (x_2 - x_1)(x_3 - x_1)\cdots(x_n - x_1) \prod_{2 \leqslant j < i \leqslant n} (x_i - x_j) = \prod_{1 \leqslant j < i \leqslant n} (x_i - x_j)。$$

所以结论对任意 n 成立。

例 4 计算 n 阶行列式

$$D_n = \begin{vmatrix} 2 & 1 & 0 & \cdots & 0 & 0 & 0 \\ 1 & 2 & 1 & \cdots & 0 & 0 & 0 \\ 0 & 1 & 2 & \cdots & 0 & 0 & 0 \\ \vdots & \vdots & \vdots & & \vdots & \vdots & \vdots \\ 0 & 0 & 0 & \cdots & 1 & 2 & 1 \\ 0 & 0 & 0 & \cdots & 0 & 1 & 2 \end{vmatrix}。$$

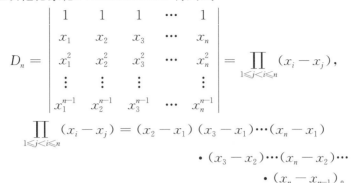

解 按第一行展开得

$$D_n=2\begin{vmatrix}2&1&\cdots&0&0&0\\1&2&\cdots&0&0&0\\\vdots&\vdots&&\vdots&\vdots&\vdots\\0&0&\cdots&1&2&1\\0&0&\cdots&0&1&2\end{vmatrix}-\begin{vmatrix}1&1&\cdots&0&0&0\\0&2&\cdots&0&0&0\\\vdots&\vdots&&\vdots&\vdots&\vdots\\0&0&\cdots&1&2&1\\0&0&\cdots&0&1&2\end{vmatrix}$$

$$=2D_{n-1}-D_{n-2}。$$

这是 D_n 的一个递推公式，但为了加快计算速度，把它变为

$$D_n-D_{n-1}=D_{n-1}-D_{n-2},$$

现在反复使用这个递推公式，得到

$$D_n-D_{n-1}=D_2-D_1,$$

而计算 D_2 及 D_1 的值有

$$D_1=2,\quad D_2=\begin{vmatrix}2&1\\1&2\end{vmatrix}=3,\quad D_2-D_1=1,$$

移项得

$$D_n=D_{n-1}+1,$$

再继续用此递推公式可得到

$$D_n=D_{n-2}+2=D_{n-3}+3=\cdots=D_2+(n-2)=3+(n-2)=n+1,$$

因此得到

$$D_n=n+1。$$

1.4.3 行列式按 k 行(列)展开

定义 1.4.2 在 n 阶行列式 D 中，任意选定 k 行及 k 列 $(1\leqslant k\leqslant n)$，位于这些行及列交叉处的 k^2 个元素，按原来顺序构成一个 k 阶行列式 N，称为 D 的一个 **k 阶子式**。划去这 k 行 k 列后，余下的元素按原来的顺序构成一个 $n-k$ 阶行列式 M，叫作 k 阶子式 N 的**余子式**。假定 N 所在的行的序数是 $i_1,i_2,\cdots,i_k$，所在的列的序数是 $j_1,j_2,\cdots,j_k$，那么 $(-1)^{i_1+i_2+\cdots+i_k+j_1+j_2+\cdots+j_k}M$ 叫作 k 阶子式 N 的**代数余子式**。

定理 1.4.3 (拉普拉斯定理)若在 n 阶行列式 D 中，取定某 k 行 $(1\leqslant k\leqslant n-1)$，则这 k 行元素组成的所有 k 阶子式分别与它们的代数余子式的乘积之和等于 D。(证明略)

例 5 利用拉普拉斯定理计算四阶行列式

$$D=\begin{vmatrix}1&6&0&0\\3&2&4&0\\0&5&3&2\\0&0&7&4\end{vmatrix}。$$

解 取定第 1、2 行，且不为零的二阶子式只有 3 个，即

$$N_1=\begin{vmatrix}1&6\\3&2\end{vmatrix}=-16,\quad N_2=\begin{vmatrix}1&0\\3&4\end{vmatrix}=4,\quad N_3=\begin{vmatrix}6&0\\2&4\end{vmatrix}=24。$$

其对应的代数余子式分别为

$$A_1=(-1)^{1+2+1+2}\begin{vmatrix}3&2\\7&4\end{vmatrix}=-2,\quad A_2=(-1)^{1+2+1+3}\begin{vmatrix}5&2\\0&4\end{vmatrix}=-20,$$

$$A_3=(-1)^{1+2+2+3}\begin{vmatrix}0&2\\0&4\end{vmatrix}=0,$$

因而有

$$D=N_1A_1+N_2A_2+N_3A_3=-16\times(-2)+4\times(-20)+24\times0=-48。$$

*例6　计算 $2n$ 阶行列式(其中空白处元素为 $0,ab\neq cd$)

$$D_{2n}=\begin{vmatrix}a&&&&&c\\&\ddots&&&\unicode{x22F0}&\\&&a&c&&\\&&d&b&&\\&\unicode{x22F0}&&&\ddots&\\d&&&&&b\end{vmatrix}。$$

解　在 D_{2n} 中取第1行、第 $2n$ 行。这两行的二阶子式中，只有一个不为零，即

$$\begin{vmatrix}a&c\\d&b\end{vmatrix}=ab-cd,$$

因此

$$D_{2n}=\begin{vmatrix}a&c\\d&b\end{vmatrix}(-1)^{1+2n+1+2n}\cdot D_{2n-2}=(ab-cd)D_{2n-2}$$

$$=(ab-cd)^2\cdot D_{2n-4}=\cdots=(ab-cd)^{n-1}D_2=(ab-cd)^n。$$

例7　设

$$D=\begin{vmatrix}D_1&0\\C&D_2\end{vmatrix},\text{其中 }D_1=\begin{vmatrix}a_{11}&\cdots&a_{1k}\\\vdots&&\vdots\\a_{k1}&\cdots&a_{kk}\end{vmatrix},D_2=\begin{vmatrix}b_{11}&\cdots&b_{1n}\\\vdots&&\vdots\\b_{n1}&\cdots&b_{nn}\end{vmatrix}。$$

证明：$D=D_1\cdot D_2$。

证　将 D 按前 k 行展开，因为前 k 行的 k 阶子式除 D_1 外全为零，而 D_1 的代数余子式是 $(-1)^{1+\cdots+k+1+\cdots+k}D_2=D_2$，所以，由拉普拉斯定理得 $D=D_1\cdot D_2$。

类似有 $D=\begin{vmatrix}D_1&C\\0&D_2\end{vmatrix}=D_1\cdot D_2$。

例8　计算　$D=\begin{vmatrix}4&5&0&0\\2&3&0&0\\1&2&3&2\\3&0&5&6\end{vmatrix}$。

解　$D=\begin{vmatrix}4&5&0&0\\2&3&0&0\\1&2&3&2\\3&0&5&6\end{vmatrix}=\begin{vmatrix}4&5\\2&3\end{vmatrix}\times\begin{vmatrix}3&2\\5&6\end{vmatrix}=2\times8=16$。

习题 1.4

1. 计算下列行列式:

(1) $\begin{vmatrix} 1 & 2 & 0 & 3 \\ 1 & 1 & -3 & -1 \\ 2 & 2 & 0 & 4 \\ -1 & 2 & 0 & -1 \end{vmatrix}$; (2) $\begin{vmatrix} 7 & 3 & 4 & 5 \\ 8 & 4 & 6 & 5 \\ 5 & 3 & 2 & 3 \\ 4 & 2 & 5 & 3 \end{vmatrix}$;

(3) $D=\begin{vmatrix} 1 & -1 & 1 & a-1 \\ 1 & -1 & a+1 & -1 \\ 1 & a-1 & 1 & -1 \\ a+1 & -1 & 1 & -1 \end{vmatrix}$;(4) $D_n=\begin{vmatrix} a & b & 0 & \cdots & 0 & 0 \\ 0 & a & b & \cdots & 0 & 0 \\ \vdots & \vdots & \vdots & & \vdots & \vdots \\ 0 & 0 & 0 & \cdots & a & b \\ b & 0 & 0 & \cdots & 0 & a \end{vmatrix}$;

(5) $D_n=\begin{vmatrix} 0 & 0 & & & n \\ 1 & 0 & & & \\ & 2 & \ddots & & \\ & & \ddots & 0 & \\ & & & n-1 & 0 \end{vmatrix}$,其中空白处元素为 0。

2. 用例 7 结论计算下列行列式:

(1) $\begin{vmatrix} 1 & 3 & 2 & 5 \\ 2 & 7 & 3 & 0 \\ 0 & 0 & 2 & 3 \\ 0 & 0 & 4 & 5 \end{vmatrix}$; (2) $\begin{vmatrix} 1 & 0 & 2 & 0 & 0 \\ 2 & 1 & 2 & 0 & 0 \\ 2 & 0 & 1 & 0 & 0 \\ 0 & 0 & 0 & 3 & 2 \\ 0 & 0 & 0 & 2 & -1 \end{vmatrix}$。

3. 证明下列等式成立:

(1) $\begin{vmatrix} 6-\lambda & -2 & 2 \\ -2 & 3-\lambda & 4 \\ 2 & 4 & 3-\lambda \end{vmatrix}=-(7-\lambda)^2(\lambda+2)$;(2) $\begin{vmatrix} a^2 & ab & b^2 \\ 2a & a+b & 2b \\ 1 & 1 & 1 \end{vmatrix}=(a-b)^3$;

(3) $D_n=\begin{vmatrix} a_1 & b_1 & 0 & \cdots & 0 & 0 \\ 0 & a_2 & b_2 & \cdots & 0 & 0 \\ \vdots & \vdots & \vdots & & \vdots & \vdots \\ 0 & 0 & 0 & \cdots & a_{n-1} & b_{n-1} \\ b_n & 0 & 0 & \cdots & 0 & a_n \end{vmatrix}=a_1a_2\cdots a_n+(-1)^{n+1}b_1b_2\cdots b_n$。

1.5 克莱姆法则

现在,我们应用 n 阶行列式来解含有 n 个未知量的 n 个线性方程的方程组。

二维码 1-9

1.5.1 克莱姆(Cramer)法则

定理 1.5.1 (克莱姆法则)若线性方程组

$$\begin{cases} a_{11}x_1 + a_{12}x_2 + \cdots + a_{1n}x_n = b_1, \\ a_{21}x_1 + a_{22}x_2 + \cdots + a_{2n}x_n = b_2, \\ \cdots\cdots\cdots\cdots \\ a_{n1}x_1 + a_{n2}x_2 + \cdots + a_{nn}x_n = b_n \end{cases} \tag{1}$$

的系数行列式

$$D = \begin{vmatrix} a_{11} & a_{12} & \cdots & a_{1n} \\ a_{21} & a_{22} & \cdots & a_{2n} \\ \vdots & \vdots & & \vdots \\ a_{n1} & a_{n2} & \cdots & a_{nn} \end{vmatrix} \neq 0,$$

则方程组有且仅有唯一解

$$x_1 = \frac{D_1}{D}, \quad x_2 = \frac{D_2}{D}, \quad \cdots, \quad x_n = \frac{D_n}{D},$$

这里 $D_i(i = 1,2,\cdots,n)$ 是把 D 的第 i 列元素 $a_{1i},a_{2i},\cdots,a_{ni}$ 换成方程组(1) 的常数项 $b_1,b_2,\cdots,b_n$ 得到的行列式。

证

$$Dx_1 = \begin{vmatrix} a_{11}x_1 & a_{12} & \cdots & a_{1n} \\ a_{21}x_1 & a_{22} & \cdots & a_{2n} \\ \vdots & \vdots & & \vdots \\ a_{n1}x_1 & a_{n2} & \cdots & a_{nn} \end{vmatrix} \xlongequal[(j=2,3,\cdots,n)]{c_1 + x_jc_j} \begin{vmatrix} a_{11}x_1 + a_{12}x_2 + \cdots + a_{1n}x_n & a_{12} \cdots a_{1n} \\ a_{21}x_1 + a_{22}x_2 + \cdots + a_{2n}x_n & a_{22} \cdots a_{2n} \\ \vdots & \vdots \quad \vdots \\ a_{n1}x_1 + a_{n2}x_2 + \cdots + a_{nn}x_n & a_{n2} \cdots a_{nn} \end{vmatrix}$$

$$= \begin{vmatrix} b_1 & a_{12} & \cdots & a_{1n} \\ b_2 & a_{22} & \cdots & a_{2n} \\ \vdots & \vdots & & \vdots \\ b_n & a_{n2} & \cdots & a_{nn} \end{vmatrix} = D_1。$$

可类似推得 $$Dx_i = D_i \quad (i = 2,\cdots,n)。$$

当 $D \neq 0$ 时,有

$$x_1 = \frac{D_1}{D}, \quad x_2 = \frac{D_2}{D}, \quad \cdots, \quad x_n = \frac{D_n}{D}。 \tag{2}$$

这就证明了:线性方程组(1) 当 $D \neq 0$ 时,如果有解,那么就只是(2) 式。

现在验证(2) 式是方程组(1) 的解,也就是要证明

$$a_{i1}\frac{D_1}{D} + a_{i2}\frac{D_2}{D} + \cdots + a_{in}\frac{D_n}{D} = b_i \quad (i = 1,2,\cdots,n),$$

即 $$a_{i1}D_1 + a_{i2}D_2 + \cdots + a_{in}D_n = b_iD。$$

考虑有两行相同的 $n+1$ 阶行列式

$$B=\begin{vmatrix} b_i & a_{i1} & \cdots & a_{in} \\ b_1 & a_{11} & \cdots & a_{1n} \\ b_2 & a_{21} & \cdots & a_{2n} \\ \vdots & \vdots & & \vdots \\ b_n & a_{n1} & \cdots & a_{nn} \end{vmatrix}=0 \quad (i=1,2,\cdots,n),$$

按第 1 行展开。由于第 1 行第 $j+1$ 列的元素 a_{ij} 的代数余子式为

$$A_{1,j+1}=(-1)^{1+j+1}\begin{vmatrix} b_1 & a_{11} & \cdots & a_{1,j-1} & a_{1,j+1} & \cdots & a_{1n} \\ b_2 & a_{21} & \cdots & a_{2,j-1} & a_{2,j+1} & \cdots & a_{2n} \\ \vdots & \vdots & & \vdots & \vdots & & \vdots \\ b_n & a_{n1} & \cdots & a_{n,j-1} & a_{n,j+1} & \cdots & a_{nn} \end{vmatrix},$$

把 $A_{1,j+1}$ 的第 1 列依次与第 2 列、第 3 列、…、第 j 列互换，有

$$A_{1,j+1}=(-1)^{2+j}\cdot(-1)^{j-1}D_j=-D_j,$$

所以有

$$b_iD-a_{i1}D_1-\cdots-a_{in}D_n=0 \quad (i=1,2,\cdots,n),$$

这就表明了(2)式就是方程组(1)的解。

例 1 解线性方程组

$$\begin{cases} 2x_1+x_2+2x_3+3x_4=0, \\ 2x_1+2x_2+3x_3+x_4=-2, \\ x_1-2x_2+2x_3+x_4=3, \\ 3x_1-6x_2+x_3-2x_4=-1。\end{cases}$$

解 先计算系数行列式，有

$$D=\begin{vmatrix} 2 & 1 & 2 & 3 \\ 2 & 2 & 3 & 1 \\ 1 & -2 & 2 & 1 \\ 3 & -6 & 1 & -2 \end{vmatrix} \xlongequal[c_4-c_1]{\substack{c_2+2c_1 \\ c_3-2c_1}} \begin{vmatrix} 2 & 5 & -2 & 1 \\ 2 & 6 & -1 & -1 \\ 1 & 0 & 0 & 0 \\ 3 & 0 & -5 & -5 \end{vmatrix}$$

$$\xlongequal{\text{按 } r_3 \text{ 展开}} \begin{vmatrix} 5 & -2 & 1 \\ 6 & -1 & -1 \\ 0 & -5 & -5 \end{vmatrix} \xlongequal{c_2-c_3} \begin{vmatrix} 5 & -3 & 1 \\ 6 & 0 & -1 \\ 0 & 0 & -5 \end{vmatrix}=-90;$$

$$D_1=\begin{vmatrix} 0 & 1 & 2 & 3 \\ -2 & 2 & 3 & 1 \\ 3 & -2 & 2 & 1 \\ -1 & -6 & 1 & -2 \end{vmatrix} \xlongequal{\substack{r_2-2r_4 \\ r_3+3r_4}} \begin{vmatrix} 0 & 1 & 2 & 3 \\ 0 & 14 & 1 & 5 \\ 0 & -20 & 5 & -5 \\ -1 & -6 & 1 & -2 \end{vmatrix}$$

$$\xlongequal{\text{按 } c_1 \text{ 展开}} \begin{vmatrix} 1 & 2 & 3 \\ 14 & 1 & 5 \\ -20 & 5 & -5 \end{vmatrix} \xlongequal[c_2+c_3]{c_1-4c_3} \begin{vmatrix} -11 & 5 & 3 \\ -6 & 6 & 5 \\ 0 & 0 & -5 \end{vmatrix} = 180;$$

$$D_2 = \begin{vmatrix} 2 & 0 & 2 & 3 \\ 2 & -2 & 3 & 1 \\ 1 & 3 & 2 & 1 \\ 3 & -1 & 1 & -2 \end{vmatrix} \xlongequal[r_3+3r_4]{r_2-2r_4} \begin{vmatrix} 2 & 0 & 2 & 3 \\ -4 & 0 & 1 & 5 \\ 10 & 0 & 5 & -5 \\ 3 & -1 & 1 & -2 \end{vmatrix}$$

$$\xlongequal{\text{按 } c_2 \text{ 展开}} - \begin{vmatrix} 2 & 2 & 3 \\ -4 & 1 & 5 \\ 10 & 5 & -5 \end{vmatrix} \xlongequal[c_2+c_2]{c_1+2c_3} - \begin{vmatrix} 8 & 5 & 3 \\ 6 & 6 & 5 \\ 0 & 0 & -5 \end{vmatrix} = 90;$$

$$D_3 = \begin{vmatrix} 2 & 1 & 0 & 3 \\ 2 & 2 & -2 & 1 \\ 1 & -2 & 3 & 1 \\ 3 & -6 & -1 & -2 \end{vmatrix} \xlongequal[r_3+3r_4]{r_2-2r_4} \begin{vmatrix} 2 & 1 & 0 & 3 \\ -4 & 14 & 0 & 5 \\ 10 & -20 & 0 & -5 \\ 3 & -6 & -1 & -2 \end{vmatrix}$$

$$\xlongequal{\text{按 } c_3 \text{ 展开}} \begin{vmatrix} 2 & 1 & 3 \\ -4 & 14 & 5 \\ 10 & -20 & -5 \end{vmatrix} \xlongequal[c_2-4c_3]{c_1+2c_3} \begin{vmatrix} 8 & -11 & 3 \\ 6 & -6 & 5 \\ 0 & 0 & -5 \end{vmatrix} = -90;$$

$$D_4 = \begin{vmatrix} 2 & 1 & 2 & 0 \\ 2 & 2 & 3 & -2 \\ 1 & -2 & 2 & 3 \\ 3 & -6 & 1 & -1 \end{vmatrix} \xlongequal[r_3+3r_4]{r_2-2r_4} \begin{vmatrix} 2 & 1 & 2 & 0 \\ -4 & 14 & 1 & 0 \\ 10 & -20 & 5 & 0 \\ 3 & -6 & 1 & -1 \end{vmatrix}$$

$$\xlongequal{\text{按 } c_4 \text{ 展开}} - \begin{vmatrix} 2 & 1 & 2 \\ -4 & 14 & 1 \\ 10 & -20 & 5 \end{vmatrix} \xlongequal[c_2+4c_3]{c_1-2c_3} - \begin{vmatrix} -2 & 9 & 2 \\ -6 & 18 & 1 \\ 0 & 0 & 5 \end{vmatrix} = -90。$$

所以有唯一解

$$x_1 = \frac{D_1}{D} = \frac{180}{-90} = -2, \quad x_2 = \frac{D_2}{D} = \frac{90}{-90} = -1,$$

$$x_3 = \frac{D_3}{D} = \frac{-90}{-90} = 1, \quad x_4 = \frac{D_4}{D} = \frac{-90}{-90} = 1。$$

推论 若已知方程组(1)无解，或解并非唯一，则其系数行列式 $D = 0$。

1.5.2 克莱姆法则的推论

如果方程组(1)的常数项 $b_1 = b_2 = \cdots = b_n = 0$，即

$$\begin{cases} a_{11}x_1 + a_{12}x_2 + \cdots + a_{1n}x_n = 0, \\ a_{21}x_1 + a_{22}x_2 + \cdots + a_{2n}x_n = 0, \\ \cdots\cdots\cdots\cdots \\ a_{n1}x_1 + a_{n2}x_2 + \cdots + a_{nn}x_n = 0 \end{cases} \tag{3}$$

则称方程组(3)为**齐次线性方程组**。

显然，$x_1 = 0, x_2 = 0, \cdots, x_n = 0$ 是方程组(3)的解，此解称为方程组(3)的**零解**。如果方程组(3)除零解外，还有不全为零的 $x_1, x_2, \cdots, x_n$ 为其解，这种解称为方程组(3)的**非零解**。

由克莱姆法则，可得出下面两个推论：

推论 1　若齐次线性方程组(3)的系数行列式 $D \neq 0$，则其只有零解。

推论 2　若齐次线性方程组(3)有非零解，则其系数行列式 $D = 0$；反之，也成立。

例 2　k 为何值时，齐次线性方程组

$$\begin{cases} (1-k)x_1 + 3x_2 + 2x_3 = 0, \\ 3x_1 + (1-k)x_2 + 2x_3 = 0, \\ x_1 + 2x_2 + (3-k)x_3 = 0 \end{cases}$$

有非零解？

解　要其有非零解，则系数行列式 $D = 0$，而

$$D = \begin{vmatrix} 1-k & 3 & 2 \\ 3 & 1-k & 2 \\ 1 & 2 & 3-k \end{vmatrix} \xlongequal{r_2 - r_1} \begin{vmatrix} 1-k & 3 & 2 \\ 2+k & -2-k & 0 \\ 1 & 2 & 3-k \end{vmatrix}$$

$$\xlongequal{c_1 + c_2} \begin{vmatrix} 4-k & 3 & 2 \\ 0 & -2-k & 0 \\ 3 & 2 & 3-k \end{vmatrix} = -(2+k)[(4-k)(3-k)-6]$$

$$= -(2+k)(k-1)(k-6),$$

所以 $k = -2$ 或 $k = 1$ 或 $k = 6$ 时，方程组有非零解。

习题 1.5

1. 用克莱姆法则解下列线性方程组：

(1) $\begin{cases} 2x_1 + x_2 + 2x_3 = 1, \\ x_1 + 2x_2 + 3x_3 = 3, \\ 4x_1 + 3x_2 + 2x_3 = 7; \end{cases}$

(2) $\begin{cases} bx_1 - ax_2 = -2ab, \\ -2cx_2 + 3bx_3 = bc, \\ cx_1 + ax_3 = 0, \end{cases}$ 其中 $abc \neq 0$。

2. 问 λ 为何值时，下列齐次线性方程组有非零解：

(1) $\begin{cases} x_1+(\lambda^2+1)x_2+2x_3=0, \\ x_1+(2\lambda+1)x_2+3x_3=0, \\ \lambda x_1+\lambda x_2+(2\lambda+1)x_3=0; \end{cases}$

(2) $\begin{cases} \lambda x_1+x_2+x_3=0, \\ 2x_1+(\lambda-1)x_2+x_3=0, \\ x_1+\lambda x_2+(3-\lambda)x_3=0。 \end{cases}$

本章小结

一、本章的主要内容

n 阶行列式的定义、基本性质及其计算。用行列式求解线性方程组——克莱姆法则。

二、n 阶行列式的性质

1. 行列式与其转置行列式相等。

2. 行列式某两行(列)对调，其值反号。

3. 行列式某行(列)的所有元素都乘以 k，等于用 k 乘这个行列式。

4. 行列式满足下列条件之一，其值等于零：

(1) 有一行(列)的元素全为零；

(2) 有两行(列)对应元素完全相同；

(3) 有两行(列)对应元素成比例。

5. 行列式某行(列)的元素都是两项之和，则这个行列式等于两个行列式之和。

6. 行列式的某行(列)的各元素都乘以 k 后，加到另一行(列)的对应元素上去，行列式的值不变。

三、行列式的代数余子式性质

1. 行列式的值等于它的任一行(列)的各元素与它们对应的代数余子式的乘积之和。

2. 行列式的某一行(列)的各元素与另一行(列)对应的元素的代数余子式的乘积之和等于零。

四、计算行列式的方法

主要是利用行列式的性质和有关特殊行列式。具体一个题用什么方法要具体分析，这要靠多看、多练、多总结。下面是几种常用方法：

1. 按含有 0 较多的一行(列)展开，化高阶为低阶的行列式计算。

2. 化为上(下)三角行列式计算。

3. 使某行(列)尽可能出现较多的零元素，常使该行(列)的某元素变为 1，再利用这个元素，用本章小结的性质(6)使该行其他列的元素变为0。

4. 观察各行(列)所有元素之和是否相等，若相等，则可将各行(列)的元素都加到同一列(行)的对应元素上，再提取公因子，就出现某列(行)的元素都等于1。

5. 利用数学归纳法或递推法计算或证明行列式。

6. 利用范德蒙德行列式结果计算行列式。

7. 利用拉普拉斯展开式计算行列式。

五、 克莱姆法则

1. n 个未知变量 n 个方程的线性方程组，当其系数行列式 $D\neq 0$ 时有唯一解

$$x_1=\frac{D_1}{D},\quad x_2=\frac{D_2}{D},\quad \cdots,\quad x_n=\frac{D_n}{D}。$$

2. n 个未知变量 n 个方程的齐次线性方程组，当其系数行列式 $D\neq 0$ 时，则该方程组只有零解；该方程组有非零解的充分必要条件是 $D=0$。

总习题 1

1. 填空题：

(1) 设多项式 $f(x)=\begin{vmatrix}2&x&2\\3&1&1\\2&0&x\end{vmatrix}$，则 $f(x)$ 的常数项为________；

(2) 若 $\begin{vmatrix}a&b&c\\1&1&1\\3&0&2\end{vmatrix}=5$，则 $\begin{vmatrix}a&b&c\\1&1&1\\5&2&4\end{vmatrix}=$ ________。

2. 计算下列行列式：

(1) $\begin{vmatrix}1&a&a^2-bc\\1&b&b^2-ac\\1&c&c^2-ab\end{vmatrix}$；　　(2) $\begin{vmatrix}1&2&3&1\\2&5&9&6\\1&4&5&7\\3&7&8&1\end{vmatrix}$；

(3) $\begin{vmatrix}0&a&b&0\\a&0&0&b\\0&c&d&0\\c&0&0&d\end{vmatrix}$；　　(4) $\begin{vmatrix}-x&a&b&c\\a&-x&c&b\\b&c&-x&a\\c&b&a&-x\end{vmatrix}$。

3. 证明下列各式：

(1) $\begin{vmatrix}ax+by&ay+bz&az+bx\\ay+bz&az+bx&ax+by\\az+bx&ax+by&ay+bz\end{vmatrix}=(a^3+b^3)\begin{vmatrix}x&y&z\\y&z&x\\z&x&y\end{vmatrix}$；

(2) $D_n=\begin{vmatrix} 2x & x^2 & 0 & 0 & \cdots & 0 & 0 \\ 1 & 2x & x^2 & 0 & \cdots & 0 & 0 \\ 0 & 1 & 2x & x^2 & \cdots & 0 & 0 \\ \vdots & \vdots & \vdots & \vdots & & \vdots & \vdots \\ 0 & 0 & 0 & 0 & \cdots & 2x & x^2 \\ 0 & 0 & 0 & 0 & \cdots & 1 & 2x \end{vmatrix}=(n+1)x^n$。

4. 计算下列各行列式：

(1) $D_n=\begin{vmatrix} 1 & 4 & 4 & \cdots & 4 \\ 4 & 1 & 4 & \cdots & 4 \\ 4 & 4 & 1 & \cdots & 4 \\ \vdots & \vdots & \vdots & & \vdots \\ 4 & 4 & 4 & \cdots & 1 \end{vmatrix}$；

(2) $D_n=\begin{vmatrix} 1 & 2 & 3 & \cdots & n \\ 1 & 2^3 & 3^3 & \cdots & n^3 \\ 1 & 2^5 & 3^5 & \cdots & n^5 \\ \vdots & \vdots & \vdots & & \vdots \\ 1 & 2^{2n-1} & 3^{2n-1} & \cdots & n^{2n-1} \end{vmatrix}$；

(3) $D_{n+1}=\begin{vmatrix} 1 & a_1 & 0 & 0 & \cdots & 0 & 0 \\ -1 & 1-a_1 & a_2 & 0 & \cdots & 0 & 0 \\ 0 & -1 & 1-a_2 & a_3 & \cdots & 0 & 0 \\ \vdots & \vdots & \vdots & \vdots & & \vdots & \vdots \\ 0 & 0 & 0 & 0 & \cdots & 1-a_{n-1} & a_n \\ 0 & 0 & 0 & 0 & \cdots & -1 & 1-a_n \end{vmatrix}$；

*(4) $D_{2n}=\begin{vmatrix} a_n & & & & & & b_n \\ & a_{n-1} & & & & b_{n-1} & \\ & & \ddots & & \iddots & & \\ & & & a_1 \quad b_1 & & & \\ & & & c_1 \quad d_1 & & & \\ & & \iddots & & \ddots & & \\ & c_{n-1} & & & & d_{n-1} & \\ c_n & & & & & & d_n \end{vmatrix}$，其中空白处元素为0；

*(5) $D_n=\begin{vmatrix} a_1 & x & x & \cdots & x \\ x & a_2 & x & \cdots & x \\ x & x & a_3 & \cdots & x \\ \vdots & \vdots & \vdots & & \vdots \\ x & x & x & \cdots & a_n \end{vmatrix}$，其中 $x \neq a_i(i=1,2,\cdots,n)$。

5. 用克莱姆法则解下列线性方程组：

(1) $\begin{cases} x_1+2x_2-x_3-x_4=3, \\ 3x_1+4x_2+x_3+x_4=7, \\ 2x_1+3x_2+2x_3+3x_4=2, \\ 2x_1+5x_2-3x_3-4x_4=1; \end{cases}$ (2) $\begin{cases} x_1+3x_2+2x_3+4x_4=3, \\ 3x_1+3x_2+5x_3+5x_4=6, \\ x_1+6x_2+5x_3+8x_4=8, \\ 3x_1+3x_2+7x_3+5x_4=8。 \end{cases}$

6. 问 λ,μ 为何值时，下列齐次线性方程组有非零解：

(1) $\begin{cases} 2x_1+2x_2+(\lambda-1)x_3=0, \\ 4x_1+(\lambda-2)x_2+x_3=0, \\ (\lambda+4)x_1+2x_2-3x_3=0; \end{cases}$ (2) $\begin{cases} \lambda x_1+x_2+x_3=0, \\ x_1+\mu x_2+x_3=0, \\ x_1+2\mu x_2+x_3=0。 \end{cases}$

第 2 章 矩　　阵

矩阵是代数研究的重要对象和工具，以后各章都有它的应用。应用矩阵的运算，可以使有关运算和问题的讨论显得简便。

本章在引进矩阵的概念之后，介绍矩阵的运算及其性质，矩阵可逆的充要条件及其求法，然后介绍分块矩阵的概念及其运算方法。

2.1　矩阵的概念及几种特殊矩阵

二维码 2-1

2.1.1　矩阵的概念

先看下面的例子：

例 1　某厂向三个商店发送该厂的四种产品的数量如下表：

数量　产品 商店	1	2	3	4
1	a_{11}	a_{12}	a_{13}	a_{14}
2	a_{21}	a_{22}	a_{23}	a_{24}
3	a_{31}	a_{32}	a_{33}	a_{34}

可用数表$\begin{pmatrix} a_{11} & a_{12} & a_{13} & a_{14} \\ a_{21} & a_{22} & a_{23} & a_{24} \\ a_{31} & a_{32} & a_{33} & a_{34} \end{pmatrix}$表示。

例 2　非齐次线性方程组

$$\begin{cases} a_{11}x_1 + a_{12}x_2 + \cdots + a_{1n}x_n = b_1, \\ a_{21}x_1 + a_{22}x_2 + \cdots + a_{2n}x_n = b_2, \\ \cdots\cdots\cdots\cdots \\ a_{m1}x_1 + a_{m2}x_2 + \cdots + a_{mn}x_n = b_m \end{cases}$$

可用数表$\begin{pmatrix} a_{11} & a_{12} & \cdots & a_{1n} & b_1 \\ a_{21} & a_{22} & \cdots & a_{2n} & b_2 \\ \vdots & \vdots & & \vdots & \vdots \\ a_{m1} & a_{m2} & \cdots & a_{mn} & b_m \end{pmatrix}$表示。

齐次线性方程组

$$\begin{cases} a_{11}x_1 + a_{12}x_2 + \cdots + a_{1n}x_n = 0, \\ a_{21}x_1 + a_{22}x_2 + \cdots + a_{2n}x_n = 0, \\ \cdots\cdots\cdots\cdots \\ a_{m1}x_1 + a_{m2}x_2 + \cdots + a_{mn}x_n = 0 \end{cases}$$

可用数表 $\begin{pmatrix} a_{11} & a_{12} & \cdots & a_{1n} \\ a_{21} & a_{22} & \cdots & a_{2n} \\ \vdots & \vdots & & \vdots \\ a_{m1} & a_{m2} & \cdots & a_{mn} \end{pmatrix}$ 表示。

可见线性方程组与数表之间是一一对应的。

像这样用数表表示具体问题的例子是十分广泛的，因此必须引入一个新的概念。

定义 2.1.1　由 $m \times n$ 个数 $a_{ij}(i = 1,2,\cdots,m;\ j = 1,2,\cdots,n)$，排成 m 行 n 列的数表

$$\begin{matrix} a_{11} & a_{12} & \cdots & a_{1n} \\ a_{21} & a_{22} & \cdots & a_{2n} \\ \vdots & \vdots & & \vdots \\ a_{m1} & a_{m2} & \cdots & a_{mn} \end{matrix}$$

称为 **m 行 n 列矩阵**，简称为 **$m \times n$ 矩阵**。

为表示矩阵是一个整体，常加上括号，并用大写黑体字母 $\boldsymbol{A},\boldsymbol{B},\boldsymbol{C}$ 等来表示，如上述矩阵记作

$$\boldsymbol{A} = \begin{pmatrix} a_{11} & a_{12} & \cdots & a_{1n} \\ a_{21} & a_{22} & \cdots & a_{2n} \\ \vdots & \vdots & & \vdots \\ a_{m1} & a_{m2} & \cdots & a_{mn} \end{pmatrix}。$$

记号 $\boldsymbol{A}_{m\times n}$ 表示 $m \times n$ 矩阵，也可以简写成 $\boldsymbol{A} = (a_{ij})_{m\times n}$，其中 a_{ij} 为矩阵的**第 i 行第 j 列的元素**；元素为实数的矩阵称为**实矩阵**，元素为复数的矩阵称为**复矩阵**。本书所讨论的矩阵，若无特殊说明均为实矩阵。

上述例 2 中表示线性方程组的数表就是线性方程组的矩阵表示，其矩阵中的每一行都对应一个方程。

2.1.2　几种常见的特殊矩阵

(1) **行矩阵**　只有一行的矩阵，即 $1 \times n$ 矩阵 $\boldsymbol{A} = (a_{11}, a_{12}, \cdots, a_{1n})$。

(2) **列矩阵**　只有一列的矩阵，即 $m \times 1$ 矩阵 $\boldsymbol{A} = \begin{pmatrix} a_{11} \\ a_{21} \\ \vdots \\ a_{m1} \end{pmatrix}$。

(3) **零矩阵** 元素全是零的矩阵，即 $\boldsymbol{O}=\begin{pmatrix}0&0&\cdots&0\\0&0&\cdots&0\\\vdots&\vdots&&\vdots\\0&0&\cdots&0\end{pmatrix}$。

(4) **n 阶方阵**（简称**方阵**） 行数与列数相同（都为 n）的矩阵，即 $\boldsymbol{A}_{n\times n}=\begin{pmatrix}a_{11}&a_{12}&\cdots&a_{1n}\\a_{21}&a_{22}&\cdots&a_{2n}\\\vdots&\vdots&&\vdots\\a_{n1}&a_{n2}&\cdots&a_{nn}\end{pmatrix}$，简写为 $\boldsymbol{A}_n$。当 $n=1$ 时，$\boldsymbol{A}_1=(a_{11})$ 称为**一阶矩阵**（为一个数），可简记为 $\boldsymbol{A}_1=a_{11}$，例如，$\boldsymbol{A}=(-3)=-3$。

(5) **对角矩阵**（简称**对角阵**） 只有主对角线上有非零元素，而其余元素都为零的方阵

$$\boldsymbol{\Lambda}=\begin{pmatrix}a_{11}&&&\\&a_{22}&&\\&&\ddots&\\&&&a_{nn}\end{pmatrix},\quad 记作\ \boldsymbol{\Lambda}=\mathrm{diag}(a_{11},a_{22},\cdots,a_{nn})。$$

(6) **数量矩阵** 对角矩阵中的对角线元素都等于 a 的矩阵，记作

$$\boldsymbol{A}=\begin{pmatrix}a&&&\\&a&&\\&&\ddots&\\&&&a\end{pmatrix}\quad (a\neq 0)。$$

(7) **单位矩阵** 对角矩阵中的对角线元素都等于 1 的矩阵，记作

$$\boldsymbol{E}=\begin{pmatrix}1&&&\\&1&&\\&&\ddots&\\&&&1\end{pmatrix}。$$

本书若无特殊说明，$\boldsymbol{E}$ 均表示为相应阶的单位矩阵。

2.1.3 同型矩阵及矩阵相等

定义 2.1.2 如果两个矩阵 $\boldsymbol{A}$，$\boldsymbol{B}$ 有相同的行数和列数，则称 $\boldsymbol{A}$ 与 $\boldsymbol{B}$ 为**同型矩阵**。若矩阵 $\boldsymbol{A}=(a_{ij})_{m\times n}$ 与 $\boldsymbol{B}=(b_{ij})_{m\times n}$ 是同型矩阵，而且对应位置上的元素均相等，即 $a_{ij}=b_{ij}$，则称 $\boldsymbol{A}$ 与 $\boldsymbol{B}$ **相等**，记为 $\boldsymbol{A}=\boldsymbol{B}$。

例如，若要求下面等式成立

$$\begin{pmatrix}2&4\\5&a\\b&1\end{pmatrix}=\begin{pmatrix}2&c\\d&7\\3&1\end{pmatrix},$$

必须 $a=7$，$b=3$，$c=4$，$d=5$。

习题 2.1

1. 用矩阵表示下列线性方程组：

(1) $\begin{cases} -x_1+2x_2-x_3+x_4=0, \\ 2x_1-3x_2+x_3-2x_4=0; \end{cases}$　　(2) $\begin{cases} x_1+2x_2-x_3+x_4=2, \\ 2x_1+x_2+x_3-x_4=5, \\ x_1-3x_2+x_3-3x_4=0。 \end{cases}$

2. 下列说法正确的有(答案不唯一)(　　)。

(A) 同型矩阵相等；(B) 对应元素都相等的两个矩阵相等；(C) 方阵是同型矩阵；(D) 单位矩阵不一定相等；(E) 零矩阵相等。

2.2　矩阵的运算

二维码 2-2

二维码 2-3

上一节，给矩阵下了定义，但这是不够的。还要给矩阵定义一些在理论及实际上都有意义的运算，以使矩阵在进行理论研究及解决实际问题中成为重要的工具。

2.2.1　矩阵的加法、数与矩阵相乘

定义 2.2.1　两个 $m\times n$ 的同型矩阵 $\boldsymbol{A}=(a_{ij})_{m\times n}$，$\boldsymbol{B}=(b_{ij})_{m\times n}$，将它们对应元素相加所得的矩阵称为矩阵 $\boldsymbol{A}$ 与 $\boldsymbol{B}$ 之和，记作 $\boldsymbol{A}+\boldsymbol{B}$，即

$$\boldsymbol{A}+\boldsymbol{B}=\begin{pmatrix} a_{11} & a_{12} & \cdots & a_{1n} \\ a_{21} & a_{22} & \cdots & a_{2n} \\ \vdots & \vdots & & \vdots \\ a_{m1} & a_{m2} & \cdots & a_{mn} \end{pmatrix}+\begin{pmatrix} b_{11} & b_{12} & \cdots & b_{1n} \\ b_{21} & b_{22} & \cdots & b_{2n} \\ \vdots & \vdots & & \vdots \\ b_{m1} & b_{m2} & \cdots & b_{mn} \end{pmatrix}$$

$$=\begin{pmatrix} a_{11}+b_{11} & a_{12}+b_{12} & \cdots & a_{1n}+b_{1n} \\ a_{21}+b_{21} & a_{22}+b_{22} & \cdots & a_{2n}+b_{2n} \\ \vdots & \vdots & & \vdots \\ a_{m1}+b_{m1} & a_{m2}+b_{m2} & \cdots & a_{mn}+b_{mn} \end{pmatrix}。$$

定义 2.2.2　设 k 是一个数，$\boldsymbol{A}$ 是一个 $m\times n$ 矩阵

$$\boldsymbol{A}=\begin{pmatrix} a_{11} & a_{12} & \cdots & a_{1n} \\ a_{21} & a_{22} & \cdots & a_{2n} \\ \vdots & \vdots & & \vdots \\ a_{m1} & a_{m2} & \cdots & a_{mn} \end{pmatrix},$$

则称数 k 与矩阵 $\boldsymbol{A}$ 的乘积(简称**数乘矩阵**) 为

$$kA = Ak = \begin{pmatrix} ka_{11} & ka_{12} & \cdots & ka_{1n} \\ ka_{21} & ka_{22} & \cdots & ka_{2n} \\ \vdots & \vdots & & \vdots \\ ka_{m1} & ka_{m2} & \cdots & ka_{mn} \end{pmatrix}。$$

由此知，数量矩阵 $\begin{pmatrix} a & & & \\ & a & & \\ & & \ddots & \\ & & & a \end{pmatrix} = a\boldsymbol{E}$。

$k=-1$ 时，记 $-\boldsymbol{A}=(-1)\boldsymbol{A}$。$-\boldsymbol{A}$ 称为矩阵 $\boldsymbol{A}$ 的**负矩阵**。

从而规定矩阵的减法为 $\boldsymbol{A}-\boldsymbol{B}=\boldsymbol{A}+(-\boldsymbol{B})$。

矩阵相加和数乘矩阵统称为**矩阵的线性运算**。

矩阵的线性运算满足下列的运算规律：

(1) **交换律** $\boldsymbol{A}+\boldsymbol{B}=\boldsymbol{B}+\boldsymbol{A}$；

(2) **结合律** $(\boldsymbol{A}+\boldsymbol{B})+\boldsymbol{C}=\boldsymbol{A}+(\boldsymbol{B}+\boldsymbol{C})$，$(\lambda\mu)\boldsymbol{A}=\lambda(\mu\boldsymbol{A})=\mu(\lambda\boldsymbol{A})$ (λ,μ 为数)；

(3) **分配律** $k(\boldsymbol{A}+\boldsymbol{B})=k\boldsymbol{A}+k\boldsymbol{B}$，$(k+l)\boldsymbol{A}=k\boldsymbol{A}+l\boldsymbol{A}$；

(4) $\boldsymbol{A}+\boldsymbol{O}=\boldsymbol{O}+\boldsymbol{A}=\boldsymbol{A}$；

(5) $\boldsymbol{A}+(-\boldsymbol{A})=-\boldsymbol{A}+\boldsymbol{A}=\boldsymbol{A}-\boldsymbol{A}=\boldsymbol{O}$；

(6) 若 $k\boldsymbol{A}=\boldsymbol{O}$，则 $k=0$ 或 $\boldsymbol{A}=\boldsymbol{O}$ (k 为实数)。

例 1 设 $2\boldsymbol{X}+3\begin{pmatrix} 2 & 1 & -3 \\ -2 & 3 & 2 \end{pmatrix}=\begin{pmatrix} -2 & 3 & 1 \\ 4 & 5 & 2 \end{pmatrix}$，求矩阵 $\boldsymbol{X}$。

解

$$\boldsymbol{X}=\frac{1}{2}\begin{pmatrix} -2 & 3 & 1 \\ 4 & 5 & 2 \end{pmatrix}-\frac{3}{2}\begin{pmatrix} 2 & 1 & -3 \\ -2 & 3 & 2 \end{pmatrix}$$

$$=\frac{1}{2}\begin{pmatrix} -2-6 & 3-3 & 1+9 \\ 4+6 & 5-9 & 2-6 \end{pmatrix}=\begin{pmatrix} -4 & 0 & 5 \\ 5 & -2 & -2 \end{pmatrix}。$$

含有未知矩阵的方程称为**矩阵方程**。

2.2.2 矩阵与矩阵相乘

定义 2.2.3 若 n 个变量 $x_1,x_2,\cdots,x_n$ 与 m 个变量 $y_1,y_2,\cdots,y_m$ 之间有关系式

$$\begin{cases} y_1 = a_{11}x_1 + a_{12}x_2 + \cdots + a_{1n}x_n, \\ y_2 = a_{21}x_1 + a_{22}x_2 + \cdots + a_{2n}x_n, \\ \cdots\cdots\cdots\cdots \\ y_m = a_{m1}x_1 + a_{m2}x_2 + \cdots + a_{mn}x_n, \end{cases} \tag{1}$$

则称为一个从变量 $x_1,x_2,\cdots,x_n$ 到变量 $y_1,y_2,\cdots,y_m$ 的**线性变换**，变量 $x_1,x_2,\cdots,x_n$ 的系数构成一个系数矩阵 $\boldsymbol{A}=(a_{ij})_{m\times n}$，显然，线性变换(1) 与其系数矩阵是一一对应的。

设有两个线性变换为

$$(\text{Ⅰ})\begin{cases} y_1 = a_{11}x_1 + a_{12}x_2 + a_{13}x_3, \\ y_2 = a_{21}x_1 + a_{22}x_2 + a_{23}x_3; \end{cases} \qquad (\text{Ⅱ})\begin{cases} x_1 = b_{11}t_1 + b_{12}t_2, \\ x_2 = b_{21}t_1 + b_{22}t_2, \\ x_3 = b_{31}t_1 + b_{32}t_2。 \end{cases}$$

将(Ⅱ)代入(Ⅰ)可得到从 t_1, t_2 到 y_1, y_2 的线性变换为

$$(\text{Ⅲ})\begin{cases} y_1 = (a_{11}b_{11} + a_{12}b_{21} + a_{13}b_{31})t_1 + (a_{11}b_{12} + a_{12}b_{22} + a_{13}b_{32})t_2, \\ y_2 = (a_{21}b_{11} + a_{22}b_{21} + a_{23}b_{31})t_1 + (a_{21}b_{12} + a_{22}b_{22} + a_{23}b_{32})t_2。 \end{cases}$$

线性变换(Ⅲ)称为**线性变换(Ⅰ)与(Ⅱ)的乘积**，相应地把(Ⅲ)所对应的矩阵定义为(Ⅰ)与(Ⅱ)所对应矩阵的乘积，即

$$\begin{pmatrix} a_{11} & a_{12} & a_{13} \\ a_{21} & a_{22} & a_{23} \end{pmatrix}\begin{pmatrix} b_{11} & b_{12} \\ b_{21} & b_{22} \\ b_{31} & b_{32} \end{pmatrix} = \begin{pmatrix} a_{11}b_{11} + a_{12}b_{21} + a_{13}b_{31} & a_{11}b_{12} + a_{12}b_{22} + a_{13}b_{32} \\ a_{21}b_{11} + a_{22}b_{21} + a_{23}b_{31} & a_{21}b_{12} + a_{22}b_{22} + a_{23}b_{32} \end{pmatrix}。$$

定义 2.2.4 设两个矩阵

$$\boldsymbol{A} = \begin{pmatrix} a_{11} & a_{12} & \cdots & a_{1l} \\ a_{21} & a_{22} & \cdots & a_{2l} \\ \vdots & \vdots & & \vdots \\ a_{m1} & a_{m2} & \cdots & a_{ml} \end{pmatrix}, \quad \boldsymbol{B} = \begin{pmatrix} b_{11} & b_{12} & \cdots & b_{1n} \\ b_{21} & b_{22} & \cdots & b_{2n} \\ \vdots & \vdots & & \vdots \\ b_{l1} & b_{l2} & \cdots & b_{ln} \end{pmatrix},$$

则定义**矩阵 $\boldsymbol{A}$ 与矩阵 $\boldsymbol{B}$ 的乘积**为一个 $m \times n$ 矩阵，即

$$\boldsymbol{C}_{m\times n} = \begin{pmatrix} c_{11} & c_{12} & \cdots & c_{1n} \\ c_{21} & c_{22} & \cdots & c_{2n} \\ \vdots & \vdots & & \vdots \\ c_{m1} & c_{m2} & \cdots & c_{mn} \end{pmatrix},$$

其中 $$c_{ij} = \sum_{k=1}^{l} a_{ik}b_{kj} = a_{i1}b_{1j} + a_{i2}b_{2j} + \cdots + a_{il}b_{lj}\ (i = 1,2,\cdots,m;\ j = 1,2,\cdots,n),$$

并记为 $$\boldsymbol{C}_{m\times n} = \boldsymbol{AB}。$$

注意：(1) 此定义的条件为左边矩阵 $\boldsymbol{A}$ 的列数 l 必须等于右边矩阵 $\boldsymbol{B}$ 的行数 l；

(2) 乘积 $\boldsymbol{AB}$ 的行数等于左边矩阵 $\boldsymbol{A}$ 的行数 m，而乘积 $\boldsymbol{AB}$ 的列数等于右边矩阵 $\boldsymbol{B}$ 的列数 n；

(3) 乘积 $\boldsymbol{AB}$ 的元素 c_{ij} 等于左边矩阵 $\boldsymbol{A}$ 的第 i 行元素与右边矩阵 $\boldsymbol{B}$ 的第 j 列对应元素的乘积之和。

例 2 已知 $\boldsymbol{A} = \begin{pmatrix} 1 & 2 \\ 3 & 1 \end{pmatrix}$，$\boldsymbol{B} = \begin{pmatrix} 2 & 1 & 0 \\ 1 & 3 & 1 \end{pmatrix}$，求 $\boldsymbol{AB}$，$\boldsymbol{BA}$。

解

$$\boldsymbol{AB} = \begin{pmatrix} 1 & 2 \\ 3 & 1 \end{pmatrix}\begin{pmatrix} 2 & 1 & 0 \\ 1 & 3 & 1 \end{pmatrix} = \begin{pmatrix} 1\times2+2\times1 & 1\times1+2\times3 & 1\times0+2\times1 \\ 3\times2+1\times1 & 3\times1+1\times3 & 3\times0+1\times1 \end{pmatrix}$$

$$=\begin{pmatrix}4&7&2\\7&6&1\end{pmatrix}。$$

因为 $\boldsymbol{B}$ 为 2×3 矩阵，$\boldsymbol{A}$ 为 2×2 矩阵，所以 $\boldsymbol{BA}$ 无意义。

注意：(1) 一般情况 $\boldsymbol{AB}\neq\boldsymbol{BA}$，即矩阵乘法不满足交换律。如

$$\boldsymbol{A}=\begin{pmatrix}1&1\\0&0\end{pmatrix},\quad \boldsymbol{B}=\begin{pmatrix}0&1\\0&1\end{pmatrix},$$

$$\boldsymbol{AB}=\begin{pmatrix}1&1\\0&0\end{pmatrix}\begin{pmatrix}0&1\\0&1\end{pmatrix}=\begin{pmatrix}0&2\\0&0\end{pmatrix},\quad \boldsymbol{BA}=\begin{pmatrix}0&1\\0&1\end{pmatrix}\begin{pmatrix}1&1\\0&0\end{pmatrix}=\begin{pmatrix}0&0\\0&0\end{pmatrix}。$$

(2) 由上面可知，由 $\boldsymbol{AB}=\boldsymbol{O}$，一般不能推出 $\boldsymbol{A}=\boldsymbol{O}$ 或 $\boldsymbol{B}=\boldsymbol{O}$。

(3) 由 $\boldsymbol{AB}=\boldsymbol{AC}$，一般不能推出 $\boldsymbol{B}=\boldsymbol{C}$，如

$$\boldsymbol{A}=\begin{pmatrix}1&-1\\1&-1\end{pmatrix},\quad \boldsymbol{B}=\begin{pmatrix}2&3\\1&2\end{pmatrix},\quad \boldsymbol{C}=\begin{pmatrix}5&7\\4&6\end{pmatrix},$$

有 $$\boldsymbol{AB}=\boldsymbol{AC}=\begin{pmatrix}1&1\\1&1\end{pmatrix}，但 \boldsymbol{B}\neq\boldsymbol{C}。$$

(4) 矩阵 $\boldsymbol{A}$ 与单位矩阵 $\boldsymbol{E}$ 相乘有 $\boldsymbol{A}_{m\times n}\boldsymbol{E}_n=\boldsymbol{A}_{m\times n}$，$\boldsymbol{E}_n\boldsymbol{B}_{n\times m}=\boldsymbol{B}_{n\times m}$。如

$$\boldsymbol{A}=\begin{pmatrix}a&b\\c&d\end{pmatrix},\quad \boldsymbol{B}=\begin{pmatrix}a&b&c\\d&e&f\end{pmatrix},$$

则

$$\boldsymbol{AE}=\begin{pmatrix}a&b\\c&d\end{pmatrix}\begin{pmatrix}1&0\\0&1\end{pmatrix}=\begin{pmatrix}a&b\\c&d\end{pmatrix}=\boldsymbol{A},$$

$$\boldsymbol{EB}=\begin{pmatrix}1&0\\0&1\end{pmatrix}\begin{pmatrix}a&b&c\\d&e&f\end{pmatrix}=\begin{pmatrix}a&b&c\\d&e&f\end{pmatrix}=\boldsymbol{B}。$$

矩阵的乘法有下面的运算规律（可以运算）：

(1) **结合律**　$(\boldsymbol{AB})\boldsymbol{C}=\boldsymbol{A}(\boldsymbol{BC})$；

(2) **分配律**　$\boldsymbol{A}(\boldsymbol{B}+\boldsymbol{C})=\boldsymbol{AB}+\boldsymbol{AC}$，$(\boldsymbol{B}+\boldsymbol{C})\boldsymbol{A}=\boldsymbol{BA}+\boldsymbol{CA}$；

(3) $\boldsymbol{EA}=\boldsymbol{AE}=\boldsymbol{A}$；

(4) $k(\boldsymbol{AB})=(k\boldsymbol{A})\boldsymbol{B}=\boldsymbol{A}(k\boldsymbol{B})$（$k$ 为常数）。

2.2.3　方阵的幂

定义 2.2.5　设 $\boldsymbol{A}$ 为方阵，k 为自然数，则称 $\boldsymbol{A}^k=\underbrace{\boldsymbol{AA}\cdots\boldsymbol{A}}_{k个}$ 为 $\boldsymbol{A}$ 的 k 次幂。

显然，$\boldsymbol{E}^k=\boldsymbol{E}$（$\boldsymbol{E}$ 为单位矩阵）。

设 $\boldsymbol{A}$ 为方阵，k 与 l 为自然数，则方阵的幂有如下的运算规律：

(1) $\boldsymbol{A}^k\boldsymbol{A}^l=\boldsymbol{A}^{k+l}$；

(2) $(\boldsymbol{A}^k)^l=\boldsymbol{A}^{kl}$。

但是，一般$(\boldsymbol{AB})^k \neq \boldsymbol{A}^k\boldsymbol{B}^k$。这是由于矩阵乘法一般不满足交换律。

例 3 证明

$$\begin{pmatrix} 1 & 1 & 1 \\ 0 & 1 & 1 \\ 0 & 0 & 1 \end{pmatrix}^n = \begin{pmatrix} 1 & n & \dfrac{n(n+1)}{2} \\ 0 & 1 & n \\ 0 & 0 & 1 \end{pmatrix}。$$

证 用数学归纳法：

当 $n=1$ 时，等式显然成立；

设 $n=k$ 时，等式成立，即设

$$\begin{pmatrix} 1 & 1 & 1 \\ 0 & 1 & 1 \\ 0 & 0 & 1 \end{pmatrix}^k = \begin{pmatrix} 1 & k & \dfrac{k(k+1)}{2} \\ 0 & 1 & k \\ 0 & 0 & 1 \end{pmatrix}。$$

下面证 $n=k+1$ 时成立，此时由

$$\begin{pmatrix} 1 & 1 & 1 \\ 0 & 1 & 1 \\ 0 & 0 & 1 \end{pmatrix}^{k+1} = \begin{pmatrix} 1 & 1 & 1 \\ 0 & 1 & 1 \\ 0 & 0 & 1 \end{pmatrix}\begin{pmatrix} 1 & 1 & 1 \\ 0 & 1 & 1 \\ 0 & 0 & 1 \end{pmatrix}^k = \begin{pmatrix} 1 & 1 & 1 \\ 0 & 1 & 1 \\ 0 & 0 & 1 \end{pmatrix}\begin{pmatrix} 1 & k & \dfrac{k(k+1)}{2} \\ 0 & 1 & k \\ 0 & 0 & 1 \end{pmatrix}$$

$$= \begin{pmatrix} 1 & k+1 & \dfrac{k(k+1)}{2}+k+1 \\ 0 & 1 & k+1 \\ 0 & 0 & 1 \end{pmatrix} = \begin{pmatrix} 1 & k+1 & \dfrac{(k+1)(k+2)}{2} \\ 0 & 1 & k+1 \\ 0 & 0 & 1 \end{pmatrix},$$

于是等式得证。

例 4 设 $\boldsymbol{\Lambda} = \begin{pmatrix} \lambda_1 & 0 & 0 \\ 0 & \lambda_2 & 0 \\ 0 & 0 & \lambda_3 \end{pmatrix}$，求$\boldsymbol{\Lambda}^3$。

解

$$\boldsymbol{\Lambda}^2 = \begin{pmatrix} \lambda_1 & 0 & 0 \\ 0 & \lambda_2 & 0 \\ 0 & 0 & \lambda_3 \end{pmatrix}\begin{pmatrix} \lambda_1 & 0 & 0 \\ 0 & \lambda_2 & 0 \\ 0 & 0 & \lambda_3 \end{pmatrix} = \begin{pmatrix} \lambda_1^2 & 0 & 0 \\ 0 & \lambda_2^2 & 0 \\ 0 & 0 & \lambda_3^2 \end{pmatrix},$$

$$\boldsymbol{\Lambda}^3 = \begin{pmatrix} \lambda_1^2 & 0 & 0 \\ 0 & \lambda_2^2 & 0 \\ 0 & 0 & \lambda_3^2 \end{pmatrix}\begin{pmatrix} \lambda_1 & 0 & 0 \\ 0 & \lambda_2 & 0 \\ 0 & 0 & \lambda_3 \end{pmatrix} = \begin{pmatrix} \lambda_1^3 & 0 & 0 \\ 0 & \lambda_2^3 & 0 \\ 0 & 0 & \lambda_3^3 \end{pmatrix}。$$

一般地，若对角矩阵

$$\boldsymbol{\Lambda} = \begin{pmatrix} \lambda_1 & & & \\ & \lambda_2 & & \\ & & \ddots & \\ & & & \lambda_n \end{pmatrix},$$

则

$$\boldsymbol{\Lambda}^m = \begin{pmatrix} \lambda_1^m & & & \\ & \lambda_2^m & & \\ & & \ddots & \\ & & & \lambda_n^m \end{pmatrix}。$$

定义 2.2.6 设 $\boldsymbol{A}$ 为 n 阶方阵，$f(x)$ 为 x 的多项式，即

$$f(x) = a_m x^m + a_{m-1} x^{m-1} + \cdots + a_1 x + a_0,$$

则称 $f(\boldsymbol{A}) = a_m \boldsymbol{A}^m + a_{m-1}\boldsymbol{A}^{m-1} + \cdots + a_1 \boldsymbol{A} + a_0 \boldsymbol{E}$ 是**矩阵 $\boldsymbol{A}$ 的多项式**。

例 5 设 $f(x) = 2x^2 + 3x - 1$，$\boldsymbol{A} = \begin{pmatrix} 1 & 1 \\ 2 & -1 \end{pmatrix}$，则

$$\boldsymbol{f}(\boldsymbol{A}) = 2\boldsymbol{A}^2 + 3\boldsymbol{A} - \boldsymbol{E} = 2\begin{pmatrix} 1 & 1 \\ 2 & -1 \end{pmatrix}^2 + 3\begin{pmatrix} 1 & 1 \\ 2 & -1 \end{pmatrix} - \begin{pmatrix} 1 & 0 \\ 0 & 1 \end{pmatrix}$$

$$= \begin{pmatrix} 6 & 0 \\ 0 & 6 \end{pmatrix} + \begin{pmatrix} 3 & 3 \\ 6 & -3 \end{pmatrix} - \begin{pmatrix} 1 & 0 \\ 0 & 1 \end{pmatrix} = \begin{pmatrix} 8 & 3 \\ 6 & 2 \end{pmatrix}。$$

2.2.4 矩阵的转置

定义 2.2.7 将 $m \times n$ 矩阵 $\boldsymbol{A}$ 的行换成同序数的列，而得到的 $n \times m$ 矩阵称为矩阵 $\boldsymbol{A}$ 的**转置矩阵**，记为 $\boldsymbol{A}^{\mathrm{T}}$ 或 $\boldsymbol{A}'$，即如果

$$\boldsymbol{A} = \begin{pmatrix} a_{11} & a_{12} & \cdots & a_{1n} \\ a_{21} & a_{22} & \cdots & a_{2n} \\ \vdots & \vdots & & \vdots \\ a_{m1} & a_{m2} & \cdots & a_{mn} \end{pmatrix},$$

则

$$\boldsymbol{A}^{\mathrm{T}} = \begin{pmatrix} a_{11} & a_{21} & \cdots & a_{m1} \\ a_{12} & a_{22} & \cdots & a_{m2} \\ \vdots & \vdots & & \vdots \\ a_{1n} & a_{2n} & \cdots & a_{mn} \end{pmatrix}。$$

例如，设 $\boldsymbol{A} = \begin{pmatrix} 1 & -3 & 2 \\ 4 & 0 & -1 \end{pmatrix}$，$\boldsymbol{B} = \begin{pmatrix} 2 \\ 1 \\ 4 \\ 3 \end{pmatrix}$，则

$$\boldsymbol{A}^{\mathrm{T}} = \begin{pmatrix} 1 & 4 \\ -3 & 0 \\ 2 & -1 \end{pmatrix}, \quad \boldsymbol{B}^{\mathrm{T}} = (2,1,4,3)。$$

矩阵的转置矩阵有下列性质：

(1) $(\boldsymbol{A}^{\mathrm{T}})^{\mathrm{T}}=\boldsymbol{A}$；

(2) $(\boldsymbol{A}+\boldsymbol{B})^{\mathrm{T}}=\boldsymbol{A}^{\mathrm{T}}+\boldsymbol{B}^{\mathrm{T}}$；

(3) $(k\boldsymbol{A})^{\mathrm{T}}=k\boldsymbol{A}^{\mathrm{T}}$ (k 为常数)；

(4) $(\boldsymbol{AB})^{\mathrm{T}}=\boldsymbol{B}^{\mathrm{T}}\boldsymbol{A}^{\mathrm{T}}$。

证 性质(1)(2)(3) 容易证明，请读者自己完成，现证性质(4) 成立。

设 $\boldsymbol{A}=(a_{ij})_{m\times l}$，$\boldsymbol{B}=(b_{ij})_{l\times n}$，$(\boldsymbol{AB})^{\mathrm{T}}=(c_{ij})$，$\boldsymbol{B}^{\mathrm{T}}\boldsymbol{A}^{\mathrm{T}}=(d_{ij})$。

因为 $\boldsymbol{AB}$ 为 $m\times n$ 矩阵，$(\boldsymbol{AB})^{\mathrm{T}}$ 就是 $n\times m$ 矩阵，类似 $\boldsymbol{B}^{\mathrm{T}}$ 为 $n\times l$ 矩阵，$\boldsymbol{A}^{\mathrm{T}}$ 为 $l\times m$ 矩阵，因而 $\boldsymbol{B}^{\mathrm{T}}\boldsymbol{A}^{\mathrm{T}}$ 也是 $n\times m$ 矩阵，也就是说 $(\boldsymbol{AB})^{\mathrm{T}}$ 与 $\boldsymbol{B}^{\mathrm{T}}\boldsymbol{A}^{\mathrm{T}}$ 为同型矩阵。

矩阵 $(\boldsymbol{AB})^{\mathrm{T}}$ 的第 i 行第 j 列元素就是矩阵 $\boldsymbol{AB}$ 的第 j 行第 i 列元素，即

$$c_{ij}=\sum_{k=1}^{l}a_{jk}b_{ki}=a_{j1}b_{1i}+a_{j2}b_{2i}+\cdots+a_{jl}b_{li}。$$

而矩阵 $\boldsymbol{B}^{\mathrm{T}}\boldsymbol{A}^{\mathrm{T}}$ 的第 i 行第 j 列元素为矩阵 $\boldsymbol{B}^{\mathrm{T}}$ 的第 i 行元素与矩阵 $\boldsymbol{A}^{\mathrm{T}}$ 的第 j 列对应元素乘积之和；又矩阵 $\boldsymbol{B}^{\mathrm{T}}$ 的第 i 行元素就是矩阵 $\boldsymbol{B}$ 的第 i 列元素，矩阵 $\boldsymbol{A}^{\mathrm{T}}$ 的第 j 列元素就是矩阵 $\boldsymbol{A}$ 的第 j 行元素，即

$$d_{ij}=\sum_{k=1}^{l}b_{ki}a_{jk}=\sum_{k=1}^{l}a_{jk}b_{ki}=a_{j1}b_{1i}+a_{j2}b_{2i}+\cdots+a_{jl}b_{li},$$

从而得到矩阵 $(\boldsymbol{AB})^{\mathrm{T}}$ 与矩阵 $\boldsymbol{B}^{\mathrm{T}}\boldsymbol{A}^{\mathrm{T}}$ 的对应元素都相等，则有 $(\boldsymbol{AB})^{\mathrm{T}}=\boldsymbol{B}^{\mathrm{T}}\boldsymbol{A}^{\mathrm{T}}$ 成立。

一般地，可以证明

$$(\boldsymbol{A}_1\boldsymbol{A}_2\cdots\boldsymbol{A}_n)^{\mathrm{T}}=\boldsymbol{A}_n^{\mathrm{T}}\cdots\boldsymbol{A}_2^{\mathrm{T}}\boldsymbol{A}_1^{\mathrm{T}}。$$

例 6 设 $\boldsymbol{A}=\begin{pmatrix}1&0&2\\3&-1&1\end{pmatrix}$，$\boldsymbol{B}=\begin{pmatrix}1&-2&3\\4&-1&2\\2&0&1\end{pmatrix}$，求 $(\boldsymbol{AB})^{\mathrm{T}}$。

解 $\boldsymbol{A}^{\mathrm{T}}=\begin{pmatrix}1&3\\0&-1\\2&1\end{pmatrix}$，$\boldsymbol{B}^{\mathrm{T}}=\begin{pmatrix}1&4&2\\-2&-1&0\\3&2&1\end{pmatrix}$，

$$(\boldsymbol{AB})^{\mathrm{T}}=\left(\begin{pmatrix}1&0&2\\3&-1&1\end{pmatrix}\begin{pmatrix}1&-2&3\\4&-1&2\\2&0&1\end{pmatrix}\right)^{\mathrm{T}}=\begin{pmatrix}5&-2&5\\1&-5&8\end{pmatrix}^{\mathrm{T}}=\begin{pmatrix}5&1\\-2&-5\\5&8\end{pmatrix}。$$

也可由

$$\boldsymbol{B}^{\mathrm{T}}\boldsymbol{A}^{\mathrm{T}}=\begin{pmatrix}1&4&2\\-2&-1&0\\3&2&1\end{pmatrix}\begin{pmatrix}1&3\\0&-1\\2&1\end{pmatrix}=\begin{pmatrix}5&1\\-2&-5\\5&8\end{pmatrix}。$$

定义 2.2.8 若 n 阶方阵 $\boldsymbol{A}$ 满足 $\boldsymbol{A}^{\mathrm{T}}=\boldsymbol{A}$，则称 $\boldsymbol{A}$ 为**对称矩阵**，简称**对称阵**。若 n 阶方阵 $\boldsymbol{A}$ 满足 $\boldsymbol{A}^{\mathrm{T}}=-\boldsymbol{A}$，则称 $\boldsymbol{A}$ 为**反对称矩阵**。

例如 $\boldsymbol{A}=\begin{pmatrix}1&-1&4\\-1&2&1\\4&1&3\end{pmatrix}$，$\boldsymbol{B}=\begin{pmatrix}0&2\\2&1\end{pmatrix}$ 都是对称阵。

$\boldsymbol{C}=\begin{pmatrix}0&1&-2\\-1&0&3\\2&-3&0\end{pmatrix}$，$\boldsymbol{D}=\begin{pmatrix}0&2\\-2&0\end{pmatrix}$ 都是反对称矩阵。

对称阵的特点是：关于主对角线对称的元素对应相等。

反对称矩阵的特点是：主对角线上元素都为 0，关于主对角线对称的元素互为相反数。

由定义 2.2.8 可以验证，对于任意矩阵 $\boldsymbol{A}$，有 $\boldsymbol{A}^{\mathrm{T}}\boldsymbol{A}$ 及 $\boldsymbol{A}\boldsymbol{A}^{\mathrm{T}}$ 都是对称阵，又若 $\boldsymbol{A}$ 及 $\boldsymbol{B}$ 为对称阵，那么 $(\boldsymbol{A}+\boldsymbol{B})$ 及 $(\boldsymbol{A}-\boldsymbol{B})$ 也为对称阵，但 $\boldsymbol{AB}$ 不一定为对称阵。

2.2.5　方阵的行列式

定义 2.2.9　设 $\boldsymbol{A}$ 为 n 阶方阵，且由 $\boldsymbol{A}$ 的元素按原来顺序构成的 n 阶行列式，称为**方阵 $\boldsymbol{A}$ 的行列式**，记作 $|\boldsymbol{A}|$ 或 $\det\boldsymbol{A}$。

例如
$$\boldsymbol{A}=\begin{pmatrix}1&3&3\\3&1&2\\2&2&1\end{pmatrix},\quad |\boldsymbol{A}|=\begin{vmatrix}1&3&3\\3&1&2\\2&2&1\end{vmatrix}。$$

注意：方阵 $\boldsymbol{A}$ 与行列式 $|\boldsymbol{A}|$ 是两个不同的概念，$\boldsymbol{A}$ 为数表，而 $|\boldsymbol{A}|$ 为一个数。

方阵的行列式有如下运算规律：

设 $\boldsymbol{A}$，$\boldsymbol{B}$ 为 n 阶方阵，则

(1) $|\boldsymbol{A}^{\mathrm{T}}|=|\boldsymbol{A}|$；　(2) $|\lambda\boldsymbol{A}|=\lambda^n|\boldsymbol{A}|$（$\lambda$ 为实数）；　(3) $|\boldsymbol{AB}|=|\boldsymbol{A}||\boldsymbol{B}|$。

推广到多个矩阵情形
$$|\boldsymbol{A}_1\boldsymbol{A}_2\cdots\boldsymbol{A}_k|=|\boldsymbol{A}_1||\boldsymbol{A}_2|\cdots|\boldsymbol{A}_k|。$$

证　仅证(3)，且以二阶为例证明，n 阶证法相仿。

设
$$\boldsymbol{A}=\begin{pmatrix}a_{11}&a_{12}\\a_{21}&a_{22}\end{pmatrix},\quad \boldsymbol{B}=\begin{pmatrix}b_{11}&b_{12}\\b_{21}&b_{22}\end{pmatrix}。$$

作一个四阶行列式
$$D=\begin{vmatrix}a_{11}&a_{12}&0&0\\a_{21}&a_{22}&0&0\\-1&0&b_{11}&b_{12}\\0&-1&b_{21}&b_{22}\end{vmatrix}。$$

一方面，由拉普拉斯定理，以 D 的第 1 行和第 2 行展开得
$$D=\begin{vmatrix}a_{11}&a_{12}\\a_{21}&a_{22}\end{vmatrix}(-1)^{1+2+1+2}\begin{vmatrix}b_{11}&b_{12}\\b_{21}&b_{22}\end{vmatrix}=|\boldsymbol{A}||\boldsymbol{B}|。$$

另一方面，用 b_{11}，b_{21} 分别乘第 1、2 列后加到第 3 列上，用 b_{12}，b_{22} 分别乘第 1、2 列后

加到第 4 列上，使 D 的右下角的 4 个元素都变为零，即

$$D=\begin{vmatrix} a_{11} & a_{12} & a_{11}b_{11}+a_{12}b_{21} & a_{11}b_{12}+a_{12}b_{22} \\ a_{21} & a_{22} & a_{21}b_{11}+a_{22}b_{21} & a_{21}b_{12}+a_{22}b_{22} \\ -1 & 0 & 0 & 0 \\ 0 & -1 & 0 & 0 \end{vmatrix}$$

$$\xlongequal{\text{按 } r_3\text{、}r_4 \text{ 展开}} \begin{vmatrix} -1 & 0 \\ 0 & -1 \end{vmatrix} (-1)^{3+4+1+2} \begin{vmatrix} a_{11}b_{11}+a_{12}b_{21} & a_{11}b_{12}+a_{12}b_{22} \\ a_{21}b_{11}+a_{22}b_{21} & a_{21}b_{12}+a_{22}b_{22} \end{vmatrix} = |\boldsymbol{AB}|,$$

所以有 $|\boldsymbol{AB}|=|\boldsymbol{A}||\boldsymbol{B}|$ 成立。

例 7　若 $\boldsymbol{A}$ 为 4 阶方阵，$|\boldsymbol{A}|=-5$，求 $|3\boldsymbol{A}|$。

解　$|3\boldsymbol{A}|=3^4|\boldsymbol{A}|=81\times(-5)=-405$。

例 8　设 $\boldsymbol{A}=\begin{pmatrix} 2 & 1 & 3 \\ 5 & 3 & 2 \\ 1 & 4 & 3 \end{pmatrix}$，$\boldsymbol{B}=\begin{pmatrix} 1 & 2 & 3 \\ 3 & 5 & 2 \\ 2 & 4 & 3 \end{pmatrix}$，求 $|\boldsymbol{AB}|$。

解　$|\boldsymbol{AB}|=|\boldsymbol{A}||\boldsymbol{B}|=\begin{vmatrix} 2 & 1 & 3 \\ 5 & 3 & 2 \\ 1 & 4 & 3 \end{vmatrix}\begin{vmatrix} 1 & 2 & 3 \\ 3 & 5 & 2 \\ 2 & 4 & 3 \end{vmatrix}=40\times 3=120$。

注意：(1) 两个 n 阶方阵之和的行列式不等于各矩阵行列式之和，即

$$|\boldsymbol{A}+\boldsymbol{B}|\neq|\boldsymbol{A}|+|\boldsymbol{B}|。$$

(2) 应用 $|\boldsymbol{AB}|=|\boldsymbol{A}||\boldsymbol{B}|$ 可减少计算量。

例 9　设 $\boldsymbol{A}=\begin{pmatrix} 3 & 1 \\ -1 & 2 \end{pmatrix}$，矩阵 $\boldsymbol{B}$ 满足 $\boldsymbol{BA}=\boldsymbol{B}+3\boldsymbol{E}$，求 $|\boldsymbol{B}|$。

解　由 $\boldsymbol{BA}=\boldsymbol{B}+3\boldsymbol{E}$ 得 $\boldsymbol{B}(\boldsymbol{A}-\boldsymbol{E})=3\boldsymbol{E}$，两边取行列式得 $|\boldsymbol{B}||\boldsymbol{A}-\boldsymbol{E}|=9$，因为 $|\boldsymbol{A}-\boldsymbol{E}|=\begin{vmatrix} 2 & 1 \\ -1 & 1 \end{vmatrix}=3$，所以 $|\boldsymbol{B}|=3$。

2.2.6　共轭矩阵

定义 2.2.10　当 $\boldsymbol{A}=(a_{ij})$ 为复数矩阵时，用 $\overline{a_{ij}}$ 表示 a_{ij} 的共轭复数，记 $\overline{\boldsymbol{A}}=(\overline{a_{ij}})$，则称 $\overline{\boldsymbol{A}}$ 为 $\boldsymbol{A}$ 的**共轭矩阵**。

例如　　$\boldsymbol{A}=\begin{pmatrix} \mathrm{i} & 3+2\mathrm{i} \\ 1-\mathrm{i} & 5 \end{pmatrix}$，则 $\overline{\boldsymbol{A}}=\begin{pmatrix} -\mathrm{i} & 3-2\mathrm{i} \\ 1+\mathrm{i} & 5 \end{pmatrix}$。

共轭矩阵满足下列运算规律：

(1) $\overline{\boldsymbol{A}+\boldsymbol{B}}=\overline{\boldsymbol{A}}+\overline{\boldsymbol{B}}$；

(2) $\overline{\lambda\boldsymbol{A}}=\overline{\lambda}\,\overline{\boldsymbol{A}}$，$\lambda$ 为常数；

(3) $\overline{\boldsymbol{AB}}=\overline{\boldsymbol{A}}\,\overline{\boldsymbol{B}}$。

习题 2.2

1. 设矩阵

$$A=\begin{pmatrix}-2&1&-1\\1&-2&2\\2&1&-1\end{pmatrix},\quad B=\begin{pmatrix}1&2&1\\0&-1&2\\2&1&-1\end{pmatrix},\quad E=\begin{pmatrix}1&0&0\\0&1&0\\0&0&1\end{pmatrix}。$$

试计算：(1) $2\boldsymbol{A}-\boldsymbol{B}$；(2) $2\boldsymbol{A}^{\mathrm{T}}+\boldsymbol{B}^{\mathrm{T}}$；(3) $\boldsymbol{A}-\lambda\boldsymbol{E}$；(4) $\lambda\boldsymbol{E}-\boldsymbol{B}$。

2. 在下列空处填写适当的矩阵：

(1) 方程组 $\begin{cases}x_1+2x_2-x_3=2,\\2x_1+x_2+3x_3=3,\\x_1-3x_2-2x_3=5\end{cases}$ 可表示为 $\begin{pmatrix}\quad&\quad&\quad\\&&\\&&\end{pmatrix}\begin{pmatrix}x_1\\x_2\\x_3\end{pmatrix}=\begin{pmatrix}2\\3\\5\end{pmatrix}$；

(2) 方程组 $\begin{cases}x_1+2x_2-x_3=0,\\2x_1+x_2-3x_3=0\end{cases}$ 可表示为 $\begin{pmatrix}1&2&-1\\2&1&-3\end{pmatrix}\begin{pmatrix}\quad\\ \quad\end{pmatrix}=\begin{pmatrix}0\\0\end{pmatrix}$。

3. 设矩阵 $\boldsymbol{A}=\begin{pmatrix}1&1\\1&0\end{pmatrix}$，$\boldsymbol{B}=\begin{pmatrix}1&0&2\\0&2&1\end{pmatrix}$，求(1) $\boldsymbol{AB}$；(2) $\boldsymbol{BA}$；(3) $\boldsymbol{B}^{\mathrm{T}}\boldsymbol{A}$。

4. 计算下列各式：

(1) $\begin{pmatrix}-2&3\\-4&6\end{pmatrix}\begin{pmatrix}-9&6\\-6&4\end{pmatrix}$；　　(2) $\begin{pmatrix}2&1&3\\1&2&1\\4&1&2\end{pmatrix}\begin{pmatrix}1&0\\0&2\\2&-1\end{pmatrix}$；

(3) $\begin{pmatrix}1\\-2\\3\end{pmatrix}(3\quad 1\quad -1)$；　　(4) $(3\quad 1\quad -1)\begin{pmatrix}1\\-2\\3\end{pmatrix}$。

5. 已知两个线性变换：

$$\begin{cases}x_1=y_1-3y_2+2y_3,\\x_2=3y_1-4y_2+y_3,\\x_3=2y_1-5y_2+3y_3;\end{cases}\quad\begin{cases}y_1=2z_1+5z_2+6z_3,\\y_2=z_1+4z_2+3z_3,\\y_3=z_1+3z_2+2z_3。\end{cases}$$

求从 z_1,z_2,z_3 到 x_1,x_2,x_3 的线性变换。

6. 设 $f(x)=x^2-3x+4$，$\boldsymbol{A}=\begin{pmatrix}1&-2\\-3&2\end{pmatrix}$，求 $f(\boldsymbol{A})$。

7. 求下列方阵的方幂：

(1) $\begin{pmatrix}1&1\\1&1\end{pmatrix}^n$；　　(2) $\begin{pmatrix}2&0&0\\0&-1&0\\0&0&3\end{pmatrix}^n$。

8. 设 $\boldsymbol{A}=\begin{pmatrix}1&-3&0\\-2&4&1\\3&1&-2\end{pmatrix}$，$\boldsymbol{B}=\begin{pmatrix}2&4\\1&3\\1&2\end{pmatrix}$，试计算：(1) $\boldsymbol{A}^{\mathrm{T}}\boldsymbol{B}$；(2) $\boldsymbol{B}^{\mathrm{T}}\boldsymbol{A}$；(3) $(\boldsymbol{AB})^{\mathrm{T}}$。

9. 设矩阵 $\boldsymbol{A}=\begin{pmatrix}1&1\\1&2\end{pmatrix}$，$\boldsymbol{B}=\begin{pmatrix}2&1\\0&1\end{pmatrix}$，$\boldsymbol{C}=\begin{pmatrix}3&1\\1&2\end{pmatrix}$，求 $|\boldsymbol{ABC}|$。

10. 设矩阵 $\boldsymbol{A}=\begin{pmatrix}2&0&1\\4&1&2\\1&0&3\end{pmatrix}$，$\boldsymbol{E}$ 是单位矩阵，矩阵 $\boldsymbol{B}$ 满足 $\boldsymbol{BA}=3\boldsymbol{B}+2\boldsymbol{E}$，求 $|\boldsymbol{B}|$。

11. 设 $\boldsymbol{A}$，$\boldsymbol{B}$ 都是 n 阶对称阵，证明：$\boldsymbol{ABABA}$ 为对称矩阵。

2.3 逆矩阵

2.3.1 逆矩阵的定义及性质

二维码 2-4

在数 $a\neq 0$ 时，有数 a^{-1} 使得 $aa^{-1}=a^{-1}a=1$。在矩阵运算中也有类似的情况，例如：

$$\boldsymbol{A}=\begin{pmatrix}2&5\\1&3\end{pmatrix},\quad \boldsymbol{B}=\begin{pmatrix}3&-5\\-1&2\end{pmatrix},$$

容易验证

$$\boldsymbol{AB}=\boldsymbol{BA}=\boldsymbol{E}。$$

定义 2.3.1 设 $\boldsymbol{A}$ 是 n 阶方阵，若存在 n 阶方阵 $\boldsymbol{B}$，使得 $\boldsymbol{AB}=\boldsymbol{BA}=\boldsymbol{E}$，则称 $\boldsymbol{A}$ **可逆，并称 $\boldsymbol{B}$ 为 $\boldsymbol{A}$ 的逆矩阵**，记 $\boldsymbol{B}=\boldsymbol{A}^{-1}$。

由逆矩阵定义知单位矩阵 $\boldsymbol{E}$ 的逆矩阵为 $\boldsymbol{E}$，即 $\boldsymbol{E}^{-1}=\boldsymbol{E}$。

可逆矩阵有如下的性质：

设 $\boldsymbol{A}$，$\boldsymbol{B}$ 为可逆 n 阶矩阵，则 $\boldsymbol{A}^{-1}$，$\boldsymbol{B}^{-1}$，$\lambda\boldsymbol{A}(\lambda\neq 0)$，$\boldsymbol{A}^{\mathrm{T}}$，$\boldsymbol{AB}$ 都可逆，且

(1) $(\boldsymbol{A}^{-1})^{-1}=\boldsymbol{A}$；

(2) $(\lambda\boldsymbol{A})^{-1}=\dfrac{1}{\lambda}\boldsymbol{A}^{-1}$（数 $\lambda\neq 0$）；

(3) $(\boldsymbol{A}^{\mathrm{T}})^{-1}=(\boldsymbol{A}^{-1})^{\mathrm{T}}$；

(4) $(\boldsymbol{AB})^{-1}=\boldsymbol{B}^{-1}\boldsymbol{A}^{-1}$。

推广到多个矩阵的情形

$$(\boldsymbol{A}_1\boldsymbol{A}_2\cdots\boldsymbol{A}_k)^{-1}=\boldsymbol{A}_k^{-1}\cdots\boldsymbol{A}_2^{-1}\boldsymbol{A}_1^{-1}。$$

下面仅证明(3)(4)，(1)(2)留给读者证明。

证 (3) 因为

$$\boldsymbol{A}^{\mathrm{T}}(\boldsymbol{A}^{-1})^{\mathrm{T}}=(\boldsymbol{A}^{-1}\boldsymbol{A})^{\mathrm{T}}=\boldsymbol{E}^{\mathrm{T}}=\boldsymbol{E},$$
$$(\boldsymbol{A}^{-1})^{\mathrm{T}}\boldsymbol{A}^{\mathrm{T}}=(\boldsymbol{AA}^{-1})^{\mathrm{T}}=\boldsymbol{E}^{\mathrm{T}}=\boldsymbol{E},$$

所以

$$(\boldsymbol{A}^{\mathrm{T}})^{-1}=(\boldsymbol{A}^{-1})^{\mathrm{T}}。$$

当 $|\boldsymbol{A}|\neq 0$ 时，还可定义

$$\boldsymbol{A}^0=\boldsymbol{E},\ \boldsymbol{A}^{-k}=(\boldsymbol{A}^{-1})^k,\ \boldsymbol{A}^l\boldsymbol{A}^k=\boldsymbol{A}^{l+k},\ (\boldsymbol{A}^l)^k=\boldsymbol{A}^{lk},\ l,k\text{ 为整数。}$$

(4) 因为

$$(\boldsymbol{AB})(\boldsymbol{B}^{-1}\boldsymbol{A}^{-1})=\boldsymbol{A}(\boldsymbol{BB}^{-1})\boldsymbol{A}^{-1}=\boldsymbol{AEA}^{-1}=\boldsymbol{AA}^{-1}=\boldsymbol{E},$$
$$(\boldsymbol{B}^{-1}\boldsymbol{A}^{-1})(\boldsymbol{AB})=\boldsymbol{B}^{-1}(\boldsymbol{A}^{-1}\boldsymbol{A})\boldsymbol{B}=\boldsymbol{B}^{-1}\boldsymbol{EB}=\boldsymbol{B}^{-1}\boldsymbol{B}=\boldsymbol{E},$$

所以

$$(\boldsymbol{AB})^{-1}=\boldsymbol{B}^{-1}\boldsymbol{A}^{-1}。$$

定理 2.3.1 若 $\boldsymbol{A}$ 可逆,则 $\boldsymbol{A}$ 的逆矩阵是唯一的。

证 设 $\boldsymbol{A}$ 有两个逆矩阵 $\boldsymbol{B}$ 与 $\boldsymbol{C}$,即

$$\boldsymbol{AB}=\boldsymbol{BA}=\boldsymbol{E},\quad \boldsymbol{AC}=\boldsymbol{CA}=\boldsymbol{E},$$

于是

$$\boldsymbol{B}=\boldsymbol{BE}=\boldsymbol{B}(\boldsymbol{AC})=(\boldsymbol{BA})\boldsymbol{C}=\boldsymbol{EC}=\boldsymbol{C},$$

所以 $\boldsymbol{A}$ 的逆矩阵是唯一的。

2.3.2 逆矩阵的判定与求法

二维码 2-5

定义 2.3.2 若 n 阶矩阵 $\boldsymbol{A}$ 的行列式 $|\boldsymbol{A}|\neq 0$,则称 $\boldsymbol{A}$ 为**非奇异矩阵**;若 $|\boldsymbol{A}|=0$,则称 $\boldsymbol{A}$ 为**奇异矩阵**。

定义 2.3.3 设 n 阶矩阵 $\boldsymbol{A}=(a_{ij})_{n\times n}$,由行列式 $|\boldsymbol{A}|$ 的各个元素 a_{ij} 的代数余子式 A_{ij} 所构成的矩阵

$$\boldsymbol{A}^*=\begin{pmatrix} A_{11} & A_{21} & \cdots & A_{n1}\\ A_{12} & A_{22} & \cdots & A_{n2}\\ \vdots & \vdots & & \vdots\\ A_{1n} & A_{2n} & \cdots & A_{nn}\end{pmatrix}$$

称为 $\boldsymbol{A}$ 的**伴随矩阵**。

用定理 1.4.1 和定理 1.4.2 可证明如下定理:

定理 2.3.2 若矩阵 $\boldsymbol{A}=(a_{ij})_{n\times n}$,则 $\boldsymbol{AA}^*=\boldsymbol{A}^*\boldsymbol{A}=|\boldsymbol{A}|\boldsymbol{E}$。

证 因为

$$\boldsymbol{AA}^*=\begin{pmatrix} a_{11} & a_{12} & \cdots & a_{1n}\\ a_{21} & a_{22} & \cdots & a_{2n}\\ \vdots & \vdots & & \vdots\\ a_{n1} & a_{n2} & \cdots & a_{nn}\end{pmatrix}\begin{pmatrix} A_{11} & A_{21} & \cdots & A_{n1}\\ A_{12} & A_{22} & \cdots & A_{n2}\\ \vdots & \vdots & & \vdots\\ A_{1n} & A_{2n} & \cdots & A_{nn}\end{pmatrix}$$
$$=\begin{pmatrix} |\boldsymbol{A}| & & & \\ & |\boldsymbol{A}| & & \\ & & \ddots & \\ & & & |\boldsymbol{A}|\end{pmatrix}=|\boldsymbol{A}|\boldsymbol{E}。$$

同理可得 $$\boldsymbol{A}^*\boldsymbol{A}=|\boldsymbol{A}|\boldsymbol{E},$$

所以 $$\boldsymbol{AA}^*=\boldsymbol{A}^*\boldsymbol{A}=|\boldsymbol{A}|\boldsymbol{E}。$$

推论 设 $\boldsymbol{A}$ 为 n 阶矩阵，则 $|\boldsymbol{A}^*| = |\boldsymbol{A}|^{n-1}$。(读者可自己证明)

定理 2.3.3 n 阶矩阵 $\boldsymbol{A}$ 可逆的充分必要条件是 $\boldsymbol{A}$ 为非奇异矩阵，且

$$\boldsymbol{A}^{-1} = \frac{1}{|\boldsymbol{A}|}\boldsymbol{A}^*。$$

证 必要性 设 $\boldsymbol{A}$ 可逆，即存在 $\boldsymbol{A}^{-1}$，使得 $\boldsymbol{A}\boldsymbol{A}^{-1} = \boldsymbol{A}^{-1}\boldsymbol{A} = \boldsymbol{E}$，于是

$$|\boldsymbol{A}\boldsymbol{A}^{-1}| = |\boldsymbol{A}^{-1}\boldsymbol{A}| = |\boldsymbol{A}^{-1}| \cdot |\boldsymbol{A}| = |\boldsymbol{E}| = 1,$$

所以 $|\boldsymbol{A}| \neq 0$，即 $\boldsymbol{A}$ 为非奇异矩阵。

充分性 设 $\boldsymbol{A}$ 为非奇异矩阵，即 $|\boldsymbol{A}| \neq 0$，则

$$\boldsymbol{A}\frac{1}{|\boldsymbol{A}|}\boldsymbol{A}^* = \frac{1}{|\boldsymbol{A}|}\boldsymbol{A}\boldsymbol{A}^* = \frac{1}{|\boldsymbol{A}|}|\boldsymbol{A}|\boldsymbol{E} = \boldsymbol{E}。$$

同理可证
$$\frac{1}{|\boldsymbol{A}|}\boldsymbol{A}^*\boldsymbol{A} = \boldsymbol{E},$$

所以，$\boldsymbol{A}$ 可逆，且
$$\boldsymbol{A}^{-1} = \frac{1}{|\boldsymbol{A}|}\boldsymbol{A}^*。$$

由上述证明可知，若 $\boldsymbol{A}$ 可逆，则 $\boldsymbol{A}^*$ 可逆，且 $\boldsymbol{A}^* = |\boldsymbol{A}|\boldsymbol{A}^{-1}$，$(\boldsymbol{A}^*)^{-1} = \frac{1}{|\boldsymbol{A}|}\boldsymbol{A}$。

由定理 2.3.3 可得如下推论：

推论 若 $\boldsymbol{AB} = \boldsymbol{E}$(或 $\boldsymbol{BA} = \boldsymbol{E}$)，则 $\boldsymbol{B} = \boldsymbol{A}^{-1}$。

证 由 $|\boldsymbol{AB}| = |\boldsymbol{A}| \cdot |\boldsymbol{B}| = |\boldsymbol{E}| = 1$，得 $|\boldsymbol{A}| \neq 0$，所以 $\boldsymbol{A}^{-1}$ 存在，于是

$$\boldsymbol{B} = \boldsymbol{EB} = (\boldsymbol{A}^{-1}\boldsymbol{A})\boldsymbol{B} = \boldsymbol{A}^{-1}(\boldsymbol{AB}) = \boldsymbol{A}^{-1}\boldsymbol{E} = \boldsymbol{A}^{-1}。$$

此推论的作用在于：要验证 $\boldsymbol{B}$ 是方阵 $\boldsymbol{A}$ 的逆矩阵，只要验证 $\boldsymbol{AB} = \boldsymbol{E}$ 或 $\boldsymbol{BA} = \boldsymbol{E}$ 中的任一个即可。

例 1 设 $\boldsymbol{A} = \begin{pmatrix} a & b \\ c & d \end{pmatrix}$，且 $|\boldsymbol{A}| \neq 0$，求 $\boldsymbol{A}^{-1}$。

解 因为 $\boldsymbol{A}^* = \begin{pmatrix} d & -b \\ -c & a \end{pmatrix}$，$|\boldsymbol{A}| = ad - bc \neq 0$，所以由定理 2.3.2 的逆矩阵公式，有

$$\boldsymbol{A}^{-1} = \frac{1}{|\boldsymbol{A}|}\boldsymbol{A}^* = \frac{1}{ad-bc}\begin{pmatrix} d & -b \\ -c & a \end{pmatrix}。$$

用公式 $\boldsymbol{A}^{-1} = \frac{1}{|\boldsymbol{A}|}\boldsymbol{A}^*$ 求逆矩阵的方法称为**伴随矩阵法**。

例 2 设 $\boldsymbol{A} = \begin{pmatrix} 1 & 1 & 4 \\ -1 & 2 & 0 \\ 1 & 0 & 2 \end{pmatrix}$，判断 $\boldsymbol{A}$ 是否可逆，若可逆，求 $\boldsymbol{A}^{-1}$。

解 因为 $|\boldsymbol{A}| = \begin{vmatrix} 1 & 1 & 4 \\ -1 & 2 & 0 \\ 1 & 0 & 2 \end{vmatrix} = \begin{vmatrix} -1 & 1 & 0 \\ -1 & 2 & 0 \\ 1 & 0 & 2 \end{vmatrix} = -2 \neq 0$，所以 $\boldsymbol{A}$ 可逆。又

$$A_{11}=\begin{vmatrix}2&0\\0&2\end{vmatrix}=4,\ A_{12}=-\begin{vmatrix}-1&0\\1&2\end{vmatrix}=2,\ A_{13}=\begin{vmatrix}-1&2\\1&0\end{vmatrix}=-2,$$

$$A_{21}=-\begin{vmatrix}1&4\\0&2\end{vmatrix}=-2,\ A_{22}=\begin{vmatrix}1&4\\1&2\end{vmatrix}=-2,\ A_{23}=-\begin{vmatrix}1&1\\1&0\end{vmatrix}=1,$$

$$A_{31}=\begin{vmatrix}1&4\\2&0\end{vmatrix}=-8,\ A_{32}=-\begin{vmatrix}1&4\\-1&0\end{vmatrix}=-4,\ A_{33}=\begin{vmatrix}1&1\\-1&2\end{vmatrix}=3,$$

所以

$$\boldsymbol{A}^*=\begin{pmatrix}A_{11}&A_{21}&A_{31}\\A_{12}&A_{22}&A_{32}\\A_{13}&A_{23}&A_{33}\end{pmatrix}=\begin{pmatrix}4&-2&-8\\2&-2&-4\\-2&1&3\end{pmatrix}。$$

因此

$$\boldsymbol{A}^{-1}=\frac{1}{|\boldsymbol{A}|}\boldsymbol{A}^*=\frac{1}{-2}\begin{pmatrix}4&-2&-8\\2&-2&-4\\-2&1&3\end{pmatrix}=\begin{pmatrix}-2&1&4\\-1&1&2\\1&-\frac{1}{2}&-\frac{3}{2}\end{pmatrix}。$$

例3 设

$$\boldsymbol{A}=\begin{pmatrix}1&2&1\\2&5&3\\3&8&6\end{pmatrix},\quad \boldsymbol{B}=\begin{pmatrix}3&2\\-1&0\end{pmatrix},\quad \boldsymbol{C}=\begin{pmatrix}0&1\\1&2\\2&1\end{pmatrix},$$

求矩阵 $\boldsymbol{X}$,使 $\boldsymbol{AXB}=\boldsymbol{C}$。

解 这是解矩阵方程问题,因为

$$|\boldsymbol{A}|=\begin{vmatrix}1&2&1\\2&5&3\\3&8&6\end{vmatrix}=\begin{vmatrix}1&0&0\\2&1&1\\3&2&3\end{vmatrix}=1\neq0,\quad |\boldsymbol{B}|=\begin{vmatrix}3&2\\-1&0\end{vmatrix}=2\neq0,$$

所以 $\boldsymbol{A}$ 及 $\boldsymbol{B}$ 可逆,故用 $\boldsymbol{A}^{-1}$ 左乘 $\boldsymbol{AXB}=\boldsymbol{C}$,用 $\boldsymbol{B}^{-1}$ 右乘 $\boldsymbol{AXB}=\boldsymbol{C}$,得

$$\boldsymbol{X}=\boldsymbol{A}^{-1}\boldsymbol{C}\boldsymbol{B}^{-1}。$$

而对 $\boldsymbol{A}$,有

$$A_{11}=\begin{vmatrix}5&3\\8&6\end{vmatrix}=6,\ A_{12}=-\begin{vmatrix}2&3\\3&6\end{vmatrix}=-3,\ A_{13}=\begin{vmatrix}2&1\\3&2\end{vmatrix}=1;$$

类似有

$$A_{21}=-4,\ A_{22}=3,\ A_{23}=-2,\ A_{31}=1,\ A_{32}=-1, A_{33}=1;$$

所以

$$\boldsymbol{A}^{-1}=\frac{1}{|\boldsymbol{A}|}\boldsymbol{A}^*=\begin{pmatrix}6&-4&1\\-3&3&-1\\1&-2&1\end{pmatrix},\quad \boldsymbol{B}^{-1}=\frac{1}{2}\begin{pmatrix}0&-2\\1&3\end{pmatrix},$$

故 $$X=\frac{1}{2}\begin{pmatrix}6&-4&1\\-3&3&-1\\1&-2&1\end{pmatrix}\begin{pmatrix}0&1\\1&2\\2&1\end{pmatrix}\begin{pmatrix}0&-2\\1&3\end{pmatrix}=\begin{pmatrix}-\frac{1}{2}&\frac{1}{2}\\1&2\\-1&-3\end{pmatrix}。$$

例 4 设 n 阶方阵 $\boldsymbol{A}$ 满足 $\boldsymbol{A}^2-5\boldsymbol{A}+4\boldsymbol{E}=\boldsymbol{0}$，证明 $\boldsymbol{A}-3\boldsymbol{E}$ 可逆，并求 $(\boldsymbol{A}-3\boldsymbol{E})^{-1}$。

证 由 $\boldsymbol{A}^2-5\boldsymbol{A}+4\boldsymbol{E}=\boldsymbol{0}$，有 $(\boldsymbol{A}^2-3\boldsymbol{A})-2(\boldsymbol{A}-3\boldsymbol{E})-2\boldsymbol{E}=\boldsymbol{0}$，即 $(\boldsymbol{A}-3\boldsymbol{E})(\boldsymbol{A}-2\boldsymbol{E})=2\boldsymbol{E}$，所以 $(\boldsymbol{A}-3\boldsymbol{E})\left(\frac{1}{2}\boldsymbol{A}-\boldsymbol{E}\right)=\boldsymbol{E}$，故 $\boldsymbol{A}-3\boldsymbol{E}$ 可逆，且 $(\boldsymbol{A}-3\boldsymbol{E})^{-1}=\frac{1}{2}\boldsymbol{A}-\boldsymbol{E}$。

例 5 设 $\boldsymbol{\Lambda}=\begin{pmatrix}2&0\\0&3\end{pmatrix}$，$\boldsymbol{P}=\begin{pmatrix}1&2\\1&1\end{pmatrix}$，且 $\boldsymbol{AP}=\boldsymbol{P\Lambda}$，求 $\boldsymbol{A}^n$。

解 由于 $\boldsymbol{AP}=\boldsymbol{P\Lambda}$，所以 $\boldsymbol{A}=\boldsymbol{P\Lambda P}^{-1}$，且

$$\boldsymbol{A}^2=\boldsymbol{P\Lambda P}^{-1}\boldsymbol{P\Lambda P}^{-1}=\boldsymbol{P\Lambda}^2\boldsymbol{P}^{-1},\ \cdots,\ \boldsymbol{A}^n=\boldsymbol{P\Lambda}^n\boldsymbol{P}^{-1}。$$

$$|\boldsymbol{P}|=\begin{vmatrix}1&2\\1&1\end{vmatrix}=-1,\quad \boldsymbol{P}^{-1}=\frac{1}{-1}\begin{pmatrix}1&-2\\-1&1\end{pmatrix}=\begin{pmatrix}-1&2\\1&-1\end{pmatrix},$$

由 $\boldsymbol{\Lambda}=\begin{pmatrix}2&0\\0&3\end{pmatrix}$ 是对角矩阵，所以 $\boldsymbol{\Lambda}^n=\begin{pmatrix}2^n&0\\0&3^n\end{pmatrix}$，故

$$\boldsymbol{A}^n=\begin{pmatrix}1&2\\1&1\end{pmatrix}\begin{pmatrix}2^n&0\\0&3^n\end{pmatrix}\begin{pmatrix}-1&2\\1&-1\end{pmatrix}=\begin{pmatrix}2^n&2\times3^n\\2^n&3^n\end{pmatrix}\begin{pmatrix}-1&2\\1&-1\end{pmatrix}$$
$$=\begin{pmatrix}-2^n+2\times3^n&2^{n+1}-2\times3^n\\-2^n+3^n&2^{n+1}-3^n\end{pmatrix}。$$

习题 2.3

1. 求下列矩阵的逆矩阵：

(1) $\begin{pmatrix}2&4\\3&7\end{pmatrix}$； (2) $\begin{pmatrix}\sin\theta&\cos\theta\\-\cos\theta&\sin\theta\end{pmatrix}$；

(3) $\begin{pmatrix}2&3&5\\1&2&3\\3&4&6\end{pmatrix}$； (4) $\begin{pmatrix}3&-2&3\\-2&1&-3\\1&-1&2\end{pmatrix}$。

2. 解下列矩阵方程：

(1) $\boldsymbol{X}\begin{pmatrix}3&4\\1&2\end{pmatrix}=\begin{pmatrix}4&2\\3&4\\6&2\end{pmatrix}$； (2) $\begin{pmatrix}1&1&1\\2&3&4\\3&6&8\end{pmatrix}\boldsymbol{X}=\begin{pmatrix}3&1&1\\2&0&1\\1&2&1\end{pmatrix}$。

3. 利用逆矩阵解下列线性方程组：

(1) $\begin{cases} x_1 + 3x_2 = 1, \\ x_1 - x_2 = -3; \end{cases}$ (2) $\begin{cases} x_1 + 3x_2 - 2x_3 = 1, \\ x_1 + x_2 - x_3 = 2, \\ 2x_1 + 5x_2 - 3x_3 = 4。 \end{cases}$

4. 设 $\boldsymbol{A}$ 为 n 阶方阵，满足 $\boldsymbol{A}^2 + 5\boldsymbol{A} - 7\boldsymbol{E} = \boldsymbol{0}$，$\boldsymbol{E}$ 为单位矩阵，证明：
(1) $\boldsymbol{A}$ 可逆，并求 $\boldsymbol{A}^{-1}$；
(2) $\boldsymbol{A} - 3\boldsymbol{E}$ 可逆，并求 $(\boldsymbol{A} - 3\boldsymbol{E})^{-1}$。

5. 设 $\boldsymbol{A}$ 为 n 阶方阵，并且 $\boldsymbol{A}^k = \boldsymbol{O}$($k$ 为正整数)，$\boldsymbol{E}$ 为单位矩阵，试证：$\boldsymbol{E} - \boldsymbol{A}$ 可逆，并且

$$(\boldsymbol{E} - \boldsymbol{A})^{-1} = \boldsymbol{E} + \boldsymbol{A} + \boldsymbol{A}^2 + \cdots + \boldsymbol{A}^{k-1}。$$

6. 设 $\boldsymbol{A}$ 为 n 阶方阵，试证下列等式成立：
(1) 若 $|\boldsymbol{A}| \neq 0$，则 $(\boldsymbol{A}^*)^{-1} = (\boldsymbol{A}^{-1})^*$； (2) $|\boldsymbol{A}^*| = |\boldsymbol{A}|^{n-1}$。

2.4 分块矩阵

二维码 2-6

2.4.1 分块矩阵的概念

在处理某些行数和列数较高的矩阵时，我们常采用将矩阵分块的技巧，把大矩阵的运算化为小矩阵的运算。

定义 2.4.1 在矩阵 $\boldsymbol{A}$ 中，用若干条纵线和横线将 $\boldsymbol{A}$ 分成许多小矩阵，每一个小矩阵称为 $\boldsymbol{A}$ 的子块，以子块为元素的矩阵称为**分块矩阵**。

例如将

$$\boldsymbol{A} = \begin{pmatrix} a_{11} & a_{12} & a_{13} & a_{14} \\ a_{21} & a_{22} & a_{23} & a_{24} \\ a_{31} & a_{32} & a_{33} & a_{34} \end{pmatrix}$$

分成子块的形式有许多种，下面给出四种：

$$(1)\ \boldsymbol{A} = \left(\begin{array}{cc|cc} a_{11} & a_{12} & a_{13} & a_{14} \\ a_{21} & a_{22} & a_{23} & a_{24} \\ \hline a_{31} & a_{32} & a_{33} & a_{34} \end{array}\right), \quad (2)\ \boldsymbol{A} = \left(\begin{array}{c|c|c|c} a_{11} & a_{12} & a_{13} & a_{14} \\ a_{21} & a_{22} & a_{23} & a_{24} \\ a_{31} & a_{32} & a_{33} & a_{34} \end{array}\right),$$

$$(3)\ \boldsymbol{A} = \left(\begin{array}{cccc} a_{11} & a_{12} & a_{13} & a_{14} \\ \hline a_{21} & a_{22} & a_{23} & a_{24} \\ \hline a_{31} & a_{32} & a_{33} & a_{34} \end{array}\right), \quad (4)\ \boldsymbol{A} = \left(\begin{array}{c|cc|c} a_{11} & a_{12} & a_{13} & a_{14} \\ a_{21} & a_{22} & a_{23} & a_{24} \\ \hline a_{31} & a_{32} & a_{33} & a_{34} \end{array}\right)。$$

对于形式(1)，分块矩阵为

$$\boldsymbol{A} = \begin{pmatrix} \boldsymbol{A}_{11} & \boldsymbol{A}_{12} \\ \boldsymbol{A}_{21} & \boldsymbol{A}_{22} \end{pmatrix},$$

其中

$$\boldsymbol{A}_{11}=\begin{pmatrix}a_{11} & a_{12}\\ a_{21} & a_{22}\end{pmatrix},\quad \boldsymbol{A}_{12}=\begin{pmatrix}a_{13} & a_{14}\\ a_{23} & a_{24}\end{pmatrix},\quad \boldsymbol{A}_{21}=(a_{31},a_{32}),\quad \boldsymbol{A}_{22}=(a_{33},a_{34})$$

为 $\boldsymbol{A}$ 的子块。对于形式(2)(3)(4) 的分块矩阵请读者自己写出。

2.4.2　分块矩阵的运算

分块矩阵的运算规则与通常的矩阵的运算规则相类似。

1. 分块矩阵的加法及数与分块矩阵相乘

设矩阵 $\boldsymbol{A}$ 与 $\boldsymbol{B}$ 是同型矩阵。如果用同样的方式将 $\boldsymbol{A},\boldsymbol{B}$ 分块如下：

$$\boldsymbol{A}=\begin{pmatrix}\boldsymbol{A}_{11} & \boldsymbol{A}_{12} & \cdots & \boldsymbol{A}_{1s}\\ \boldsymbol{A}_{21} & \boldsymbol{A}_{22} & \cdots & \boldsymbol{A}_{2s}\\ \vdots & \vdots & & \vdots\\ \boldsymbol{A}_{r1} & \boldsymbol{A}_{r2} & \cdots & \boldsymbol{A}_{rs}\end{pmatrix},\quad \boldsymbol{B}=\begin{pmatrix}\boldsymbol{B}_{11} & \boldsymbol{B}_{12} & \cdots & \boldsymbol{B}_{1s}\\ \boldsymbol{B}_{21} & \boldsymbol{B}_{22} & \cdots & \boldsymbol{B}_{2s}\\ \vdots & \vdots & & \vdots\\ \boldsymbol{B}_{r1} & \boldsymbol{B}_{r2} & \cdots & \boldsymbol{B}_{rs}\end{pmatrix},$$

其中 $\boldsymbol{A}_{ij}$ 与对应的 $\boldsymbol{B}_{ij}$ 是同型矩阵，那么

$$\boldsymbol{A}+\boldsymbol{B}=\begin{pmatrix}\boldsymbol{A}_{11}+\boldsymbol{B}_{11} & \boldsymbol{A}_{12}+\boldsymbol{B}_{12} & \cdots & \boldsymbol{A}_{1s}+\boldsymbol{B}_{1s}\\ \boldsymbol{A}_{21}+\boldsymbol{B}_{21} & \boldsymbol{A}_{22}+\boldsymbol{B}_{22} & \cdots & \boldsymbol{A}_{2s}+\boldsymbol{B}_{2s}\\ \vdots & \vdots & & \vdots\\ \boldsymbol{A}_{r1}+\boldsymbol{B}_{r1} & \boldsymbol{A}_{r2}+\boldsymbol{B}_{r2} & \cdots & \boldsymbol{A}_{rs}+\boldsymbol{B}_{rs}\end{pmatrix},$$

$$\boldsymbol{A}-\boldsymbol{B}=\begin{pmatrix}\boldsymbol{A}_{11}-\boldsymbol{B}_{11} & \boldsymbol{A}_{12}-\boldsymbol{B}_{12} & \cdots & \boldsymbol{A}_{1s}-\boldsymbol{B}_{1s}\\ \boldsymbol{A}_{21}-\boldsymbol{B}_{21} & \boldsymbol{A}_{22}-\boldsymbol{B}_{22} & \cdots & \boldsymbol{A}_{2s}-\boldsymbol{B}_{2s}\\ \vdots & \vdots & & \vdots\\ \boldsymbol{A}_{r1}-\boldsymbol{B}_{r1} & \boldsymbol{A}_{r2}-\boldsymbol{B}_{r2} & \cdots & \boldsymbol{A}_{rs}-\boldsymbol{B}_{rs}\end{pmatrix},$$

$$k\boldsymbol{A}=\begin{pmatrix}k\boldsymbol{A}_{11} & k\boldsymbol{A}_{12} & \cdots & k\boldsymbol{A}_{1s}\\ k\boldsymbol{A}_{21} & k\boldsymbol{A}_{22} & \cdots & k\boldsymbol{A}_{2s}\\ \vdots & \vdots & & \vdots\\ k\boldsymbol{A}_{r1} & k\boldsymbol{A}_{r2} & \cdots & k\boldsymbol{A}_{rs}\end{pmatrix},k\text{ 为常数。}$$

2. 分块矩阵与分块矩阵相乘

设矩阵 $\boldsymbol{A}=(a_{ij})_{m\times l}$，$\boldsymbol{B}=(b_{ij})_{l\times n}$，将 $\boldsymbol{A},\boldsymbol{B}$ 分块，必须使 $\boldsymbol{A}$ 的列的分法与 $\boldsymbol{B}$ 的行的分法相同，即

$$\boldsymbol{A}=\begin{matrix}\begin{pmatrix}\boldsymbol{A}_{11} & \boldsymbol{A}_{12} & \cdots & \boldsymbol{A}_{1s}\\ \boldsymbol{A}_{21} & \boldsymbol{A}_{22} & \cdots & \boldsymbol{A}_{2s}\\ \vdots & \vdots & & \vdots\\ \boldsymbol{A}_{r1} & \boldsymbol{A}_{r2} & \cdots & \boldsymbol{A}_{rs}\end{pmatrix}\begin{matrix}m_1\\ m_2\\ \vdots\\ m_r\end{matrix}\\ \begin{matrix}l_1 & l_2 & \cdots & l_s\end{matrix}\end{matrix},\quad \boldsymbol{B}=\begin{matrix}\begin{pmatrix}\boldsymbol{B}_{11} & \boldsymbol{B}_{12} & \cdots & \boldsymbol{B}_{1t}\\ \boldsymbol{B}_{21} & \boldsymbol{B}_{22} & \cdots & \boldsymbol{B}_{2t}\\ \vdots & \vdots & & \vdots\\ \boldsymbol{B}_{s1} & \boldsymbol{B}_{s2} & \cdots & \boldsymbol{B}_{st}\end{pmatrix}\begin{matrix}l_1\\ l_2\\ \vdots\\ l_s\end{matrix}\\ \begin{matrix}n_1 & n_2 & \cdots & n_t\end{matrix}\end{matrix},$$

这里 m_i,l_j 分别是 $\boldsymbol{A}$ 的子块 $\boldsymbol{A}_{ij}$ 的行数与列数，l_i,n_j 分别是 $\boldsymbol{B}$ 的子块 $\boldsymbol{B}_{ij}$ 的行数与列数，

则

$$\boldsymbol{AB}=\boldsymbol{C}=\begin{pmatrix}\boldsymbol{C}_{11} & \boldsymbol{C}_{12} & \cdots & \boldsymbol{C}_{1t}\\ \boldsymbol{C}_{21} & \boldsymbol{C}_{22} & \cdots & \boldsymbol{C}_{2t}\\ \vdots & \vdots & & \vdots\\ \boldsymbol{C}_{r1} & \boldsymbol{C}_{r2} & \cdots & \boldsymbol{C}_{rt}\end{pmatrix}\begin{matrix}m_1\\ m_2\\ \vdots\\ m_r\end{matrix},$$
$$\quad n_1 \quad n_2 \quad \cdots \quad n_t$$

这里

$$\boldsymbol{C}_{ij}=\boldsymbol{A}_{i1}\boldsymbol{B}_{1j}+\boldsymbol{A}_{i2}\boldsymbol{B}_{2j}+\cdots+\boldsymbol{A}_{is}\boldsymbol{B}_{sj}\quad (i=1,2,\cdots,r;\ j=1,2,\cdots,t)。$$

例 1 设矩阵

$$\boldsymbol{A}=\begin{pmatrix}1 & 0 & 2 & 1\\ 0 & 1 & 4 & 5\\ 0 & 0 & -1 & 0\\ 0 & 0 & 0 & -1\end{pmatrix},\quad \boldsymbol{B}=\begin{pmatrix}2 & 1 & 0 & 0\\ 3 & 0 & 0 & 0\\ 4 & 2 & 1 & 0\\ 0 & 1 & 0 & 1\end{pmatrix},$$

用分块矩阵计算 $k\boldsymbol{A}$,$\boldsymbol{A}+\boldsymbol{B}$ 及 $\boldsymbol{AB}$。

解 将矩阵 $\boldsymbol{A}$,$\boldsymbol{B}$ 分块如下:

$$\boldsymbol{A}=\left(\begin{array}{cc:cc}1 & 0 & 2 & 1\\ 0 & 1 & 4 & 5\\ \hdashline 0 & 0 & -1 & 0\\ 0 & 0 & 0 & -1\end{array}\right)=\begin{pmatrix}\boldsymbol{E} & \boldsymbol{C}\\ \boldsymbol{O} & -\boldsymbol{E}\end{pmatrix},\quad \boldsymbol{B}=\left(\begin{array}{cc:cc}2 & 1 & 0 & 0\\ 3 & 0 & 0 & 0\\ \hdashline 4 & 2 & 1 & 0\\ 0 & 1 & 0 & 1\end{array}\right)=\begin{pmatrix}\boldsymbol{D} & \boldsymbol{O}\\ \boldsymbol{F} & \boldsymbol{E}\end{pmatrix},$$

则

$$k\boldsymbol{A}=k\begin{pmatrix}\boldsymbol{E} & \boldsymbol{C}\\ \boldsymbol{O} & -\boldsymbol{E}\end{pmatrix}=\begin{pmatrix}k\boldsymbol{E} & k\boldsymbol{C}\\ \boldsymbol{O} & -k\boldsymbol{E}\end{pmatrix},$$

$$\boldsymbol{A}+\boldsymbol{B}=\begin{pmatrix}\boldsymbol{E} & \boldsymbol{C}\\ \boldsymbol{O} & -\boldsymbol{E}\end{pmatrix}+\begin{pmatrix}\boldsymbol{D} & \boldsymbol{O}\\ \boldsymbol{F} & \boldsymbol{E}\end{pmatrix}=\begin{pmatrix}\boldsymbol{E}+\boldsymbol{D} & \boldsymbol{C}\\ \boldsymbol{F} & \boldsymbol{O}\end{pmatrix},$$

$$\boldsymbol{AB}=\begin{pmatrix}\boldsymbol{E} & \boldsymbol{C}\\ \boldsymbol{O} & -\boldsymbol{E}\end{pmatrix}\begin{pmatrix}\boldsymbol{D} & \boldsymbol{O}\\ \boldsymbol{F} & \boldsymbol{E}\end{pmatrix}=\begin{pmatrix}\boldsymbol{D}+\boldsymbol{CF} & \boldsymbol{C}\\ -\boldsymbol{F} & -\boldsymbol{E}\end{pmatrix},$$

而

$$k\boldsymbol{E}=k\begin{pmatrix}1 & 0\\ 0 & 1\end{pmatrix}=\begin{pmatrix}k & 0\\ 0 & k\end{pmatrix},\quad k\boldsymbol{C}=k\begin{pmatrix}2 & 1\\ 4 & 5\end{pmatrix}=\begin{pmatrix}2k & k\\ 4k & 5k\end{pmatrix},$$

$$-k\boldsymbol{E}=-k\begin{pmatrix}1 & 0\\ 0 & 1\end{pmatrix}=\begin{pmatrix}-k & 0\\ 0 & -k\end{pmatrix},\quad \boldsymbol{E}+\boldsymbol{D}=\begin{pmatrix}1 & 0\\ 0 & 1\end{pmatrix}+\begin{pmatrix}2 & 1\\ 3 & 0\end{pmatrix}=\begin{pmatrix}3 & 1\\ 3 & 1\end{pmatrix},$$

$$\boldsymbol{D}+\boldsymbol{CF}=\begin{pmatrix}2 & 1\\ 3 & 0\end{pmatrix}+\begin{pmatrix}2 & 1\\ 4 & 5\end{pmatrix}\begin{pmatrix}4 & 2\\ 0 & 1\end{pmatrix}=\begin{pmatrix}10 & 6\\ 19 & 13\end{pmatrix},$$

因此

$$k\boldsymbol{A}=\begin{pmatrix}k\boldsymbol{E} & k\boldsymbol{C}\\ \boldsymbol{O} & -k\boldsymbol{E}\end{pmatrix}=\begin{pmatrix}k & 0 & 2k & k\\ 0 & k & 4k & 5k\\ 0 & 0 & -k & 0\\ 0 & 0 & 0 & -k\end{pmatrix},$$

$$A+B=\begin{pmatrix}E+D & C\\ F & O\end{pmatrix}=\begin{pmatrix}3&1&2&1\\3&1&4&5\\4&2&0&0\\0&1&0&0\end{pmatrix},$$

$$AB=\begin{pmatrix}D+CF & C\\ -F & -E\end{pmatrix}=\begin{pmatrix}10&6&2&1\\19&13&4&5\\-4&-2&-1&0\\0&-1&0&-1\end{pmatrix}。$$

例 2 分块方阵 $D=\begin{pmatrix}A & C\\ O & B\end{pmatrix}$，其中 A,B,C 都为 n 阶方阵，且 A,B 可逆，证明 D 可逆，并求 D^{-1}。

证 因为 $|D|=\begin{vmatrix}A & C\\ O & B\end{vmatrix}=|A||B|$，又由于 A 与 B 可逆，所以 $|A|\neq 0$，$|B|\neq 0$，有

$$|D|=|A||B|\neq 0,$$

故 D 可逆。设 D 的逆矩阵为 D^{-1}，且有

$$D^{-1}=\begin{pmatrix}X_{11} & X_{12}\\ X_{21} & X_{22}\end{pmatrix},$$

则 $$DD^{-1}=\begin{pmatrix}A & C\\ O & B\end{pmatrix}\begin{pmatrix}X_{11} & X_{12}\\ X_{21} & X_{22}\end{pmatrix}=\begin{pmatrix}AX_{11}+CX_{21} & AX_{12}+CX_{22}\\ BX_{21} & BX_{22}\end{pmatrix}=\begin{pmatrix}E_1 & O\\ O & E_2\end{pmatrix},$$

于是

$$\begin{cases}AX_{11}+CX_{21}=E_{11}, & (1)\\ AX_{12}+CX_{22}=O, & (2)\\ BX_{21}=O, & (3)\\ BX_{22}=E_{22}。 & (4)\end{cases}$$

因为 B 可逆，则用 B^{-1} 左乘(3)(4) 式得到

$$X_{21}=O,\quad X_{22}=B^{-1},$$

用 $X_{21}=O$ 代入(1) 式，且用 A^{-1} 左乘后，有

$$X_{11}=A^{-1},$$

以 $X_{22}=B^{-1}$ 代入(2) 式，可推出

$$X_{12}=-A^{-1}CB^{-1},$$

因此

$$D^{-1}=\begin{pmatrix}A & C\\ O & B\end{pmatrix}^{-1}=\begin{pmatrix}A^{-1} & -A^{-1}CB^{-1}\\ O & B^{-1}\end{pmatrix}。\qquad (5)$$

同理可得

$$\begin{pmatrix}A & O\\ C & B\end{pmatrix}^{-1}=\begin{pmatrix}A^{-1} & O\\ -B^{-1}CA^{-1} & B^{-1}\end{pmatrix}。\qquad (6)$$

(5)(6) 两式可以作为公式应用。

3. 分块矩阵的转置

设分块矩阵

$$\boldsymbol{A}=\begin{pmatrix}\boldsymbol{A}_{11} & \boldsymbol{A}_{12} & \cdots & \boldsymbol{A}_{1s}\\ \boldsymbol{A}_{21} & \boldsymbol{A}_{22} & \cdots & \boldsymbol{A}_{2s}\\ \vdots & \vdots & & \vdots\\ \boldsymbol{A}_{r1} & \boldsymbol{A}_{r2} & \cdots & \boldsymbol{A}_{rs}\end{pmatrix},$$

则有

$$\boldsymbol{A}^{\mathrm{T}}=\begin{pmatrix}\boldsymbol{A}_{11}^{\mathrm{T}} & \boldsymbol{A}_{21}^{\mathrm{T}} & \cdots & \boldsymbol{A}_{r1}^{\mathrm{T}}\\ \boldsymbol{A}_{12}^{\mathrm{T}} & \boldsymbol{A}_{22}^{\mathrm{T}} & \cdots & \boldsymbol{A}_{r2}^{\mathrm{T}}\\ \vdots & \vdots & & \vdots\\ \boldsymbol{A}_{1s}^{\mathrm{T}} & \boldsymbol{A}_{2s}^{\mathrm{T}} & \cdots & \boldsymbol{A}_{rs}^{\mathrm{T}}\end{pmatrix},$$

即分块矩阵转置时，不仅把行变为同号数的列，且每一个子块也要转置。

2.4.3 分块对角矩阵

定义 2.4.2 设 $\boldsymbol{A}$ 为 n 阶方阵，若 $\boldsymbol{A}$ 的分块矩阵只有对角线上有非零子块，其余子块都为零矩阵，即

$$\boldsymbol{A}=\begin{pmatrix}\boldsymbol{A}_1 & & & \\ & \boldsymbol{A}_2 & & \\ & & \ddots & \\ & & & \boldsymbol{A}_m\end{pmatrix}\text{(空白处为零子块)},$$

其中 $\boldsymbol{A}_i(i=1,2,\cdots,m)$ 为方阵，则称矩阵 $\boldsymbol{A}$ 为**分块对角矩阵**。

分块对角矩阵的运算可以化为主对角线上子块的运算。

例如，设

$$\boldsymbol{A}=\begin{pmatrix}\boldsymbol{A}_1 & & & \\ & \boldsymbol{A}_2 & & \\ & & \ddots & \\ & & & \boldsymbol{A}_m\end{pmatrix},\quad \boldsymbol{B}=\begin{pmatrix}\boldsymbol{B}_1 & & & \\ & \boldsymbol{B}_2 & & \\ & & \ddots & \\ & & & \boldsymbol{B}_m\end{pmatrix},$$

且 $\boldsymbol{A}_i$ 与 $\boldsymbol{B}_i$ 的阶数相等，k 为常数，则容易证明

(1) $\boldsymbol{A}+\boldsymbol{B}=\begin{pmatrix}\boldsymbol{A}_1+\boldsymbol{B}_1 & & & \\ & \boldsymbol{A}_2+\boldsymbol{B}_2 & & \\ & & \ddots & \\ & & & \boldsymbol{A}_m+\boldsymbol{B}_m\end{pmatrix}$;

(2) $k\boldsymbol{A}=\begin{pmatrix}k\boldsymbol{A}_1 & & & \\ & k\boldsymbol{A}_2 & & \\ & & \ddots & \\ & & & k\boldsymbol{A}_m\end{pmatrix}$;

(3) $\boldsymbol{AB}=\begin{pmatrix}\boldsymbol{A}_1\boldsymbol{B}_1 & & & \\ & \boldsymbol{A}_2\boldsymbol{B}_2 & & \\ & & \ddots & \\ & & & \boldsymbol{A}_m\boldsymbol{B}_m\end{pmatrix}$;

(4) $\boldsymbol{A}^{\mathrm{T}}=\begin{pmatrix}\boldsymbol{A}_1^{\mathrm{T}} & & & \\ & \boldsymbol{A}_2^{\mathrm{T}} & & \\ & & \ddots & \\ & & & \boldsymbol{A}_m^{\mathrm{T}}\end{pmatrix}$;

(5) $|\boldsymbol{A}|=|\boldsymbol{A}_1||\boldsymbol{A}_2|\cdots|\boldsymbol{A}_m|$;

(6) 若 $|\boldsymbol{A}_i|\neq 0\ (i=1,2,\cdots,m)$,则有

$$\boldsymbol{A}^{-1}=\begin{pmatrix}\boldsymbol{A}_1^{-1} & & & \\ & \boldsymbol{A}_2^{-1} & & \\ & & \ddots & \\ & & & \boldsymbol{A}_m^{-1}\end{pmatrix}。$$

例 3 设 $\boldsymbol{A}=\begin{pmatrix}4&0&0&0&0&0\\0&2&7&0&0&0\\0&1&4&0&0&0\\0&0&0&1&1&1\\0&0&0&1&2&2\\0&0&0&1&0&1\end{pmatrix}$,求 $\boldsymbol{A}^{-1}$。

解
$$\boldsymbol{A}=\left(\begin{array}{c|cc|ccc}4&0&0&0&0&0\\\hline 0&2&7&0&0&0\\0&1&4&0&0&0\\\hline 0&0&0&1&1&1\\0&0&0&1&2&2\\0&0&0&1&0&1\end{array}\right)=\begin{pmatrix}\boldsymbol{A}_1 & & \\ & \boldsymbol{A}_2 & \\ & & \boldsymbol{A}_3\end{pmatrix},$$

$$\boldsymbol{A}_1=(4),\ \boldsymbol{A}_1^{-1}=\begin{pmatrix}\dfrac{1}{4}\end{pmatrix};\ \boldsymbol{A}_2=\begin{pmatrix}2&7\\1&4\end{pmatrix},\ \boldsymbol{A}_2^{-1}=\begin{pmatrix}4&-7\\-1&2\end{pmatrix};$$

$$\boldsymbol{A}_3=\begin{pmatrix}1&1&1\\1&2&2\\1&0&1\end{pmatrix},\ \boldsymbol{A}_3^{-1}=\frac{1}{|\boldsymbol{A}_3|}\boldsymbol{A}_3^{*}=\begin{pmatrix}2&-1&0\\1&0&-1\\-2&1&1\end{pmatrix};$$

所以

$$A^{-1}=\left(\begin{array}{c:cc:ccc}\frac{1}{4} & 0 & 0 & 0 & 0 & 0 \\ \hdashline 0 & 4 & -7 & 0 & 0 & 0 \\ 0 & -1 & 2 & 0 & 0 & 0 \\ \hdashline 0 & 0 & 0 & 2 & -1 & 0 \\ 0 & 0 & 0 & 1 & 0 & -1 \\ 0 & 0 & 0 & -2 & 1 & 1\end{array}\right)。$$

习题 2.4

1. 用分块矩阵解下列各题：

(1) 设 $A=\begin{pmatrix}2&3&0&0\\2&4&0&0\\0&0&7&6\\0&0&2&1\end{pmatrix}$，求 $|A^7|$ 和 A^{-1}；

(2) 设 $A=\begin{pmatrix}3&1&1&0\\5&2&0&1\\0&0&2&3\\0&0&1&1\end{pmatrix}$，求 $|A|$ 和 A^{-1}。

2. 设 n 阶方阵 A 及 B 都可逆，验证下列等式成立：

(1) $\begin{pmatrix}O&A\\B&O\end{pmatrix}^{-1}=\begin{pmatrix}O&B^{-1}\\A^{-1}&O\end{pmatrix}$；　　(2) $\begin{pmatrix}A&O\\C&B\end{pmatrix}^{-1}=\begin{pmatrix}A^{-1}&O\\-B^{-1}CA^{-1}&B^{-1}\end{pmatrix}$。

3. 用第 2 题等式求下列矩阵的逆矩阵：

(1) $\begin{pmatrix}0&0&2&1\\0&0&5&3\\7&4&0&0\\2&1&0&0\end{pmatrix}$；　　(2) $\begin{pmatrix}1&2&0&0\\2&3&0&0\\-1&0&2&3\\0&-1&3&5\end{pmatrix}$。

本章小结

一、本章的主要内容

矩阵的概念，运算(加减、数乘、乘法、转置、求逆、乘幂、方阵的行列式、共轭、分块)及其性质。

在学习矩阵的运算及性质时，必须注意每一种运算的条件，且与普通的数的运算及行列式的类似运算等相比较，注意它们之间的相似处，特别是不同处，进行区别，以免混淆。

二、矩阵的加法

1. 定义：$A+B=(a_{ij})_{m\times n}+(b_{ij})_{m\times n}=(a_{ij}+b_{ij})_{m\times n}$(必须是同型矩阵)。

2. 性质：

(1) $\boldsymbol{A}+\boldsymbol{B}=\boldsymbol{B}+\boldsymbol{A}$；

(2) $\boldsymbol{A}+(\boldsymbol{B}+\boldsymbol{C})=(\boldsymbol{A}+\boldsymbol{B})+\boldsymbol{C}$；

(3) $\boldsymbol{A}-\boldsymbol{B}=\boldsymbol{A}+(-\boldsymbol{B})$。

三、数乘矩阵（k、l 为常数）

1. 定义：$k(a_{ij})_{m\times n}=(ka_{ij})_{m\times n}$（注意与数乘行列式的不同点）。

2. 性质：

(1) $k(\boldsymbol{A}+\boldsymbol{B})=k\boldsymbol{A}+k\boldsymbol{B}$；

(2) $(k+l)\boldsymbol{A}=k\boldsymbol{A}+l\boldsymbol{A}$；

(3) $(kl)\boldsymbol{A}=k(l\boldsymbol{A})=l(k\boldsymbol{A})$。

四、矩阵的乘法

1. 定义：$\boldsymbol{AB}=(a_{ij})_{m\times l}(b_{ij})_{l\times n}=(c_{ij})_{m\times n}$（必须左边矩阵的列等于右边矩阵的行），其中 $c_{ij}=\sum\limits_{k=1}^{l}a_{ik}b_{kj}$，$i=1,2,\cdots,m$；$j=1,2,\cdots,n$。

2. 性质：

(1) $(\boldsymbol{AB})\boldsymbol{C}=\boldsymbol{A}(\boldsymbol{BC})$；

(2) $\boldsymbol{A}(\boldsymbol{B}+\boldsymbol{C})=\boldsymbol{AB}+\boldsymbol{AC}$；

(3) $(\boldsymbol{B}+\boldsymbol{C})\boldsymbol{A}=\boldsymbol{BA}+\boldsymbol{CA}$；

(4) $\boldsymbol{A}_{m\times n}\boldsymbol{E}_n=\boldsymbol{E}_m\boldsymbol{A}_{m\times n}=\boldsymbol{A}_{m\times n}$；

(5) $\boldsymbol{AO}=\boldsymbol{OA}=\boldsymbol{O}$。

3. 注意在一般情况下：

(1) $\boldsymbol{AB}\neq\boldsymbol{BA}$；

(2) 由 $\boldsymbol{AB}=\boldsymbol{AC}$，不能推出 $\boldsymbol{B}=\boldsymbol{C}$（若 $\boldsymbol{A}$ 可逆，则能推出 $\boldsymbol{B}=\boldsymbol{C}$）；

(3) 由 $\boldsymbol{AB}=\boldsymbol{O}$，不能推出 $\boldsymbol{A}=\boldsymbol{O}$ 或 $\boldsymbol{B}=\boldsymbol{O}$（若 $\boldsymbol{A}$ 可逆，则能推出 $\boldsymbol{B}=\boldsymbol{O}$）。

五、矩阵的转置

1. 定义：把 $\boldsymbol{A}$ 的行换成相应的列所得到的矩阵称为 $\boldsymbol{A}$ 的转置矩阵，记为 $\boldsymbol{A}^{\mathrm{T}}$。

2. 性质：

(1) $(\boldsymbol{A}^{\mathrm{T}})^{\mathrm{T}}=\boldsymbol{A}$；

(2) $(\boldsymbol{A}+\boldsymbol{B})^{\mathrm{T}}=\boldsymbol{A}^{\mathrm{T}}+\boldsymbol{B}^{\mathrm{T}}$；

(3) $(k\boldsymbol{A})^{\mathrm{T}}=k\boldsymbol{A}^{\mathrm{T}}$（$k$ 为常数）；

(4) $(\boldsymbol{AB})^{\mathrm{T}}=\boldsymbol{B}^{\mathrm{T}}\boldsymbol{A}^{\mathrm{T}}$。

六、方阵的行列式

1. 定义：若 $\boldsymbol{A}$ 为 n 阶方阵，其对应的行列式记为 $|\boldsymbol{A}|=\det\boldsymbol{A}=\begin{vmatrix}a_{11}&\cdots&a_{1n}\\\vdots&&\vdots\\a_{n1}&\cdots&a_{nn}\end{vmatrix}$。

2. 性质：

(1) $|\boldsymbol{A}^{\mathrm{T}}|=|\boldsymbol{A}|$；

(2) $|k\boldsymbol{A}|=k^n|\boldsymbol{A}|$；

(3) $|\boldsymbol{AB}|=|\boldsymbol{A}||\boldsymbol{B}|$（$\boldsymbol{A}$ 与 $\boldsymbol{B}$ 都是 n 阶方阵）；

(4) $|\boldsymbol{AA}^*|=|\boldsymbol{A}^*|$，且 $|\boldsymbol{A}^*|=|\boldsymbol{A}|^{n-1}$。

3. 注意：$\boldsymbol{A}$ 是数表，而 $|\boldsymbol{A}|$ 表示一个数。

七、方阵的逆矩阵

1. 定义：若 $\boldsymbol{AB}=\boldsymbol{BA}=\boldsymbol{E}$，则称 $\boldsymbol{A}$ 和 $\boldsymbol{B}$ 互为逆矩阵，记为 $\boldsymbol{A}^{-1}=\boldsymbol{B},\boldsymbol{B}^{-1}=\boldsymbol{A}$。

2. 性质：

(1) $(\boldsymbol{A}^{-1})^{-1}=\boldsymbol{A}$；

(2) $(k\boldsymbol{A})^{-1}=\dfrac{1}{k}\boldsymbol{A}^{-1}$ （$k\neq 0$，且为常数）；

(3) $(\boldsymbol{AB})^{-1}=\boldsymbol{B}^{-1}\boldsymbol{A}^{-1}$；

(4) $(\boldsymbol{A}^{\mathrm{T}})^{-1}=(\boldsymbol{A}^{-1})^{\mathrm{T}}$；

(5) $|\boldsymbol{A}^{-1}|=\dfrac{1}{|\boldsymbol{A}|}$。

3. 对方阵 $\boldsymbol{A}$ 都有 $\boldsymbol{A}\boldsymbol{A}^*=\boldsymbol{A}^*\boldsymbol{A}=|\boldsymbol{A}|\boldsymbol{E}$；$\boldsymbol{A}$ 可逆的充分必要条件是 $|\boldsymbol{A}|\neq 0$。

4. 逆矩阵的求法（本章只学习伴随矩阵法）：

$$\boldsymbol{A}^{-1}=\frac{1}{|\boldsymbol{A}|}\boldsymbol{A}^*=\frac{1}{|\boldsymbol{A}|}\begin{pmatrix} A_{11} & A_{21} & \cdots & A_{n1} \\ A_{12} & A_{22} & \cdots & A_{n2} \\ \vdots & \vdots & & \vdots \\ A_{1n} & A_{2n} & \cdots & A_{nn} \end{pmatrix}。$$

八、方阵的幂

1. 定义：设 $\boldsymbol{A}$ 为方阵，m 为正整数，则 $\boldsymbol{A}^m=\overbrace{\boldsymbol{AA}\cdots\boldsymbol{A}}^{m个}$；

设 $\boldsymbol{A}$ 为非奇异方阵，m 为正整数，则 $\boldsymbol{A}^0=\boldsymbol{E},\boldsymbol{A}^{-m}=\overbrace{\boldsymbol{A}^{-1}\boldsymbol{A}^{-1}\cdots\boldsymbol{A}^{-1}}^{m个}$。

2. 性质：

(1) $\boldsymbol{A}^k\boldsymbol{A}^l=\boldsymbol{A}^{k+l}$；

(2) $(\boldsymbol{A}^k)^l=\boldsymbol{A}^{kl}$，当 $|\boldsymbol{A}|\neq 0$ 时，k，l 为整数；当 $|\boldsymbol{A}|=0$ 时，k,l 为正整数。

3. 注意：一般情况 $(\boldsymbol{AB})^k\neq\boldsymbol{A}^k\boldsymbol{B}^k$。

九、共轭矩阵

1. 定义：若 $\boldsymbol{A}=(a_{ij})$，则 $\overline{\boldsymbol{A}}=(\overline{a_{ij}})$ 为 $\boldsymbol{A}$ 的共轭矩阵（其中 $\overline{a_{ij}}$ 是 a_{ij} 的共轭复数）。

2. 性质：

(1) $\overline{\boldsymbol{A}+\boldsymbol{B}}=\overline{\boldsymbol{A}}+\overline{\boldsymbol{B}}$；

(2) $\overline{k\boldsymbol{A}}=\overline{k}\,\overline{\boldsymbol{A}}$；

(3) $\overline{\boldsymbol{AB}}=\overline{\boldsymbol{A}}\,\overline{\boldsymbol{B}}$。

十、分块矩阵

以子块(或子阵)为元素的矩阵称为分块矩阵。其运算与普通矩阵的运算规则相类似。分块矩阵,要根据矩阵本身的特点及不同的运算要求与运算的条件要求而分块。

总习题 2

1. 填空题:

(1) 设二阶 $\boldsymbol{A}$ 矩阵可逆,且 $(3\boldsymbol{A})^{-1}=\begin{pmatrix}2&-1\\-4&3\end{pmatrix}$,则 $\boldsymbol{A}=$ ________;

(2) 设 $\boldsymbol{A}$ 为三阶矩阵,且 $|\boldsymbol{A}|=3$,则 $|\boldsymbol{A}^*|=$ ________。

2. 计算下列各式:

(1) $\begin{pmatrix}2&4&3\\1&2&1\\3&1&4\end{pmatrix}\begin{pmatrix}1\\-3\\2\end{pmatrix}$;　(2) $\begin{pmatrix}7&6&-4&-5\\5&7&-3&-4\\6&4&-3&-2\end{pmatrix}\begin{pmatrix}1&2&3\\2&3&4\\1&3&5\\2&4&6\end{pmatrix}$;

(3) $(x_1,x_2,x_3)\begin{pmatrix}a_{11}&a_{12}&a_{13}\\a_{12}&a_{22}&a_{23}\\a_{13}&a_{23}&a_{33}\end{pmatrix}\begin{pmatrix}x_1\\x_2\\x_3\end{pmatrix}$。

3. 设 $f(x)=\begin{vmatrix}1&1&1\\0&1-x&3\\x-1&x&0\end{vmatrix}$ 和矩阵 $\boldsymbol{A}=\begin{pmatrix}1&1\\2&0\end{pmatrix}$,求 $f(\boldsymbol{A})$。

4. n 阶方阵 $\boldsymbol{A},\boldsymbol{B}$ 满足什么条件时,下列等式成立?证明之:

(1) $(\boldsymbol{A}+\boldsymbol{B})^2=\boldsymbol{A}^2+2\boldsymbol{AB}+\boldsymbol{B}^2$;

(2) $(\boldsymbol{A}+\boldsymbol{B})(\boldsymbol{A}-\boldsymbol{B})=\boldsymbol{A}^2-\boldsymbol{B}^2$;

(3) $(\boldsymbol{AB})^k=\boldsymbol{A}^k\boldsymbol{B}^k$($k$ 为正整数)。

5. 计算下列方阵的方幂:

(1) $\begin{pmatrix}2&-1\\3&-2\end{pmatrix}^n$;　(2) $\begin{pmatrix}1&1&0\\0&1&1\\0&0&1\end{pmatrix}^n$;

(3) 设 $\boldsymbol{A}=\begin{pmatrix}1\\2\\3\end{pmatrix}(3\quad 2\quad 1)$,求 $\boldsymbol{A}^n$。

6. 设 $\boldsymbol{A},\boldsymbol{B}$ 是同阶方阵,证明下列命题成立:

(1) $\boldsymbol{B}^{\mathrm{T}}\boldsymbol{AB}$ 为对称矩阵;

(2) 若 $\boldsymbol{A}$ 是对称阵,且 $|\boldsymbol{A}|\neq 0$,则 $\boldsymbol{A}^{-1}$ 为对称阵。

7. 设 $\boldsymbol{A}=\begin{pmatrix}2 & -1\\1 & 2\end{pmatrix}$，矩阵 $\boldsymbol{B}$ 满足 $\boldsymbol{BA}-2\boldsymbol{E}=\boldsymbol{B}$，求 $|\boldsymbol{B}|$。

8. 求下列矩阵的逆矩阵：

(1) $\begin{pmatrix}1 & 3 & 2\\3 & 3 & -4\\-3 & -6 & 0\end{pmatrix}$；　(2) $\begin{pmatrix}1 & 2 & 3 & 4\\0 & 1 & 2 & 3\\0 & 0 & 1 & 2\\0 & 0 & 0 & 1\end{pmatrix}$。

9. 解下列矩阵方程：

(1) $\begin{pmatrix}0 & 0 & 1\\1 & 0 & 0\\0 & 1 & 0\end{pmatrix}\boldsymbol{X}\begin{pmatrix}0 & 1 & 0\\0 & 0 & 1\\1 & 0 & 0\end{pmatrix}=\begin{pmatrix}-3 & 0 & 6\\5 & -2 & 4\\2 & 1 & 3\end{pmatrix}$；

(2) 设 $\boldsymbol{A}=\begin{pmatrix}1 & -1 & 0\\1 & 1 & 0\\0 & 0 & 2\end{pmatrix}$，$\boldsymbol{X}$ 满足 $\boldsymbol{A}+\boldsymbol{X}=\boldsymbol{XA}$。

10. 利用逆矩阵解线性方程组 $\begin{cases}x_1+x_2+x_3=1,\\2x_1+x_2-x_3=3,\\3x_1+4x_2+5x_3=1。\end{cases}$

11. 设 $\boldsymbol{A}^*$ 是四阶方阵 $\boldsymbol{A}$ 的伴随矩阵，$|\boldsymbol{A}|=2$，求 $\left|\left(\frac{1}{4}\boldsymbol{A}\right)^{-1}-3\boldsymbol{A}^*\right|$。

12. 设 n 阶方阵 $\boldsymbol{A},\boldsymbol{B}$ 满足 $\boldsymbol{A}+\boldsymbol{B}=\boldsymbol{AB}$，试证 $\boldsymbol{E}-\boldsymbol{A}$ 可逆，并求 $(\boldsymbol{E}-\boldsymbol{A})^{-1}$。

13. 设 $\boldsymbol{A}$ 和 $\boldsymbol{B}$ 是同阶的可逆方阵，且 $\boldsymbol{AB}=\boldsymbol{BA}$，证明 $\boldsymbol{A}^{-1}\boldsymbol{B}=\boldsymbol{BA}^{-1}$。

14. 设 $\boldsymbol{A},\boldsymbol{B}$ 都为 n 阶方阵，$\boldsymbol{A}^*$ 是其伴随矩阵，试证下列等式成立：

(1) $(\boldsymbol{A}^{\mathrm{T}})^*=(\boldsymbol{A}^*)^{\mathrm{T}}$；

(2) $(-\boldsymbol{A})^*=(-1)^{n-1}\boldsymbol{A}^*$；

(3) 若 $\boldsymbol{A},\boldsymbol{B}$ 都可逆，则 $(\boldsymbol{AB})^*=\boldsymbol{B}^*\boldsymbol{A}^*$。

15. 求下列有关矩阵：

(1) 设 $\boldsymbol{A}=\begin{pmatrix}1 & 1 & 1\\0 & 1 & 2\\2 & 0 & -1\end{pmatrix}$，$\boldsymbol{E}$ 是单位矩阵，矩阵 $\boldsymbol{B}$ 满足 $\boldsymbol{A}^2-\boldsymbol{AB}=\boldsymbol{E}$，求 $\boldsymbol{B}$；

(2) 设 $\boldsymbol{A}=\mathrm{diag}(1,1,2)$，$\boldsymbol{A}^*$ 是 $\boldsymbol{A}$ 的伴随矩阵，$\boldsymbol{E}$ 是单位矩阵，矩阵 $\boldsymbol{B}$ 满足 $\boldsymbol{ABA}^*=6\boldsymbol{AB}+20\boldsymbol{E}$，求 $\boldsymbol{B}$。

16. 已知 $\boldsymbol{P}=\begin{pmatrix}2 & 1\\2 & 2\end{pmatrix}$，$\boldsymbol{\Lambda}=\begin{pmatrix}1 & 0\\0 & -2\end{pmatrix}$，且 $\boldsymbol{P}^{-1}\boldsymbol{AP}=\boldsymbol{\Lambda}$，求 $\boldsymbol{A}^9$。

第 3 章　矩阵的初等变换与线性方程组

在第 1 章中用克莱姆法则求解线性方程组，要求线性方程组中方程的个数等于未知量的个数、系数行列式不为零等条件，并且计算量大。

本章将给出线性方程组的初等变换、矩阵的初等变换、矩阵的秩等概念，利用初等变换讨论矩阵的秩的性质；再利用矩阵的秩讨论更一般的线性方程组无解、有唯一解或者有无穷多解的充分必要条件，并介绍用初等变换求解线性方程组的方法。

3.1　矩阵的初等变换与初等矩阵

3.1.1　矩阵的初等变换与等价

定义 3.1.1　矩阵的以下运算称为矩阵的**初等行(列) 变换**：

(1) 交换矩阵的两行(列)；

(2) 对某一行(列) 各元素乘以不为零的常数；

(3) 某一行(列) 各元素加上另一行(列) 对应元素的 k 倍。

初等行(列) 变换用 $r(c)$ 表示，交换矩阵的第 i,j 两行(列)，记为 $r_i \leftrightarrow r_j (c_i \leftrightarrow c_j)$；第 i 行(列) 乘以数 $k(k \neq 0)$，记为 $kr_i(kc_i)$；第 i 行(列) 各元素加上第 j 行(列) 对应元素的 k 倍，记为 $r_i + kr_j(c_i + kc_j)$。

初等行变换和初等列变换统称为**初等变换**。

定义 3.1.2　若矩阵 $\boldsymbol{A}$ 经过有限次的初等行变换变成 $\boldsymbol{B}$，则称矩阵 $\boldsymbol{A}$ 与矩阵 $\boldsymbol{B}$ **行等价**，记为 $\boldsymbol{A} \xrightarrow{r} \boldsymbol{B}$(或 $\boldsymbol{A} \overset{r}{\sim} \boldsymbol{B}$)；若矩阵 $\boldsymbol{A}$ 经过有限次的初等列变换变成 $\boldsymbol{B}$，则称矩阵 $\boldsymbol{A}$ 与矩阵 $\boldsymbol{B}$ **列等价**，记为 $\boldsymbol{A} \xrightarrow{c} \boldsymbol{B}$(或 $\boldsymbol{A} \overset{c}{\sim} \boldsymbol{B}$)；若矩阵 $\boldsymbol{A}$ 经过有限次的初等变换变成 $\boldsymbol{B}$，则称矩阵 $\boldsymbol{A}$ 与矩阵 $\boldsymbol{B}$ **等价**，记为 $\boldsymbol{A} \longrightarrow \boldsymbol{B}$(或 $\boldsymbol{A} \sim \boldsymbol{B}$)。

由矩阵的初等变换的定义可知等价矩阵有如下性质：

(1) 反身性：$\boldsymbol{A} \longrightarrow \boldsymbol{A}$；

(2) 对称性：若 $\boldsymbol{A} \longrightarrow \boldsymbol{B}$，则 $\boldsymbol{B} \longrightarrow \boldsymbol{A}$；

(3) 传递性：若 $\boldsymbol{A} \longrightarrow \boldsymbol{B}$，$\boldsymbol{B} \longrightarrow \boldsymbol{C}$，则 $\boldsymbol{A} \longrightarrow \boldsymbol{C}$。

3.1.2　初等矩阵

定义 3.1.3　由单位矩阵 $\boldsymbol{E}$ 经过一次初等变换得到的矩阵称为**初等矩阵**。

二维码 3-1

三种初等变换对应有三种初等矩阵：

(1) 互换 $\boldsymbol{E}$ 的第 i，j 两行(列) 得到的初等矩阵，记为 $\boldsymbol{E}(i,j)$，即

（第 i 列）　　　（第 j 列）

$$\boldsymbol{E}(i,j)=\left(\begin{array}{ccccccccc}1 & & & & & & & & \\ & \ddots & & & & & & & \\ & & 1 & & & & & & \\ & & & 0 & \cdots & \cdots & \cdots & 1 & & & \\ & & & \vdots & 1 & & & \vdots & & & \\ & & & \vdots & & \ddots & & \vdots & & & \\ & & & \vdots & & & 1 & \vdots & & & \\ & & & 1 & \cdots & \cdots & \cdots & 0 & & & \\ & & & & & & & & 1 & & \\ & & & & & & & & & \ddots & \\ & & & & & & & & & & 1\end{array}\right)\begin{array}{l} \\ \\ \\ (\text{第 } i \text{ 行}) \\ \\ \\ \\ (\text{第 } j \text{ 行}) \\ \\ \\ \\ \end{array};$$

(2) $\boldsymbol{E}$ 的第 i 行(列) 乘以不为零的数 k 得到的初等矩阵，记为 $\boldsymbol{E}[\boldsymbol{i}(\boldsymbol{k})]$，即

（第 i 列）

$$\boldsymbol{E}[i(k)]=\left(\begin{array}{ccccccc}1 & & & & & & \\ & \ddots & & & & & \\ & & 1 & & & & \\ & & & k & & & \\ & & & & 1 & & \\ & & & & & \ddots & \\ & & & & & & 1\end{array}\right)\begin{array}{l} \\ \\ \\ (\text{第 } i \text{ 行}); \\ \\ \\ \\ \end{array}$$

(3) $\boldsymbol{E}$ 的第 i 行加上第 j 行的 k 倍(或 $\boldsymbol{E}$ 的第 j 列加上第 i 列的 k 倍) 得到的初等矩阵，记为 $\boldsymbol{E}[i+j(k)]$，即

（第 i 列）（第 j 列）

$$\boldsymbol{E}[i+j(k)]=\left(\begin{array}{ccccccc}1 & & & & & & \\ & \ddots & & & & & \\ & & 1 & \cdots & k & & \\ & & & \ddots & \vdots & & \\ & & & & 1 & & \\ & & & & & \ddots & \\ & & & & & & 1\end{array}\right)\begin{array}{l} \\ \\ (\text{第 } i \text{ 行}) \\ \\ (\text{第 } j \text{ 行}) \\ \\ \\ \end{array}。$$

初等矩阵具有如下性质：

(1) 初等矩阵可逆，且逆矩阵分别为

$\boldsymbol{E}^{-1}(i,j)=\boldsymbol{E}(i,j)$；$\boldsymbol{E}^{-1}[i(k)]=\boldsymbol{E}\left[i\left(\frac{1}{k}\right)\right]$；$\boldsymbol{E}^{-1}[i+j(k)]=\boldsymbol{E}[i+j(-k)]$。

显然，其逆矩阵也是初等矩阵。

(2) 初等矩阵的转置矩阵仍是初等矩阵，且

$\boldsymbol{E}^{\mathrm{T}}(i,j)=\boldsymbol{E}(i,j)$；　$\boldsymbol{E}^{\mathrm{T}}[i(k)]=\boldsymbol{E}[i(k)]$；　$\boldsymbol{E}^{\mathrm{T}}[i+j(k)]=\boldsymbol{E}[j+i(k)]$。

定理 3.1.1　对于一个 $m\times n$ 矩阵 $\boldsymbol{A}$ 进行一次初等行变换，相当于在 $\boldsymbol{A}$ 的左边乘以相应的 m 阶初等矩阵；对 $\boldsymbol{A}$ 施行一次初等列变换，相当于在 $\boldsymbol{A}$ 的右边乘以相应的 n 阶初等矩阵。

证　只证行的情况。设

$$\boldsymbol{A}=\begin{pmatrix}a_{11}&a_{12}&\cdots&a_{1n}\\a_{21}&a_{22}&\cdots&a_{2n}\\\vdots&\vdots&&\vdots\\a_{m1}&a_{m2}&\cdots&a_{mn}\end{pmatrix}=\begin{pmatrix}\boldsymbol{A}_1\\\boldsymbol{A}_2\\\vdots\\\boldsymbol{A}_m\end{pmatrix},$$

其中 $\boldsymbol{A}_i=(a_{i1},a_{i2},\cdots,a_{in})(i=1,2,\cdots,m)$，则

$$\boldsymbol{E}(i,j)\boldsymbol{A}=\begin{array}{r}\\\\(\text{第 }i\text{ 行})\\\\\\\\(\text{第 }j\text{ 行})\\\\\\\end{array}\begin{pmatrix}1&&&&&&&&\\&\ddots&&&&&&&\\&&1&&&&&&\\&&&0&\cdots&1&&&\\&&&&1&&&&\\&&&\vdots&\ddots&\vdots&&&\\&&&&&1&&&\\&&&1&\cdots&0&&&\\&&&&&&1&&\\&&&&&&&\ddots&\\&&&&&&&&1\end{pmatrix}\begin{pmatrix}\boldsymbol{A}_1\\\vdots\\\boldsymbol{A}_i\\\vdots\\\boldsymbol{A}_j\\\vdots\\\boldsymbol{A}_m\end{pmatrix}=\begin{pmatrix}\boldsymbol{A}_1\\\vdots\\\boldsymbol{A}_j\\\vdots\\\boldsymbol{A}_i\\\vdots\\\boldsymbol{A}_m\end{pmatrix}\begin{array}{l}\\\\(\text{第 }i\text{ 行})\\\\(\text{第 }j\text{ 行})\\\\\\\end{array};$$

$$\boldsymbol{E}[i(k)]\boldsymbol{A}=(\text{第 }i\text{ 行})\begin{pmatrix}1&&&&&&\\&\ddots&&&&&\\&&1&&&&\\&&&k&&&\\&&&&1&&\\&&&&&\ddots&\\&&&&&&1\end{pmatrix}\begin{pmatrix}\boldsymbol{A}_1\\\vdots\\\boldsymbol{A}_i\\\vdots\\\boldsymbol{A}_m\end{pmatrix}=\begin{pmatrix}\boldsymbol{A}_1\\\vdots\\k\boldsymbol{A}_i\\\vdots\\\boldsymbol{A}_m\end{pmatrix}(\text{第 }i\text{ 行});$$

$$\boldsymbol{E}[i+j(k)]\boldsymbol{A}=\begin{pmatrix}1&&&&&&\\&\ddots&&&&&\\&&1&\cdots&k&&\\&&&\ddots&\vdots&&\\&&&&1&&\\&&&&&\ddots&\\&&&&&&1\end{pmatrix}\begin{array}{l}\\\\(\text{第 } i \text{ 行})\\\\(\text{第 } j \text{ 行})\\\\\\\end{array}\begin{pmatrix}\boldsymbol{A}_1\\\vdots\\\boldsymbol{A}_i\\\vdots\\\boldsymbol{A}_j\\\vdots\\\boldsymbol{A}_m\end{pmatrix}=\begin{pmatrix}\boldsymbol{A}_1\\\vdots\\\boldsymbol{A}_i+k\boldsymbol{A}_j\\\vdots\\\boldsymbol{A}_j\\\vdots\\\boldsymbol{A}_m\end{pmatrix}(\text{第 } i \text{ 行})。$$

对于列的情况，可类似证明。

注意：矩阵右边所乘的初等矩阵应看成是单位矩阵作初等列变换所得的初等矩阵。

例 1　设 $\begin{pmatrix}0&1&0\\1&0&0\\0&0&1\end{pmatrix}\boldsymbol{A}\begin{pmatrix}1&0&0\\0&1&0\\0&1&1\end{pmatrix}=\begin{pmatrix}1&3&4\\2&0&1\\1&2&0\end{pmatrix}$，求 $\boldsymbol{A}$。

解　由题设可知，$\begin{pmatrix}1&3&4\\2&0&1\\1&2&0\end{pmatrix}$ 是由 $\boldsymbol{A}$ 经过交换第 1、2 两行后，再由第 2 列加上第 3 列得到的，所以由

$$\begin{pmatrix}1&3&4\\2&0&1\\1&2&0\end{pmatrix}\xrightarrow{r_1\leftrightarrow r_2}\begin{pmatrix}2&0&1\\1&3&4\\1&2&0\end{pmatrix}\xrightarrow{c_2-c_3}\begin{pmatrix}2&-1&1\\1&-1&4\\1&2&0\end{pmatrix},$$

得
$$\boldsymbol{A}=\begin{pmatrix}2&-1&1\\1&-1&4\\1&2&0\end{pmatrix}。$$

定理 3.1.2　任何一个 $m\times n$ 矩阵 $\boldsymbol{A}=(a_{ij})_{m\times n}$ 经过有限次的初等变换，都可以化为如下与 $\boldsymbol{A}$ 等价的矩阵 $\boldsymbol{F}$，即

$$\boldsymbol{A}\longrightarrow\boldsymbol{F}=\begin{pmatrix}1&&&&&\\&\ddots&&&&\\&&1&&&\\&&&0&&\\&&&&\ddots&\\&&&&&0\end{pmatrix}(\text{第 } r \text{ 行})=\begin{pmatrix}\boldsymbol{E}_r&\boldsymbol{O}_{r\times(n-r)}\\\boldsymbol{O}_{(m-r)\times r}&\boldsymbol{O}_{(m-r)\times(n-r)}\end{pmatrix}。$$
(第 r 列)

证　当 $\boldsymbol{A}=\boldsymbol{O}$（即 $\boldsymbol{A}$ 的元素皆是 0），则 $\boldsymbol{A}$ 就是 $\boldsymbol{F}$ 的形式了。

当 $\boldsymbol{A}\neq\boldsymbol{O}$，那么 $\boldsymbol{A}$ 中至少有一个元素不为零，可设 $a_{11}\neq 0$（若 $a_{11}=0$，可对 $\boldsymbol{A}$ 施行

初等行(列)变换,使矩阵的左上角的元素不等于零),把矩阵 $\boldsymbol{A}$ 的第 i 行加上第1行的 $\dfrac{-a_{i1}}{a_{11}}(i=2,3,\cdots,m)$ 倍,然后矩阵 $\boldsymbol{A}$ 的第 j 列加上第1列的 $\dfrac{-a_{1j}}{a_{11}}(j=2,3,\cdots,n)$ 倍,再以 $\dfrac{1}{a_{11}}$ 乘第1行,就使 $\boldsymbol{A}$ 化为等价矩阵

$$\boldsymbol{A}\longrightarrow\boldsymbol{F}_1=\begin{pmatrix}1&0&\cdots&0\\0&a'_{22}&\cdots&a'_{2n}\\\vdots&\vdots&&\vdots\\0&a'_{m2}&\cdots&a'_{mn}\end{pmatrix}=\begin{pmatrix}1&\boldsymbol{O}\\\boldsymbol{O}&\boldsymbol{A}_1\end{pmatrix},$$

对 $\boldsymbol{A}_1$ 按上面的方法继续进行下去,最终可以将 $\boldsymbol{A}$ 化为 $\boldsymbol{F}$ 的形式,且 $\boldsymbol{F}$ 与 $\boldsymbol{A}$ 等价。

我们称 $\boldsymbol{F}=\begin{pmatrix}\boldsymbol{E}_r&\boldsymbol{O}\\\boldsymbol{O}&\boldsymbol{O}\end{pmatrix}$ 为**矩阵 $\boldsymbol{A}$ 的标准形**。$\boldsymbol{E}_r$ 是 r 阶单位矩阵。由定理3.1.2可知,对方阵 $\boldsymbol{A}$,若 $|\boldsymbol{A}|\neq 0$,则 $\boldsymbol{A}$ 的标准形就是和 $\boldsymbol{A}$ 同阶的单位矩阵 $\boldsymbol{E}$。

例2 化矩阵 $\boldsymbol{A}=\begin{pmatrix}1&-2&1&3\\0&1&-1&0\\2&-2&0&6\end{pmatrix}$ 为标准形。

解 $\boldsymbol{A}=\begin{pmatrix}1&-2&1&3\\0&1&-1&0\\2&-2&0&6\end{pmatrix}\xrightarrow{r_3-2r_1}\begin{pmatrix}1&-2&1&3\\0&1&-1&0\\0&2&-2&0\end{pmatrix}$

$$\xrightarrow[r_3-2r_2]{r_1+2r_2}\begin{pmatrix}1&0&-1&3\\0&1&-1&0\\0&0&0&0\end{pmatrix}\xrightarrow[c_4-3c_1]{c_3+(c_1+c_2)}\begin{pmatrix}1&0&0&0\\0&1&0&0\\0&0&0&0\end{pmatrix}。$$

定理3.1.3 方阵 $\boldsymbol{A}$ 可逆的充分必要条件是存在有限个初等矩阵 $\boldsymbol{P}_1,\boldsymbol{P}_2,\cdots,\boldsymbol{P}_k$,使 $\boldsymbol{A}=\boldsymbol{P}_1\boldsymbol{P}_2\cdots\boldsymbol{P}_k$。

证 必要性 设方阵 $\boldsymbol{A}$ 可逆,则 $\boldsymbol{A}$ 的标准形为 $\boldsymbol{E}$,由定理3.1.2知 $\boldsymbol{E}\longrightarrow\boldsymbol{A}$,即 $\boldsymbol{E}$ 经有限次初等变换可化为 $\boldsymbol{A}$,即存在初等矩阵 $\boldsymbol{P}_1,\cdots,\boldsymbol{P}_s,\boldsymbol{P}_{s+1},\cdots,\boldsymbol{P}_k$,使

$$\boldsymbol{P}_1\cdots\boldsymbol{P}_s\boldsymbol{E}\boldsymbol{P}_{s+1}\cdots\boldsymbol{P}_k=\boldsymbol{A},\ 即\ \boldsymbol{A}=\boldsymbol{P}_1\boldsymbol{P}_2\cdots\boldsymbol{P}_k。$$

充分性 设 $\boldsymbol{A}=\boldsymbol{P}_1\boldsymbol{P}_2\cdots\boldsymbol{P}_k$,因为初等矩阵可逆,而有限个可逆矩阵的乘积仍然可逆,所以 $\boldsymbol{A}$ 可逆。

推论1 方阵 $\boldsymbol{A}$ 可逆的充分必要条件是 $\boldsymbol{A}\xrightarrow{r}\boldsymbol{E}$。

证 因为 $\boldsymbol{A}$ 可逆的充分必要条件是存在有限个初等矩阵 $\boldsymbol{P}_1,\boldsymbol{P}_2,\cdots,\boldsymbol{P}_k$,使 $\boldsymbol{A}=\boldsymbol{P}_1\boldsymbol{P}_2\cdots\boldsymbol{P}_k$,即 $\boldsymbol{A}=\boldsymbol{P}_1\boldsymbol{P}_2\cdots\boldsymbol{P}_k\boldsymbol{E}$。又因为 $\boldsymbol{P}_1,\boldsymbol{P}_2,\cdots,\boldsymbol{P}_k$ 都可逆,且其逆矩阵仍为初等矩阵,所以

$$\boldsymbol{P}_k^{-1}\boldsymbol{P}_{k-1}^{-1}\cdots\boldsymbol{P}_1^{-1}\boldsymbol{A}=\boldsymbol{E}。$$

此式表明 $\boldsymbol{A}$ 经过有限次初等行变换可化为单位矩阵 $\boldsymbol{E}$，即 $\boldsymbol{A}\xrightarrow{r}\boldsymbol{E}$。

推论 2　$m\times n$ 矩阵 $\boldsymbol{A}$ 与 $\boldsymbol{B}$ 等价的充分必要条件是存在 m 阶可逆矩阵 $\boldsymbol{P}$ 和 n 阶可逆矩阵 $\boldsymbol{Q}$，使 $\boldsymbol{PAQ}=\boldsymbol{B}$。

此推论请读者自己证明。

3.1.3　用初等变换求逆矩阵的方法

二维码 3-2

设 $\boldsymbol{A}$ 为可逆矩阵，由定理 3.1.3 知 $\boldsymbol{A}\xrightarrow{r}\boldsymbol{E}$。矩阵的行的初等变换，就是在矩阵的左边乘一个初等矩阵，从而有初等矩阵 $\boldsymbol{P}_1,\boldsymbol{P}_2,\cdots,\boldsymbol{P}_s$，使

$$\boldsymbol{P}_s\boldsymbol{P}_{s-1}\cdots\boldsymbol{P}_1\boldsymbol{A}=\boldsymbol{E}。\tag{1}$$

由逆矩阵定义，得到

$$\boldsymbol{A}^{-1}=\boldsymbol{P}_s\boldsymbol{P}_{s-1}\cdots\boldsymbol{P}_1=\boldsymbol{P}_s\boldsymbol{P}_{s-1}\cdots\boldsymbol{P}_1\boldsymbol{E}。\tag{2}$$

(1)(2) 两式表明，把 $\boldsymbol{A}$ 化为单位矩阵 $\boldsymbol{E}$ 的那些行初等变换，同时也可把单位矩阵 $\boldsymbol{E}$ 化为 $\boldsymbol{A}$ 的逆矩阵 $\boldsymbol{A}^{-1}$。利用分块矩阵形式，(1)(2) 两式可合并为 $\boldsymbol{P}_s\boldsymbol{P}_{s-1}\cdots\boldsymbol{P}_1(\boldsymbol{A}\mid\boldsymbol{E})=(\boldsymbol{E}\mid\boldsymbol{A}^{-1})$。这就给我们提供了用行的初等变换求逆矩阵的方法，即

$$(\boldsymbol{A}\mid\boldsymbol{E})\xrightarrow{\text{初等行变换}}(\boldsymbol{E}\mid\boldsymbol{A}^{-1})。$$

例 3　设 $\boldsymbol{A}=\begin{pmatrix}0&1&1\\-1&2&3\\2&3&2\end{pmatrix}$，求 $\boldsymbol{A}^{-1}$。

解　因为

$$(\boldsymbol{A}\mid\boldsymbol{E})=\left(\begin{array}{ccc:ccc}0&1&1&1&0&0\\-1&2&3&0&1&0\\2&3&2&0&0&1\end{array}\right)\xrightarrow[\text{再 } r_1\leftrightarrow r_2]{r_3+2r_2}\left(\begin{array}{ccc:ccc}-1&2&3&0&1&0\\0&1&1&1&0&0\\0&7&8&0&2&1\end{array}\right)$$

$$\xrightarrow[r_3-7r_2]{r_1-2r_2}\left(\begin{array}{ccc:ccc}-1&0&1&-2&1&0\\0&1&1&1&0&0\\0&0&1&-7&2&1\end{array}\right)\xrightarrow[r_1-r_3]{r_2-r_3}\left(\begin{array}{ccc:ccc}-1&0&0&5&-1&-1\\0&1&0&8&-2&-1\\0&0&1&-7&2&1\end{array}\right)$$

$$\xrightarrow{r_1\div(-1)}\left(\begin{array}{ccc:ccc}1&0&0&-5&1&1\\0&1&0&8&-2&-1\\0&0&1&-7&2&1\end{array}\right),$$

所以

$$\boldsymbol{A}^{-1}=\begin{pmatrix}-5&1&1\\8&-2&-1\\-7&2&1\end{pmatrix}。$$

对于求方阵的逆矩阵，也可用初等列变换的方法来求，即

$$\left(\begin{array}{c}\boldsymbol{A}\\\hdashline\boldsymbol{E}\end{array}\right)\xrightarrow{\text{初等列变换}}\left(\begin{array}{c}\boldsymbol{E}\\\hdashline\boldsymbol{A}^{-1}\end{array}\right)。$$

例 4 设 $\boldsymbol{A}=\begin{pmatrix}1&2&1\\2&3&4\\1&1&4\end{pmatrix}$，求 $\boldsymbol{A}^{-1}$。

解 因为

$$\begin{pmatrix}\boldsymbol{A}\\ \hdashline \boldsymbol{E}\end{pmatrix}=\begin{pmatrix}1&2&1\\2&3&4\\1&1&4\\ \hdashline 1&0&0\\0&1&0\\0&0&1\end{pmatrix}\xrightarrow[c_3-c_1]{c_2-2c_1}\begin{pmatrix}1&0&0\\2&-1&2\\1&-1&3\\ \hdashline 1&-2&-1\\0&1&0\\0&0&1\end{pmatrix}$$

$$\xrightarrow[\text{再 }c_2\div(-1)]{\substack{c_1+2c_2\\c_3+2c_2}}\begin{pmatrix}1&0&0\\0&1&0\\-1&1&1\\ \hdashline -3&2&-5\\2&-1&2\\0&0&1\end{pmatrix}\xrightarrow[c_2-c_3]{c_1+c_3}\begin{pmatrix}1&0&0\\0&1&0\\0&0&1\\ \hdashline -8&7&-5\\4&-3&2\\1&-1&1\end{pmatrix},$$

所以
$$\boldsymbol{A}^{-1}=\begin{pmatrix}-8&7&-5\\4&-3&2\\1&-1&1\end{pmatrix}。$$

3.1.4 用初等变换的方法解矩阵方程

在第 2 章，对于矩阵方程 $\boldsymbol{AX}=\boldsymbol{B}$，当 $\boldsymbol{A}$ 可逆时，其解 $\boldsymbol{X}=\boldsymbol{A}^{-1}\boldsymbol{B}$。现在，我们介绍用初等变换的方法求解矩阵方程。

当 $\boldsymbol{A}$ 可逆时，那么有初等矩阵 $\boldsymbol{P}_1,\boldsymbol{P}_2,\cdots,\boldsymbol{P}_s$ 使得

$$\boldsymbol{P}_s\boldsymbol{P}_{s-1}\cdots\boldsymbol{P}_1\boldsymbol{A}=\boldsymbol{E},$$

从而推出

$$\boldsymbol{X}=\boldsymbol{P}_s\boldsymbol{P}_{s-1}\cdots\boldsymbol{P}_1\boldsymbol{AX}=\boldsymbol{P}_s\boldsymbol{P}_{s-1}\cdots\boldsymbol{P}_1\boldsymbol{B}。$$

上式说明，把 $\boldsymbol{A}$ 变成单位矩阵的初等行变换，同时可对 $\boldsymbol{B}$ 进行同样的初等行变换而变为所要求的矩阵 $\boldsymbol{X}$，即

$$(\boldsymbol{A}\,\vdots\,\boldsymbol{B})\xrightarrow{\text{初等行变换}}(\boldsymbol{E}\,\vdots\,\boldsymbol{X})。$$

同理，对于矩阵方程 $\boldsymbol{XA}=\boldsymbol{B}$，当 $\boldsymbol{A}$ 可逆时，

$$\begin{pmatrix}\boldsymbol{A}\\ \hdashline \boldsymbol{B}\end{pmatrix}\xrightarrow{\text{初等列变换}}\begin{pmatrix}\boldsymbol{E}\\ \hdashline \boldsymbol{X}\end{pmatrix},$$

或由

$$(\boldsymbol{XA})^{\mathrm{T}}=\boldsymbol{A}^{\mathrm{T}}\boldsymbol{X}^{\mathrm{T}}=\boldsymbol{B}^{\mathrm{T}},$$

通过

$$(\boldsymbol{A}^{\mathrm{T}} \vdots \boldsymbol{B}^{\mathrm{T}}) \xrightarrow{\text{初等行变换}} (\boldsymbol{E} \vdots \boldsymbol{X}^{\mathrm{T}}),$$

得$\boldsymbol{X}^{\mathrm{T}}$，从而得 $\boldsymbol{X}$。

例 5 用初等变换解矩阵方程

$$\begin{pmatrix} 1 & 2 & 1 \\ 3 & 5 & 2 \\ 2 & 2 & -1 \end{pmatrix} \boldsymbol{X} = \begin{pmatrix} 1 & 0 & 1 \\ 2 & 1 & 1 \\ 1 & 3 & -7 \end{pmatrix}。$$

解 因为

$$\left(\begin{array}{ccc:ccc} 1 & 2 & 1 & 1 & 0 & 1 \\ 3 & 5 & 2 & 2 & 1 & 1 \\ 2 & 2 & -1 & 1 & 3 & -7 \end{array}\right) \xrightarrow[r_3 - 2r_1]{r_2 - 3r_1} \left(\begin{array}{ccc:ccc} 1 & 2 & 1 & 1 & 0 & 1 \\ 0 & -1 & -1 & -1 & 1 & -2 \\ 0 & -2 & -3 & -1 & 3 & -9 \end{array}\right)$$

$$\xrightarrow[\substack{r_3 - 2r_2 \\ \text{再 } r_2 \div (-1)}]{r_1 + 2r_2} \left(\begin{array}{ccc:ccc} 1 & 0 & -1 & -1 & 2 & -3 \\ 0 & 1 & 1 & 1 & -1 & 2 \\ 0 & 0 & -1 & 1 & 1 & -5 \end{array}\right)$$

$$\xrightarrow[\text{再 } r_3 \div (-1)]{\substack{r_1 - r_3 \\ r_2 + r_3}} \left(\begin{array}{ccc:ccc} 1 & 0 & 0 & -2 & 1 & 2 \\ 0 & 1 & 0 & 2 & 0 & -3 \\ 0 & 0 & 1 & -1 & -1 & 5 \end{array}\right)。$$

所以

$$\boldsymbol{X} = \begin{pmatrix} -2 & 1 & 2 \\ 2 & 0 & -3 \\ -1 & -1 & 5 \end{pmatrix}。$$

例 6 用初等变换解矩阵方程

$$\boldsymbol{X} \begin{pmatrix} 2 & 1 \\ 5 & 3 \end{pmatrix} = \begin{pmatrix} 3 & 2 \\ 1 & 2 \end{pmatrix}。$$

解一

$$\left(\begin{array}{cc} 2 & 1 \\ 5 & 3 \\ \hdashline 3 & 2 \\ 1 & 2 \end{array}\right) \xrightarrow[c_1 \leftrightarrow c_2]{c_1 - 2c_2} \left(\begin{array}{cc} 1 & 0 \\ 3 & -1 \\ \hdashline 2 & -1 \\ 2 & -3 \end{array}\right) \xrightarrow[-c_2]{c_1 + 3c_2} \left(\begin{array}{cc} 1 & 0 \\ 0 & 1 \\ \hdashline -1 & 1 \\ -7 & 3 \end{array}\right),$$

所以

$$\boldsymbol{X} = \begin{pmatrix} -1 & 1 \\ -7 & 3 \end{pmatrix}。$$

解二 原式两边作转置得

$$\begin{pmatrix} 2 & 5 \\ 1 & 3 \end{pmatrix} \boldsymbol{X}^{\mathrm{T}} = \begin{pmatrix} 3 & 1 \\ 2 & 2 \end{pmatrix},$$

由

$$\left(\begin{array}{cc:cc} 2 & 5 & 3 & 1 \\ 1 & 3 & 2 & 2 \end{array}\right) \xrightarrow{r_1 \leftrightarrow r_2} \left(\begin{array}{cc:cc} 1 & 3 & 2 & 2 \\ 2 & 5 & 3 & 1 \end{array}\right)$$

$$\xrightarrow{r_2-2r_1}\begin{pmatrix}1 & 3 & \vdots & 2 & 2\\ 0 & -1 & \vdots & -1 & -3\end{pmatrix}\xrightarrow[\text{再 } r_2\div(-1)]{r_1+3r_2}\begin{pmatrix}1 & 0 & \vdots & -1 & -7\\ 0 & 1 & \vdots & 1 & 3\end{pmatrix},$$

所以 $\boldsymbol{X}^{\mathrm{T}}=\begin{pmatrix}-1 & -7\\ 1 & 3\end{pmatrix}$，从而得 $\boldsymbol{X}=\begin{pmatrix}-1 & 1\\ -7 & 3\end{pmatrix}$。

习题 3.1

1. 用初等变换计算下列各式：

(1) $\begin{pmatrix}1 & 0 & 0\\ 0 & 1 & 0\\ -1 & 0 & 1\end{pmatrix}\begin{pmatrix}0 & 1 & 0\\ 1 & 0 & 0\\ 0 & 0 & 1\end{pmatrix}\begin{pmatrix}1 & 2 & 7\\ 4 & 5 & 8\\ 7 & 8 & 9\end{pmatrix}$；

(2) $\begin{pmatrix}1 & 0 & -1\\ 0 & 1 & 0\\ 0 & 0 & 1\end{pmatrix}\begin{pmatrix}0 & 1 & 0\\ 1 & 0 & 0\\ 0 & 0 & 1\end{pmatrix}\begin{pmatrix}2 & 0 & 5\\ 1 & 5 & 8\\ 3 & 2 & 1\end{pmatrix}\begin{pmatrix}0 & 1 & 0\\ 1 & 0 & 0\\ 0 & 0 & 1\end{pmatrix}$。

2. 用初等变换求下列各式中的矩阵 $\boldsymbol{A}$：

(1) $\begin{pmatrix}1 & 0 & 0\\ 0 & 1 & 0\\ 1 & 0 & 1\end{pmatrix}\boldsymbol{A}\begin{pmatrix}0 & 1 & 0\\ 1 & 0 & 0\\ 0 & 0 & 1\end{pmatrix}=\begin{pmatrix}1 & 4 & 7\\ 2 & 5 & 8\\ 3 & 6 & 9\end{pmatrix}$；

(2) $\begin{pmatrix}1 & 1 & 0\\ 0 & 1 & 0\\ 0 & 0 & 1\end{pmatrix}\boldsymbol{A}\begin{pmatrix}1 & 0 & 0\\ 0 & 0 & 1\\ 0 & 1 & 0\end{pmatrix}=\begin{pmatrix}2 & 1 & 4\\ 1 & 2 & 3\\ 2 & 1 & 1\end{pmatrix}$。

3. 用初等变换求下列方阵的逆矩阵：

(1) $\begin{pmatrix}2 & 1 & 3\\ 3 & 2 & 4\\ 5 & 1 & 6\end{pmatrix}$；　　(2) $\begin{pmatrix}1 & 2 & 1\\ 2 & 6 & 5\\ 3 & 5 & 1\end{pmatrix}$。

4. 解下列矩阵方程：

(1) $\begin{pmatrix}1 & 2 & 1\\ 2 & 3 & 2\\ 1 & 0 & 2\end{pmatrix}\boldsymbol{X}=\begin{pmatrix}1 & -1\\ 0 & 2\\ 3 & 1\end{pmatrix}$；　　(2) $\boldsymbol{X}\begin{pmatrix}0 & 0 & 2\\ 4 & 0 & 0\\ 1 & 3 & 1\end{pmatrix}=\begin{pmatrix}2 & 6 & 2\\ 4 & 0 & 2\end{pmatrix}$。

5. (1) 设矩阵 $\boldsymbol{A}=\begin{pmatrix}3 & 0 & 1\\ 1 & 1 & 0\\ -1 & 0 & 2\end{pmatrix}$，求矩阵 $\boldsymbol{X}$ 使 $\boldsymbol{AX}=\boldsymbol{A}+2\boldsymbol{X}$；

(2) 设矩阵 $\boldsymbol{A}=\begin{pmatrix}1 & 1 & 0\\ 1 & 0 & 1\\ 0 & 1 & 1\end{pmatrix}$，$\boldsymbol{B}=\begin{pmatrix}1 & 0 & 0\\ 1 & 1 & 0\\ 1 & 1 & 1\end{pmatrix}$，$\boldsymbol{E}$ 是单位矩阵，求矩阵 $\boldsymbol{X}$ 使 $\boldsymbol{AXA}-\boldsymbol{AXB}+\boldsymbol{BXB}-\boldsymbol{BXA}=\boldsymbol{E}$。

3.2　矩阵的秩

二维码 3-3

3.2.1　矩阵的秩的概念

由定理 3.1.2 及定理 3.1.3 的推论 2 知，对于一个 $m\times n$ 矩阵 $\boldsymbol{A}$ 用初等变换化为标准形，相当于在 $\boldsymbol{A}$ 左边乘以一个可逆矩阵 $\boldsymbol{P}_m$，右边乘以一个可逆矩阵 $\boldsymbol{Q}_n$，使得

$$\boldsymbol{PAQ}=\begin{pmatrix}\boldsymbol{E}_r & \boldsymbol{O}\\ \boldsymbol{O} & \boldsymbol{O}\end{pmatrix}_{m\times n}。$$

对于确定的 $m\times n$ 矩阵 $\boldsymbol{A}$，数 r 是完全确定的，本节就是讨论这个问题。

定义 3.2.1　对于一个 $m\times n$ 矩阵 $\boldsymbol{A}$，在这个矩阵中任取 k 行与 k 列（$k\leqslant\min\{m,n\}$），在这 k 行与 k 列的共同部分的 k^2 个元素，按照原来的顺序构成的一个 k 阶行列式称为 $\boldsymbol{A}$ 的一个 k **阶子式**。

例如
$$\boldsymbol{A}=\begin{pmatrix}2 & 1 & 3 & 4 & 1\\ 3 & -2 & 1 & 3 & 5\\ -1 & 3 & 2 & 1 & -4\end{pmatrix}_{3\times 5},$$

$\boldsymbol{A}$ 有 $C_3^1C_5^1=15$ 个一阶子式，有 $C_3^2C_5^2=30$ 个二阶子式，有 $C_3^3C_5^3=10$ 个三阶子式。

定义 3.3.2　对于 $m\times n$ 矩阵 $\boldsymbol{A}$，如果它不为零的最高阶子式的阶数是 r，则称 r 为**矩阵 $\boldsymbol{A}$ 的秩**，记作 $R(\boldsymbol{A})=r$（或 $r(\boldsymbol{A})=r$）。规定零矩阵的秩为零。

由这个定义可知，假定 $\boldsymbol{A}$ 中最少有一个 r 阶子式不为零，并且所有的 $r+1$ 阶子式都等于零，那么 $R(\boldsymbol{A})=r$。这是因为所有的 $r+1$ 阶子式都是零时，由第 1 章拉普拉斯定理知，高于 $r+1$ 阶的子式都为零。

若 $\boldsymbol{A}$ 是 $m\times n$ 矩阵，则由矩阵秩的定义知，$0\leqslant R(\boldsymbol{A})\leqslant\min\{m,n\}$。

由于行列式与其转置行列式相等，所以 $\boldsymbol{A}^{\mathrm{T}}$ 的子式与 $\boldsymbol{A}$ 中对应的子式相等，因此 $R(\boldsymbol{A}^{\mathrm{T}})=R(\boldsymbol{A})$；可以证明：$R(\boldsymbol{AA}^{\mathrm{T}})=R(\boldsymbol{A}^{\mathrm{T}}\boldsymbol{A})=R(\boldsymbol{A})$（见第 4 章 4.4 节例 4）。

对于 n 阶方阵 $\boldsymbol{A}$，若 $R(\boldsymbol{A})=n$，则称 $\boldsymbol{A}$ 是**满秩矩阵**；若 $R(\boldsymbol{A})<n$，则称 $\boldsymbol{A}$ 为**降秩矩阵**。从而可得结论：**n 阶方阵可逆的充分必要条件是 $R(\boldsymbol{A})=n$**。

例 1　求矩阵 $\boldsymbol{A}$ 和 $\boldsymbol{B}$ 的秩，其中

$$\boldsymbol{A}=\begin{pmatrix}2 & 1 & 4 & -1\\ 3 & -2 & 6 & 0\\ 1 & -3 & 2 & 1\end{pmatrix},\quad \boldsymbol{B}=\begin{pmatrix}3 & 2 & 0 & 1 & 4\\ 0 & 1 & 2 & 0 & 1\\ 0 & 0 & 0 & 0 & 5\\ 0 & 0 & 0 & 0 & 0\end{pmatrix}。$$

解　在 $\boldsymbol{A}$ 中，有二阶子式 $\begin{vmatrix}2 & 1\\ 3 & -2\end{vmatrix}=-7\neq 0$，而所有的三阶子式皆为零，即

$$\begin{vmatrix}2 & 1 & 4\\ 3 & -2 & 6\\ 1 & -3 & 2\end{vmatrix}=0,\quad \begin{vmatrix}2 & 1 & -1\\ 3 & -2 & 0\\ 1 & -3 & 1\end{vmatrix}=0,$$

$$\begin{vmatrix} 2 & 4 & -1 \\ 3 & 6 & 0 \\ 1 & 2 & 1 \end{vmatrix} = 0, \quad \begin{vmatrix} 1 & 4 & -1 \\ -2 & 6 & 0 \\ -3 & 2 & 1 \end{vmatrix} = 0。$$

在 $\boldsymbol{B}$ 中，可找出一个三阶子式 $\begin{vmatrix} 3 & 2 & 4 \\ 0 & 1 & 1 \\ 0 & 0 & 5 \end{vmatrix} = 15 \neq 0$，而所有的四阶子式都为零，所以

$$R(\boldsymbol{A}) = 2, \quad R(\boldsymbol{B}) = 3。$$

矩阵中元素不全为零的行称为**非零行**，元素全为零的行称为**零行**；非零行中从左至右第一个不为零的元素称为**首非零元**。

从例 1 矩阵 $\boldsymbol{B}$ 中容易看到，它的非零行有 3 行，其秩 $R(\boldsymbol{B}) = 3$，也就是说矩阵 $\boldsymbol{B}$ 的秩等于其非零行的行数。对于这种类型的矩阵，我们定义如下：

定义 3.2.3 若矩阵中非零行的首非零元的列标随行标递增，且没有非零行出现在零行之下，则称该矩阵为**行阶梯形矩阵**。

定义 3.2.4 对于行阶梯形矩阵，若每一个非零行的首非零元都是 1，且首非零元 1 所在列的其余元素都是 0，则称该矩阵为**行最简形矩阵**，简称**行最简形**。

例如

$$\boldsymbol{C} = \begin{pmatrix} 3 & 4 & -3 & 1 & 1 \\ 0 & 0 & 0 & 2 & 5 \\ 0 & 0 & 0 & 0 & 0 \end{pmatrix}, \quad \boldsymbol{D} = \begin{pmatrix} 0 & 1 & -3 & 0 & 1 \\ 0 & 0 & 0 & 1 & 5 \\ 0 & 0 & 0 & 0 & 0 \end{pmatrix}。$$

$\boldsymbol{C}$ 为行阶梯形矩阵，但不是行最简形，$\boldsymbol{D}$ 是行最简形。

若要求矩阵 $\boldsymbol{A}$ 的秩，当其行数及列数都很多时，用矩阵秩的定义求其秩计算量是很大的，而行阶梯形矩阵的秩就等于非零行的行数，一看便知。由于矩阵 $\boldsymbol{A}$ 总可经过初等变换变为与其等价的行阶梯形矩阵，问题是两个等价矩阵的秩是否相等？于是，有下面的定理：

定理 3.2.1 矩阵经过初等变换后，其秩不变，即若 $\boldsymbol{A} \longrightarrow \boldsymbol{B}$，则 $R(\boldsymbol{A}) = R(\boldsymbol{B})$。

证 只要证明每一种初等变换都不改变矩阵的秩就行了，我们先考察矩阵 $\boldsymbol{A}$ 经过一次初等行变换变为矩阵 $\boldsymbol{B}$ 的情况，并设 $R(\boldsymbol{A}) = r$。

(1) 交换矩阵 $\boldsymbol{A}$ 的二行得到矩阵 $\boldsymbol{B}$，矩阵 $\boldsymbol{B}$ 的 r 阶子式与矩阵 $\boldsymbol{A}$ 的相对应的 r 阶子式或者相等，或者只差一个符号，所以秩不改变。

(2) 矩阵 $\boldsymbol{A}$ 中某行的所有元素乘以一个非零常数 k 得到矩阵 $\boldsymbol{B}$，矩阵 $\boldsymbol{B}$ 的 r 阶子式与矩阵 $\boldsymbol{A}$ 的相对应的 r 阶子式或者相等，或者相差 k 倍，则秩也不改变。

(3) 矩阵 $\boldsymbol{A}$ 的第 j 行加上第 i 行的 k 倍得到矩阵 $\boldsymbol{B}$. 并设 $R(\boldsymbol{B}) = s$。若能够证明 $s \leqslant r$，那么我们把 $\boldsymbol{B}$ 的第 j 行加上第 i 行的 $-k$ 倍后就得到矩阵 $\boldsymbol{A}$ 了，就可有 $r \leqslant s$，则有 $s = r$ 成立；下面证明 $s \leqslant r$。

当 $\boldsymbol{B}$ 的 $r+1$ 阶子式 B_1 不含 $\boldsymbol{B}$ 的第 j 行时，B_1 就是 $\boldsymbol{A}$ 的一个 $r+1$ 阶子式，故有 $B_1 = 0$；当 B_1 含 $\boldsymbol{B}$ 的第 i 行又含 $\boldsymbol{B}$ 的第 j 行时，由行列式的性质可知，B_1 与 $\boldsymbol{A}$ 的一个

$r+1$ 阶子式相等(因为行列式某行加上另一行的 k 倍,其值不变),故有 $B_1=0$;当 B_1 含 $\boldsymbol{B}$ 的第 j 行但不含 $\boldsymbol{B}$ 的第 i 行,由行列式性质,有 $B_1=A_1+kA_2$,而 A_1,A_2 是 $\boldsymbol{A}$ 的 $r+1$ 阶子式,其值为零,故有 $B_1=0$,于是 $s\leqslant r$。

类似可以证明三种初等列变换情况。

所以,当 $\boldsymbol{A}\longrightarrow\boldsymbol{B}$ 时,$R(\boldsymbol{A})=R(\boldsymbol{B})$ 成立。

推论　设 $\boldsymbol{A}$ 为 $m\times n$ 矩阵,$\boldsymbol{P}$ 为 m 阶可逆矩阵,$\boldsymbol{Q}$ 为 n 阶可逆矩阵,则

$$R(\boldsymbol{PA})=R(\boldsymbol{AQ})=R(\boldsymbol{PAQ})=R(\boldsymbol{A})。$$

证　因为 $\boldsymbol{P},\boldsymbol{Q}$ 均为可逆矩阵,则 $\boldsymbol{PA}$ 表示对 $\boldsymbol{A}$ 进行初等行变换;$\boldsymbol{AQ}$ 表示对 $\boldsymbol{A}$ 进行初等列变换;$\boldsymbol{PAQ}$ 表示对 $\boldsymbol{A}$ 既进行初等行变换也进行初等列变换,所以根据定理3.2.1得

$$R(\boldsymbol{PA})=R(\boldsymbol{AQ})=R(\boldsymbol{PAQ})=R(\boldsymbol{A})。$$

这说明矩阵与可逆矩阵相乘,其秩不变。

3.2.2　用矩阵的初等行变换求矩阵的秩

由定理 3.2.1 知矩阵初等变换不改变矩阵的秩,从而用矩阵的初等行变换化矩阵为行阶梯形矩阵,则行阶梯形矩阵的非零行的行数就是矩阵的秩。

例 2　设 $\boldsymbol{A}=\begin{pmatrix}4&2&-2&-2&0\\1&2&1&4&3\\3&-1&-4&-9&-5\\1&3&2&7&5\end{pmatrix}$,求 $\boldsymbol{A}$ 的秩。

解　因为

$$\boldsymbol{A}=\begin{pmatrix}4&2&-2&-2&0\\1&2&1&4&3\\3&-1&-4&-9&-5\\1&3&2&7&5\end{pmatrix}\xrightarrow[\substack{r_4-r_2\\ \text{再 } r_1\leftrightarrow r_2}]{\substack{r_1-4r_2\\ r_3-3r_2}}\begin{pmatrix}1&2&1&4&3\\0&-6&-6&-18&-12\\0&-7&-7&-21&-14\\0&1&1&3&2\end{pmatrix}$$

$$\xrightarrow[\text{再 } r_2\leftrightarrow r_4]{\substack{r_2+6r_4\\ r_3+7r_4}}\begin{pmatrix}1&2&1&4&3\\0&1&1&3&2\\0&0&0&0&0\\0&0&0&0&0\end{pmatrix},$$

因此

$$R(\boldsymbol{A})=2。$$

例 3　设

$$\boldsymbol{A}=\begin{pmatrix}1&\lambda&2&1\\3&2&\lambda&4\\1&-2&-2&2\end{pmatrix},$$

问:对于各个不同 λ 的值,矩阵 $\boldsymbol{A}$ 的秩各等于多少?

解 因为

$$A=\begin{pmatrix}1&\lambda&2&1\\3&2&\lambda&4\\1&-2&-2&2\end{pmatrix}\xrightarrow[r_3-r_1]{r_2-3r_1}\begin{pmatrix}1&\lambda&2&1\\0&2-3\lambda&\lambda-6&1\\0&-2-\lambda&-4&1\end{pmatrix}$$

$$\xrightarrow{r_3-r_2}\begin{pmatrix}1&\lambda&2&1\\0&2-3\lambda&\lambda-6&1\\0&2(\lambda-2)&2-\lambda&0\end{pmatrix},$$

因此，当 $\lambda=2$ 时，$R(A)=2$；当 $\lambda\neq 2$ 时，$R(A)=3$。

3.2.3 矩阵的秩的性质

连同前面已经提出的矩阵秩的性质一起，矩阵的秩具有下列性质：

(1) $0\leqslant R(A_{m\times n})\leqslant \min\{m,n\}$；

(2) $R(A^{\mathrm{T}})=R(A)=R(AA^{\mathrm{T}})=R(A^{\mathrm{T}}A)$；

(3) 若 $A\longrightarrow B$，则 $R(A)=R(B)$；

(4) 若 P,Q 可逆，则 $R(PAQ)=R(A)$；

(5) $\max\{R(A),R(B)\}\leqslant R(A,B)\leqslant R(A)+R(B)$；

(6) $R(A+B)\leqslant R(A)+R(B)$；

(7) $R(AB)\leqslant \min\{R(A),R(B)\}$；

(8) 若 $A_{m\times n}B_{n\times l}=O$，则 $R(A)+R(B)\leqslant n$（见第 4 章 4.4 节例 5）。

证 现只对(5)(6)(7)进行证明：

(5) 分块矩阵 (A,B) 由矩阵 A,B 构成，因而 A 或 B 的最高阶非零子式必为 (A,B) 的非零子式，则有

$$R(A)\leqslant R(A,B),\quad R(B)\leqslant R(A,B),$$

所以
$$\max\{R(A),R(B)\}\leqslant R(A,B)。$$

设 $R(A)=r,R(B)=s$。用矩阵的初等列变换分别把 A,B 化为

$$\widetilde{A}=(\widetilde{a}_1,\widetilde{a}_2,\cdots,\widetilde{a}_r,0,0,\cdots,0),\quad \widetilde{B}=(\widetilde{b}_1,\widetilde{b}_2,\cdots,\widetilde{b}_s,0,0,\cdots,0),$$

其中 $\widetilde{a}_i,\widetilde{b}_i$ 为非零列，即

$$(A,B)\xrightarrow{c}(\widetilde{A},\widetilde{B}),$$

故 $R(A,B)\leqslant r+s=R(A)+R(B)$，因此(5)得证。

(6) 对矩阵 $(A+B,B)$ 进行初等列变换，使其变为 (A,B)，即

$$(A+B,B)\xrightarrow{c}(A,B),$$

因而
$$R(A+B)\leqslant R(A+B,B)=R(A,B)\leqslant R(A)+R(B)。$$

(7) 设 $A=(a_{ij})_{m\times n},B=(b_{ij})_{n\times l}$，且 $R(A)=r_1,R(B)=r_2$。对于 A 有满秩矩阵 P_1 和 Q_1（P_1 为 m 阶方阵，Q_1 为 n 阶方阵），使

$$A=P_1\begin{pmatrix}E_{r_1}&O\\O&O\end{pmatrix}Q_1,\quad Q_1=\begin{pmatrix}Q_{r_1\times n}\\Q_{(n-r_1)\times n}\end{pmatrix}。$$

对于 $\boldsymbol{B}$ 有满秩矩阵 $\boldsymbol{P}_2$ 和 $\boldsymbol{Q}_2$（$\boldsymbol{P}_2$ 为 n 阶方阵，$\boldsymbol{Q}_2$ 为 l 阶方阵），使

$$\boldsymbol{B}=\boldsymbol{P}_2\begin{pmatrix}\boldsymbol{E}_{r_2} & \boldsymbol{O}\\ \boldsymbol{O} & \boldsymbol{O}\end{pmatrix}\boldsymbol{Q}_2,\quad \boldsymbol{P}_2=(\boldsymbol{P}_{n\times r_2},\boldsymbol{P}_{n\times(n-r_2)}),$$

则有

$$\begin{pmatrix}\boldsymbol{E}_{r_1} & \boldsymbol{O}\\ \boldsymbol{O} & \boldsymbol{O}\end{pmatrix}\boldsymbol{Q}_1\boldsymbol{P}_2\begin{pmatrix}\boldsymbol{E}_{r_2} & \boldsymbol{O}\\ \boldsymbol{O} & \boldsymbol{O}\end{pmatrix}=\begin{pmatrix}\boldsymbol{Q}_{r_1\times n}\boldsymbol{P}_{n\times r_2} & \boldsymbol{O}\\ \boldsymbol{O} & \boldsymbol{O}\end{pmatrix},$$

于是

$$R(\boldsymbol{AB})=R(\boldsymbol{Q}_{r_1\times n}\boldsymbol{P}_{n\times r_2})\leqslant\min\{r_1,r_2\}=\min\{R(\boldsymbol{A}),R(\boldsymbol{B})\}。$$

这说明一般矩阵乘积的秩可能减小，不会增大。

*__例 4__ 设 $\boldsymbol{A}$ 为 4×3 矩阵，$\boldsymbol{B}$ 为 3×4 矩阵，且 $R(\boldsymbol{A})=2$，$R(\boldsymbol{B})=3$，求 $R(\boldsymbol{AB})$。

解 因为 $\boldsymbol{B}$ 为 3×4 矩阵，所以，$\boldsymbol{BB}^{\mathrm{T}}$ 是三阶方阵，又由秩的性质(2)得 $R(\boldsymbol{BB}^{\mathrm{T}})=R(\boldsymbol{B})=3$，从而 $\boldsymbol{BB}^{\mathrm{T}}$ 为可逆矩阵，于是

$$R(\boldsymbol{A})\geqslant R(\boldsymbol{AB})\geqslant R(\boldsymbol{ABB}^{\mathrm{T}})=R(\boldsymbol{A}),$$

故

$$R(\boldsymbol{AB})=2。$$

习题 3.2

1. 化下列矩阵为行最简形：

(1) $\boldsymbol{A}=\begin{pmatrix}1 & 1 & 1 & -3\\ 2 & 2 & 3 & -5\\ 1 & 1 & 3 & -1\\ 3 & 3 & 5 & -7\end{pmatrix}$；　(2) $\boldsymbol{A}=\begin{pmatrix}1 & 1 & 2 & 1\\ 2 & 3 & 4 & 2\\ 1 & 2 & -1 & -5\\ 3 & 5 & 2 & -5\end{pmatrix}$。

2. 用初等变换求下列矩阵的秩：

(1) $\boldsymbol{A}=\begin{pmatrix}1 & -1 & 2 & 1\\ 0 & 3 & 0 & 0\\ 2 & -2 & 4 & -2\\ 3 & 0 & 6 & -1\end{pmatrix}$；　(2) $\begin{pmatrix}2 & 3 & 5 & 4 & 6\\ 1 & 2 & 2 & 3 & 2\\ 3 & 5 & 7 & 7 & 8\\ 1 & 1 & 3 & 1 & 4\end{pmatrix}$；

(3) $\begin{pmatrix}1 & -1 & -1 & 1 & 2\\ 2 & 3 & 8 & -3 & -1\\ 2 & 1 & 2 & 1 & 2\\ 1 & 2 & 5 & -2 & 8\end{pmatrix}$。

3. 设 $\boldsymbol{A}=\begin{pmatrix}k & 2 & 2 & 2\\ 2 & k & 2 & 2\\ 2 & 2 & k & 2\\ 2 & 2 & 2 & k\end{pmatrix}$，求 $R(\boldsymbol{A})$ 分别为 1，3 时 k 的值。

4. 设 $\boldsymbol{A}$ 为 3×2 矩阵，且 $R(\boldsymbol{A})=2$，$\boldsymbol{B}=\begin{pmatrix}1 & 0 & 2\\ 0 & 2 & 0\\ 2 & 1 & 3\end{pmatrix}$，求 $R(\boldsymbol{AB})$。

3.3 用初等变换解线性方程组

二维码 3-4

3.3.1 线性方程组的同解变换与消元法(高斯消元法)

现在先给出线性方程组的同解变换的概念。

定义 3.3.1 线性方程组的如下变换称为其**同解变换**:

(1) 互换方程组中两个方程的位置;

(2) 用一个不为零的常数 k 乘方程组中某一个方程;

(3) 把某一个方程加上另一个方程的 k 倍。

我们用ⓘ ↔ ⓙ表示互换方程ⓘ与方程ⓙ的位置;k ⓘ表示用数 k 乘方程ⓘ;ⓘ＋k ⓙ 表示方程ⓘ加上方程ⓙ的 k 倍。

消元法解线性方程组的过程,就是对线性方程组作同解变换的过程。

例 1 解非齐次线性方程组

$$\begin{cases} 2x_1+5x_2-5x_3-4x_4=7, & ① \\ x_1+x_2-x_3+x_4=2, & ② \\ 3x_1+3x_2-2x_3+3x_4=8。 & ③ \end{cases} \qquad (\text{Ⅰ})$$

解 对方程组(Ⅰ)作 ①↔②,方程组(Ⅰ)变为同解方程组

$$\begin{cases} x_1+x_2-x_3-x_4=2, & ① \\ 2x_1+5x_2-5x_3-4x_4=7, & ② \\ 3x_1+3x_2-2x_3+3x_4=8。 & ③ \end{cases} \qquad (\text{Ⅱ})$$

对方程组(Ⅱ)作 ②－2①,③－3①,这样便消去了后两个方程的 x_1,于是得到同解方程组

$$\begin{cases} x_1+x_2-x_3-x_4=2, & ① \\ 3x_2-3x_3-6x_4=3, & ② \\ x_3=2。 & ③ \end{cases} \qquad (\text{Ⅲ})$$

对方程组(Ⅲ)作 ②÷3,于是方程组又化为同解方程组

$$\begin{cases} x_1+x_2-x_3-x_4=2, & ① \\ x_2-x_3-2x_4=1, & ② \\ x_3=2。 & ③ \end{cases} \qquad (\text{Ⅳ})$$

对方程组(Ⅳ)作 ①－②,再作 ②＋③,于是方程组最后变成同解方程组

$$\begin{cases} x_1+3x_4=1, & ① \\ x_2-2x_4=3, & ② \\ x_3=2。 & ③ \end{cases} \qquad (\text{Ⅴ})$$

方程组(Ⅴ)是一个呈阶梯形的含 4 个未知量 3 个方程的方程组,通过移项,把 x_1,

x_2 用含 x_4 的式子表示得

$$\begin{cases} x_1 = -3x_4 + 1, \\ x_2 = 2x_4 + 3, \\ x_3 = 2, \end{cases}$$

其中 x_4 可任意取值。我们称可取任意值的未知量为**自由未知量**，写在等号的右边；x_1, x_2, x_3 为非自由变量，若令 $x_4 = c$，则方程组的解变为

$$\begin{pmatrix} x_1 \\ x_2 \\ x_3 \\ x_4 \end{pmatrix} = \begin{pmatrix} -3c+1 \\ 2c+3 \\ 2 \\ c \end{pmatrix} = c\begin{pmatrix} -3 \\ 2 \\ 0 \\ 1 \end{pmatrix} + \begin{pmatrix} 1 \\ 3 \\ 2 \\ 0 \end{pmatrix},$$

其中 c 为任意常数。像这样含有任意常数的解称为线性方程组的**通解**。

3.3.2　用初等行变换解线性方程组的方法

因为线性方程组可用矩阵表示，矩阵的每行对应一个方程，所以，上例用消元法解线性方程组的同解变换过程，可转变成对表示线性方程组的矩阵作相应初等行变换的过程。

若将上例方程组（Ⅰ）表示为矩阵

$$\boldsymbol{B} = \begin{pmatrix} 2 & 5 & -5 & -4 & 7 \\ 1 & 1 & -1 & 1 & 2 \\ 3 & 3 & -2 & 3 & 8 \end{pmatrix},$$

将对方程组（Ⅰ）的同解变换过程，用对矩阵 $\boldsymbol{B}$ 的相应初等行变换过程表述如下：

$$\boldsymbol{B} \xrightarrow[r_3 - 3r_1]{\substack{r_1 \leftrightarrow r_2 \\ \text{再 } r_2 - 2r_1}} \begin{pmatrix} 1 & 1 & -1 & 1 & 2 \\ 0 & 3 & -3 & -6 & 3 \\ 0 & 0 & 1 & 0 & 2 \end{pmatrix}$$

$$\xrightarrow[\text{再 } r_1 - r_2]{r_2 \div 3} \begin{pmatrix} 1 & 0 & 0 & 3 & 1 \\ 0 & 1 & -1 & -2 & 1 \\ 0 & 0 & 1 & 0 & 2 \end{pmatrix} \xrightarrow{r_2 + r_3} \begin{pmatrix} 1 & 0 & 0 & 3 & 1 \\ 0 & 1 & 0 & -2 & 3 \\ 0 & 0 & 1 & 0 & 2 \end{pmatrix}。$$

最后一个矩阵所表示的方程组就是与（Ⅰ）同解的方程组

$$\begin{cases} x_1 \qquad + 3x_4 = 1, \\ \quad x_2 \quad - 2x_4 = 3, \\ \qquad x_3 \qquad = 2。 \end{cases}$$

其通解表示为

$$\begin{pmatrix} x_1 \\ x_2 \\ x_3 \\ x_4 \end{pmatrix} = c\begin{pmatrix} -3 \\ 2 \\ 0 \\ 1 \end{pmatrix} + \begin{pmatrix} 1 \\ 3 \\ 2 \\ 0 \end{pmatrix} \ (c \in \mathbf{R}),$$

其中 c 为任意实数。

可见用初等变换解线性方程组的方法是:对表示线性方程组的矩阵进行初等行变换,使之变成行最简形,再求与行最简形对应的线性方程组的解即可。

例 2 解非齐次线性方程组

$$\begin{cases}x_1+2x_2+x_3+3x_4=3,\\2x_1+4x_2+x_3+5x_4=5,\\3x_1+7x_2+2x_3+8x_4=7,\\2x_1+7x_2+3x_3+8x_4=9。\end{cases}$$

解 $$\boldsymbol{B}=\begin{pmatrix}1&2&1&3&3\\2&4&1&5&5\\3&7&2&8&7\\2&7&3&8&9\end{pmatrix}\xrightarrow[r_4-2r_1]{\substack{r_2-2r_1\\r_3-3r_1}}\begin{pmatrix}1&2&1&3&3\\0&0&-1&-1&-1\\0&1&-1&-1&-2\\0&3&1&2&3\end{pmatrix}$$

$$\xrightarrow[\substack{\text{再 } r_2\div(-1)\\r_2\leftrightarrow r_3}]{\substack{r_1-2r_3\\r_4-3r_3}}\begin{pmatrix}1&0&3&5&7\\0&1&-1&-1&-2\\0&0&1&1&1\\0&0&4&5&9\end{pmatrix}\xrightarrow[r_4-4r_3]{\substack{r_1-3r_3\\r_2+r_3}}\begin{pmatrix}1&0&0&2&4\\0&1&0&0&-1\\0&0&1&1&1\\0&0&0&1&5\end{pmatrix}$$

$$\xrightarrow{\substack{r_1-2r_4\\r_3-r_4}}\begin{pmatrix}1&0&0&0&-6\\0&1&0&0&-1\\0&0&1&0&-4\\0&0&0&1&5\end{pmatrix}。$$

因此得方程组有唯一解

$$\begin{cases}x_1=-6,\\x_2=-1,\\x_3=-4,\\x_4=5。\end{cases}$$

例 3 解非齐次线性方程组

$$\begin{cases}2x_1+4x_2+x_3-3x_4=3,\\3x_1+7x_2-x_3-2x_4=8,\\x_1+3x_2-2x_3+x_4=2,\\2x_1+x_2+3x_3+x_4=1。\end{cases}$$

解 $$\boldsymbol{B}=\begin{pmatrix}2&4&1&-3&3\\3&7&-1&-2&8\\1&3&-2&1&2\\2&1&3&1&1\end{pmatrix}\xrightarrow[\substack{r_4-2r_3\\\text{再 } r_1\leftrightarrow r_3}]{\substack{r_1-2r_3\\r_2-3r_3}}\begin{pmatrix}1&3&-2&1&2\\0&-2&5&-5&2\\0&-2&5&-5&-1\\0&-5&7&-1&-3\end{pmatrix}$$

$$\xrightarrow[\substack{r_4-\frac{5}{2}r_2\\ 再\ r_3\leftrightarrow r_4}]{r_3-r_2}\begin{pmatrix}1 & 3 & -2 & 1 & 2\\ 0 & -2 & 5 & -5 & 2\\ 0 & 0 & -\frac{11}{2} & \frac{23}{2} & -8\\ 0 & 0 & 0 & 0 & -3\end{pmatrix}。$$

可见,变换后的矩阵第 4 行对应的方程为 $0=-3$(称为**矛盾方程**),故原方程组无解。

例 4 解齐次线性方程组

$$\begin{cases}4x_1-x_2-2x_3-3x_4=0,\\ x_1-2x_2-4x_3+x_4=0,\\ 2x_1+3x_2+6x_3-5x_4=0,\\ 3x_1+x_2+2x_3-4x_4=0。\end{cases}$$

解 $$\boldsymbol{A}=\begin{pmatrix}4 & -1 & -2 & -3\\ 1 & -2 & -4 & 1\\ 2 & 3 & 6 & -5\\ 3 & 1 & 2 & -4\end{pmatrix}\xrightarrow[\substack{r_4-3r_2\\ 再\ r_1\leftrightarrow r_2}]{\substack{r_1-4r_2\\ r_3-2r_2}}\begin{pmatrix}1 & -2 & -4 & 1\\ 0 & 7 & 14 & -7\\ 0 & 7 & 14 & -7\\ 0 & 7 & 14 & -7\end{pmatrix}$$

$$\xrightarrow[\substack{r_4-r_2\\ 再\ r_2\div 7}]{\substack{r_1+\frac{2}{7}r_2\\ r_3-r_2}}\begin{pmatrix}1 & 0 & 0 & -1\\ 0 & 1 & 2 & -1\\ 0 & 0 & 0 & 0\\ 0 & 0 & 0 & 0\end{pmatrix}。$$

由

$$\begin{cases}x_1 \qquad\qquad -x_4=0,\\ \qquad x_2+2x_3-x_4=0,\end{cases}$$

得

$$\begin{cases}x_1=x_4\\ x_2=-2x_3+x_4,\\ x_3=x_3\\ x_4=x_4,\end{cases}$$

因而得方程组的通解为

$$\begin{pmatrix}x_1\\ x_2\\ x_3\\ x_4\end{pmatrix}=c_1\begin{pmatrix}0\\ -2\\ 1\\ 0\end{pmatrix}+c_2\begin{pmatrix}1\\ 1\\ 0\\ 1\end{pmatrix}\ (c_1,c_2\in\mathbf{R})。$$

熟练后,线性方程组的通解可由表示方程组的矩阵所变成的行最简形直接写出,其方法请读者自己总结。

习题 3.3

1. 用初等变换解下列非齐次线性方程组：

(1) $\begin{cases}2x_1-3x_2+3x_3-3x_4=2,\\3x_1-4x_2+x_3-4x_4=1,\\4x_1-7x_2+3x_3-4x_4=5,\\3x_1-5x_2-2x_3-3x_4=3;\end{cases}$ (2) $\begin{cases}x_1+x_2+x_3+x_4=1,\\x_1+2x_2+3x_3-3x_4=0,\\2x_1+x_2+6x_4=3,\\3x_1+4x_2+6x_3+x_4=5;\end{cases}$

(3) $\begin{cases}x_1+4x_2-x_3=-1,\\x_2+x_3=-1,\\x_1+3x_2-2x_3=2;\end{cases}$ (4) $\begin{cases}4x_1-x_2-2x_3-3x_4=-2,\\x_1-2x_2-4x_3+x_4=3,\\2x_1+3x_2+6x_3-5x_4=-8,\\3x_1+x_2+2x_3-4x_4=-5。\end{cases}$

2. 用初等变换解下列齐次线性方程组：

(1) $\begin{cases}2x_1+x_2-x_3-2x_4=0,\\3x_1+2x_2+2x_3-3x_4=0,\\2x_1+2x_2+x_3+3x_4=0,\\5x_1+3x_2+3x_3-7x_4=0;\end{cases}$ (2) $\begin{cases}x_1+x_2+x_3-3x_4=0,\\2x_1+x_2+3x_3-5x_4=0,\\x_1-x_2+3x_3-x_4=0,\\3x_1+x_2+5x_3-7x_4=0;\end{cases}$

(3) $\begin{cases}x_1+x_2+2x_3+2x_4+3x_5=0,\\3x_1+x_2-2x_3-4x_4+x_5=0,\\2x_1+3x_2+6x_3+5x_4+4x_5=0。\end{cases}$

3.4 线性方程组解的判定定理

二维码 3-5

3.4.1 非齐次线性方程组解的判定定理

设线性方程组

$$\begin{cases}a_{11}x_1+a_{12}x_2+\cdots+a_{1n}x_n=b_1,\\a_{21}x_1+a_{22}x_2+\cdots+a_{2n}x_n=b_2,\\\qquad\cdots\cdots\cdots\cdots\\a_{m1}x_1+a_{m2}x_2+\cdots+a_{mn}x_n=b_m。\end{cases}\tag{1}$$

这里，常数项 $b_i(i=1,2,\cdots,m)$ 不全为零。若记

$$\boldsymbol{A}=\begin{pmatrix}a_{11}&a_{12}&\cdots&a_{1n}\\a_{21}&a_{22}&\cdots&a_{2n}\\\vdots&\vdots&&\vdots\\a_{m1}&a_{m2}&\cdots&a_{mn}\end{pmatrix}$$，称为方程组(1)的**系数矩阵**；

$\boldsymbol{b}=\begin{pmatrix} b_1 \\ b_2 \\ \vdots \\ b_m \end{pmatrix}$，称为方程组(1) 的**常数项矩阵**；

$\boldsymbol{x}=\begin{pmatrix} x_1 \\ x_2 \\ \vdots \\ x_n \end{pmatrix}$，称为方程组(1) 的 $\boldsymbol{n}$ 元**未知量矩阵**；

$\boldsymbol{B}=(\boldsymbol{A},\boldsymbol{b})=\begin{pmatrix} a_{11} & a_{12} & \cdots & a_{1n} & b_1 \\ a_{21} & a_{22} & \cdots & a_{2n} & b_2 \\ \vdots & \vdots & & \vdots & \vdots \\ a_{m1} & a_{m2} & \cdots & a_{mn} & b_m \end{pmatrix}$，称为方程组(1) 的**增广矩阵**，

则方程组(1) 可记为矩阵方程形式　$\boldsymbol{Ax}=\boldsymbol{b}$。

定理 3.4.1　设 $\boldsymbol{Ax}=\boldsymbol{b}$ 为 n 元线性方程组，则

(ⅰ) $\boldsymbol{Ax}=\boldsymbol{b}$ 无解的充分必要条件是 $R(\boldsymbol{A})<R(\boldsymbol{A},\boldsymbol{b})$；

(ⅱ) $\boldsymbol{Ax}=\boldsymbol{b}$ 有唯一解的充分必要条件是 $R(\boldsymbol{A})=R(\boldsymbol{A},\boldsymbol{b})=n$；

(ⅲ) $\boldsymbol{Ax}=\boldsymbol{b}$ 有无穷多解的充分必要条件是 $R(\boldsymbol{A})=R(\boldsymbol{A},\boldsymbol{b})<n$。

证　设 $R(\boldsymbol{A})=r$，对增广矩阵 $(\boldsymbol{A},\boldsymbol{b})$ 进行初等行变换，化为行最简形

$$(\boldsymbol{A},\boldsymbol{b})\xrightarrow{r}\begin{pmatrix} 1 & 0 & \cdots & 0 & b_{11} & \cdots & b_{1,n-r} & d_1 \\ 0 & 1 & \cdots & 0 & b_{21} & \cdots & b_{2,n-r} & d_2 \\ \vdots & \vdots & & \vdots & \vdots & & \vdots & \vdots \\ 0 & 0 & \cdots & 1 & b_{r1} & \cdots & b_{r,n-r} & d_r \\ 0 & 0 & \cdots & 0 & 0 & \cdots & 0 & d_{r+1} \\ 0 & 0 & \cdots & 0 & 0 & \cdots & 0 & 0 \\ \vdots & \vdots & & \vdots & \vdots & & \vdots & \vdots \\ 0 & 0 & \cdots & 0 & 0 & \cdots & 0 & 0 \end{pmatrix}。$$

即有同解方程组

$$\begin{cases} x_1 \qquad\qquad + b_{11}x_{r+1}+\cdots+b_{1,n-r}x_n=d_1, \\ \quad x_2 \qquad + b_{21}x_{r+1}+\cdots+b_{2,n-r}x_n=d_2, \\ \qquad\qquad \cdots\cdots\cdots\cdots \\ \qquad\quad x_r+b_{r1}x_{r+1}+\cdots+b_{r,n-r}x_n=d_r, \\ \qquad\qquad\qquad\qquad 0=d_{r+1}。 \end{cases} \tag{2}$$

现证明必要性：

(ⅰ) 若 $\boldsymbol{Ax}=\boldsymbol{b}$ 无解，则有 $d_{r+1}\neq 0$，所以得 $R(\boldsymbol{A})=r<R(\boldsymbol{A},\boldsymbol{b})=r+1$；

(ⅱ) 若 $\boldsymbol{Ax}=\boldsymbol{b}$ 有唯一解，则有 $d_{r+1}=0$，且 $r=n$，所以得 $R(\boldsymbol{A})=R(\boldsymbol{A},\boldsymbol{b})=n$；

（ⅲ）若 $\boldsymbol{Ax}=\boldsymbol{b}$ 有无穷多组解，则有 $d_{r+1}=0$，且 $r<n$，所以得 $R(\boldsymbol{A})=R(\boldsymbol{A},\boldsymbol{b})<n$。这时，同解方程组(2) 变为

$$\begin{cases} x_1=-b_{11}x_{r+1}-\cdots-b_{1,n-r}x_n+d_1, \\ x_2=-b_{21}x_{r+1}-\cdots-b_{2,n-r}x_n+d_2, \\ \cdots\cdots\cdots\cdots \\ x_r=-b_{r1}x_{r+1}-\cdots-b_{r,n-r}x_n+d_r。\end{cases} \tag{3}$$

(3) 式中，右边的 $x_{r+1},x_{r+2},\cdots,x_n$ 是可以任意取值的自由未知量。若令 $x_{r+1}=c_1$，$x_{r+2}=c_2,\cdots,x_n=c_{n-r}$，(3) 式可表示为

$$\begin{pmatrix} x_1 \\ x_2 \\ \vdots \\ x_r \\ x_{r+1} \\ \vdots \\ x_n \end{pmatrix}=c_1\begin{pmatrix} -b_{11} \\ -b_{21} \\ \vdots \\ -b_{r1} \\ 1 \\ \vdots \\ 0 \end{pmatrix}+\cdots+c_{n-r}\begin{pmatrix} -b_{1,n-r} \\ -b_{2,n-r} \\ \vdots \\ -b_{r,n-r} \\ 0 \\ \vdots \\ 1 \end{pmatrix}+\begin{pmatrix} d_1 \\ d_2 \\ \vdots \\ d_r \\ 0 \\ \vdots \\ 0 \end{pmatrix}, \tag{4}$$

这就是非齐次线性方程组(1) 有无穷多组解时的通解。

对于充分性，它就是上面所证明的必要性的逆否命题。

（ⅰ）当 $R(\boldsymbol{A})<R(\boldsymbol{A},\boldsymbol{b})$ 时，$(\boldsymbol{A},\boldsymbol{b})$ 的行最简形内的 $d_{r+1}\neq 0$，从而同解方程组(2) 出现了矛盾方程 $0=d_{r+1}$，故方程组(1) 无解。

（ⅱ）当 $R(\boldsymbol{A})=R(\boldsymbol{A},\boldsymbol{b})=r=n$ 时，$(\boldsymbol{A},\boldsymbol{b})$ 的行最简形中 $d_{r+1}=0$，且 b_{ij} 都不出现，这时方程组(1) 有唯一解

$$\begin{cases} x_1=d_1, \\ x_2=d_2, \\ \quad\vdots \\ x_n=d_n。\end{cases}$$

（ⅲ）当 $R(\boldsymbol{A})=R(\boldsymbol{A},\boldsymbol{b})=r<n$ 时，(4) 式是原方程组的任一解，由于 $c_1,c_2,\cdots,c_{n-r}$ 是任意实数，因而原方程组有无穷多组解。

由定理3.4.1可得重要结论：**非齐次线性方程组 $\boldsymbol{Ax}=\boldsymbol{b}$ 有解的充分必要条件是系数矩阵的秩等于增广矩阵的秩，即 $R(\boldsymbol{A})=R(\boldsymbol{A},\boldsymbol{b})$。**

例 1 设线性方程组

$$\begin{cases} x_1+2x_2+x_3+2x_4=1, \\ x_1+4x_2+7x_3-2x_4=3, \\ 3x_1+2x_2+ax_3+7x_4=6, \\ 2x_1+3x_2-x_3+5x_4=b, \end{cases}$$

问：a,b 各为何值时，方程组(1) 无解？(2) 有唯一解？(3) 有无穷多组解？并求其解。

解　$$\boldsymbol{B}=\begin{pmatrix}1&2&1&2&1\\1&4&7&-2&3\\3&2&a&7&6\\2&3&-1&5&b\end{pmatrix}\xrightarrow[r_4-2r_1]{\substack{r_2-r_1\\r_3-3r_1}}\begin{pmatrix}1&2&1&2&1\\0&2&6&-4&2\\0&-4&a-3&1&3\\0&-1&-3&1&b-2\end{pmatrix}$$

$$\xrightarrow[\substack{r_4+\frac{1}{2}r_2\\ \text{再 } r_2\div 2}]{\substack{r_1-r_2\\r_3+2r_2}}\begin{pmatrix}1&0&-5&6&-1\\0&1&3&-2&1\\0&0&a+9&-7&7\\0&0&0&-1&b-1\end{pmatrix}。$$

(1) 当 $a=-9$，且 $b\neq 2$ 时，$R(\boldsymbol{A})=3<R(\boldsymbol{B})=4$，方程组无解；

(2) 当 $a\neq -9$ 时，$R(\boldsymbol{A})=R(\boldsymbol{B})=4=n$，方程组有唯一解；

(3) 当 $a=-9$，且 $b=2$ 时，$R(\boldsymbol{A})=R(\boldsymbol{B})=3<n=4$，方程组有无穷多组解，这时

$$\boldsymbol{B}\xrightarrow{r}\begin{pmatrix}1&0&-5&6&-1\\0&1&3&-2&1\\0&0&0&-7&7\\0&0&0&-1&1\end{pmatrix}\xrightarrow[\substack{r_3-7r_4\\ \text{再 } r_4\div(-1)\\ r_3\leftrightarrow r_4}]{\substack{r_1+6r_4\\r_2-2r_4}}\begin{pmatrix}1&0&-5&0&5\\0&1&3&0&-1\\0&0&0&1&-1\\0&0&0&0&0\end{pmatrix}。$$

这时其通解为

$$\begin{pmatrix}x_1\\x_2\\x_3\\x_4\end{pmatrix}=c\begin{pmatrix}5\\-3\\1\\0\end{pmatrix}+\begin{pmatrix}5\\-1\\0\\-1\end{pmatrix}\quad(c\in\mathbf{R})。$$

在第 2 章及本章，分别介绍了用逆矩阵法及初等变换法求解矩阵方程，对于形如 $\boldsymbol{AX}=\boldsymbol{B}$ 的矩阵方程，当 $\boldsymbol{A}$ 为 $m\times n$ 矩阵，$\boldsymbol{B}$ 为 $m\times l$ 矩阵时，$\boldsymbol{X}$ 为 $n\times l$ 矩阵，把 $\boldsymbol{X}$ 与 $\boldsymbol{B}$ 表示成列分块时，即

$$\boldsymbol{X}=(\boldsymbol{x}_1,\boldsymbol{x}_2,\cdots,\boldsymbol{x}_l),\quad \boldsymbol{B}=(\boldsymbol{b}_1,\boldsymbol{b}_2,\cdots,\boldsymbol{b}_l),$$

矩阵方程 $\boldsymbol{AX}=\boldsymbol{B}$ 可等价地表示成 l 个方程

$$\boldsymbol{Ax}_i=\boldsymbol{b}_i(i=1,2,\cdots,l)。$$

因而把定理 3.4.1 推广到矩阵方程就有下面的定理。

定理 3.4.2　矩阵方程 $\boldsymbol{AX}=\boldsymbol{B}$ 有解的充分必要条件是 $R(\boldsymbol{A})=R(\boldsymbol{A},\boldsymbol{B})$。

3.4.2　齐次线性方程组解的判定定理

当线性方程组(1) 中的常数项都为零时，就是齐次线性方程组，一般形式为

$$\begin{cases}a_{11}x_1+a_{12}x_2+\cdots+a_{1n}x_n=0,\\a_{21}x_1+a_{22}x_2+\cdots+a_{2n}x_n=0,\\\cdots\cdots\cdots\cdots\\a_{m1}x_1+a_{m2}x_2+\cdots+a_{mn}x_n=0,\end{cases}\tag{5}$$

记为矩阵方程形式为　$$\boldsymbol{Ax}=\boldsymbol{0},$$

其中
$$A=\begin{pmatrix} a_{11} & a_{12} & \cdots & a_{1n} \\ a_{21} & a_{22} & \cdots & a_{2n} \\ \vdots & \vdots & & \vdots \\ a_{m1} & a_{m2} & \cdots & a_{mn} \end{pmatrix}$$
为系数矩阵。

方程组(5) 总有解,因为它至少有零解。从定理 3.4.1 可知,当 $R(\boldsymbol{A})=n$ 时,方程组(5) 只有零解;而当 $R(\boldsymbol{A})<n$ 时,方程组(5) 除了有零解外,还有无穷多个非零解,因而有下面的定理:

定理 3.4.3 设 $\boldsymbol{Ax}=\boldsymbol{0}$ 为 n 元齐次线性方程组,则

(ⅰ) $\boldsymbol{Ax}=\boldsymbol{0}$ 只有零解的充分必要条件是 $R(\boldsymbol{A})=n$;

(ⅱ) $\boldsymbol{Ax}=\boldsymbol{0}$ 有非零(无穷多) 解的充分必要条件是 $R(\boldsymbol{A})<n$。

例 2 问:a 为何值时,齐次线性方程组
$$\begin{cases} x_1+x_2+x_3=0, \\ x_1+ax_2+2x_3=0, \\ x_1+a^2x_2+4x_3=0 \end{cases}$$
(1) 只有零解?(2) 有非零解?

解
$$A=\begin{pmatrix} 1 & 1 & 1 \\ 1 & a & 2 \\ 1 & a^2 & 4 \end{pmatrix} \xrightarrow[r_3-r_1]{r_2-r_1} \begin{pmatrix} 1 & 1 & 1 \\ 0 & a-1 & 1 \\ 0 & a^2-1 & 3 \end{pmatrix}$$
$$\xrightarrow{r_3-(a+1)r_2} \begin{pmatrix} 1 & 1 & 1 \\ 0 & a-1 & 1 \\ 0 & 0 & 2-a \end{pmatrix},$$
因为当 $a\neq 1$ 且 $a\neq 2$ 时,$R(\boldsymbol{A})=3=n$,所以,当 $a\neq 1$ 且 $a\neq 2$ 时,方程组只有零解;因为当 $a=1$ 或 $a=2$ 时,$R(\boldsymbol{A})=2<3$,所以,当 $a=1$ 或 $a=2$ 时,方程组有非零解。

注意:本题也可用系数行列式是否为零解答。

习题 3.4

1. 设线性方程组
$$\begin{cases} x_1+x_2+x_3=\lambda, \\ \lambda x_1+x_2+x_3=1, \\ x_1+x_2+\lambda x_3=1。 \end{cases}$$
问:λ 为何值时,方程组(1) 无解?(2) 有唯一解?(3) 有无穷多解?

2. 设线性方程组
$$\begin{cases} x_1-x_3+2x_4=-1, \\ -x_1+x_2+3x_3-2x_4=4, \\ 2x_2+4x_3=k, \\ 2x_1-3x_2-8x_3+4x_4=-11。 \end{cases}$$

问:k各为何值时,方程组(1)无解?(2)有解?并求其解。

3. 问:λ为何值时,齐次线性方程组

$$\begin{cases} x_1+2x_2+3x_3=0, \\ x_1-3x_2+3x_3=0, \\ x_1+x_2+\lambda x_3=0 \end{cases}$$

(1)只有零解?(2)有非零解?并求其通解。

4. 问:λ取何值时,齐次线性方程组

$$\begin{cases} x_1+x_2+\lambda x_3=0, \\ x_1+\lambda x_2+x_3=0, \\ \lambda x_1+x_2+x_3=0 \end{cases}$$

(1)只有零解?(2)有非零解?

本章小结

本章的主要内容是,矩阵的初等变换、初等矩阵、矩阵的秩及其性质、线性方程组有解的充分必要条件,以及用初等变换求方阵的逆矩阵、求矩阵的秩、求线性方程组的解等方法。

一、矩阵的初等变换

1. 定义:初等行(列)变换是指

(1)对换矩阵的两行(列);

(2)用$k\neq 0$去乘矩阵某一行(列)的所有元素;

(3)用k乘矩阵某行(列)的所有元素后加到另一行(列)的对应元素上去。

2. 用$(\boldsymbol{A}\,\vdots\,\boldsymbol{E})\xrightarrow{\text{初等行变换}}(\boldsymbol{E}\,\vdots\,\boldsymbol{A}^{-1})$的方法求方阵的逆矩阵;

用$(\boldsymbol{A}\,\vdots\,\boldsymbol{B})\xrightarrow{\text{初等行变换}}(\boldsymbol{E}\,\vdots\,\boldsymbol{A}^{-1}\boldsymbol{B})$的方法求解矩阵方程$\boldsymbol{AX}=\boldsymbol{B}$。

二、初等矩阵

1. 定义:把一个单位矩阵$\boldsymbol{E}$进行一次初等变换所得到的矩阵称为初等矩阵。

2. 初等矩阵共有三类,且分别记为$\boldsymbol{E}(\boldsymbol{i},\boldsymbol{j})$,$\boldsymbol{E}[\boldsymbol{i}(\boldsymbol{k})]$,$\boldsymbol{E}[\boldsymbol{i}+\boldsymbol{j}(\boldsymbol{k})]$。

3. 性质:(1)初等矩阵都是非奇异矩阵;(2)初等矩阵的逆矩阵仍是初等矩阵;(3)对$\boldsymbol{A}$进行一次初等行(列)变换的结果相当于对$\boldsymbol{A}$左(右)乘一个相应的初等矩阵。

三、矩阵的秩

1. 定义:矩阵$\boldsymbol{A}$中不为零的子式的最高阶数r称为这矩阵的秩,记为$R(\boldsymbol{A})=r$,规定零矩阵的秩为零。

2. 性质:初等变换不改变矩阵的秩。

3. 求法:(1)用定义求秩;(2)初等变换法,即

$$\boldsymbol{A}\xrightarrow{\text{初等行变换}}\boldsymbol{B}(\text{行阶梯形矩阵}),$$

则$R(\boldsymbol{A})=R(\boldsymbol{B})=$行阶梯形矩阵$\boldsymbol{B}$的非零行的行数。这是求$R(\boldsymbol{A})$的常用方法。

四、n 元非齐次线性方程组 $\boldsymbol{Ax}=\boldsymbol{b}$

1. 当 $R(\boldsymbol{A})<R(\boldsymbol{A},\boldsymbol{b})$ 时，方程组无解，$\boldsymbol{Ax}=\boldsymbol{b}$ 有解的充分必要条件是 $R(\boldsymbol{A})=R(\boldsymbol{A},\boldsymbol{b})$；

当 $R(\boldsymbol{A})=R(\boldsymbol{A},\boldsymbol{b})=n$ 时，方程组有唯一解；

当 $R(\boldsymbol{A})=R(\boldsymbol{A},\boldsymbol{b})<n$ 时，方程组有无穷多解。

2. 解方程组 $\boldsymbol{Ax}=\boldsymbol{b}$ 的主要方法是把其增广矩阵 $\boldsymbol{B}$ 进行初等行变换，使 $\boldsymbol{B}$ 变为行最简形，从而得到同解方程组，最后可以判别方程组是否有解，当有解时，可求出其解。

五、n 元齐次线性方程组 $\boldsymbol{Ax}=\boldsymbol{0}$

1. 当 $R(\boldsymbol{A})=n$ 时，只有零解；当 $R(\boldsymbol{A})<n$，有无穷多解。

2. 解方程组 $\boldsymbol{Ax}=\boldsymbol{0}$ 的主要方法与非齐次方程组 $\boldsymbol{Ax}=\boldsymbol{b}$ 是相似的，只需对系数矩阵 $\boldsymbol{A}$ 进行初等行变换，化为行最简形，从而得出同解方程组，再进一步求出其解。

总习题 3

1. 填空题：

(1) 设 $\boldsymbol{A},\boldsymbol{B}$ 为 n 阶矩阵，且线性方程组 $\boldsymbol{Bx}=\boldsymbol{0}$ 只有零解，若 $R(\boldsymbol{A})=3$，则 $R(\boldsymbol{AB})=$ ________；

(2) n 元非齐次线性方程组 $\boldsymbol{Ax}=\boldsymbol{b}$ 有无穷多解的充分必要条件是：__________。

2. 用初等变换求下列方阵的逆矩阵：

(1) $\begin{pmatrix}3&0&1\\1&1&-1\\0&-2&2\end{pmatrix}$；　　(2) $\begin{pmatrix}1&2&1&2\\2&5&4&5\\1&3&4&1\\3&7&6&4\end{pmatrix}$。

3. 解下列矩阵方程：

(1) $\begin{pmatrix}1&1&1\\1&3&4\\3&5&5\end{pmatrix}\boldsymbol{X}=\begin{pmatrix}2&-1&3\\1&2&-4\\4&1&1\end{pmatrix}$；　　(2) $\boldsymbol{X}\begin{pmatrix}1&-2\\2&-3\end{pmatrix}=\begin{pmatrix}4&-3\\-1&0\\2&-1\end{pmatrix}$。

4. (1) 设 $\boldsymbol{A}=\begin{pmatrix}2&1&4\\1&2&1\\1&1&2\end{pmatrix}$，$\boldsymbol{B}\begin{pmatrix}1&-1&1\\0&1&-1\\0&0&1\end{pmatrix}$，求 $\boldsymbol{X}$ 使 $\boldsymbol{A}^2-\boldsymbol{XA}=\boldsymbol{B}$；

(2) 设 $\boldsymbol{A}=\begin{pmatrix}1&-1&0\\1&0&0\\0&2&1\end{pmatrix}$，$\boldsymbol{B}=\begin{pmatrix}1&0&2\\0&1&0\\2&0&3\end{pmatrix}$，$\boldsymbol{C}=\begin{pmatrix}1&0&-1\\0&-1&0\\-1&1&1\end{pmatrix}$，

求 $\boldsymbol{X}$ 使 $\boldsymbol{A}(\boldsymbol{B}+\boldsymbol{X})\boldsymbol{B}=\boldsymbol{C}$。

5. 设 $\boldsymbol{A}=\begin{pmatrix}1&2&1&2\\1&3&-2&b\\2&5&a&3\\3&4&9&8\end{pmatrix}$，对不同的 a,b 值，求 $\boldsymbol{A}$ 的秩。

6. 设 $\boldsymbol{A}$ 为实对称矩阵，且满足 $\boldsymbol{A}^2=\boldsymbol{0}$，证明 $R(\boldsymbol{A})=0$。

7. 用初等变换解下列非齐次线性方程组：

(1) $\begin{cases}2x_1+x_2-x_3-3x_4=-5,\\3x_1-2x_2+x_3-2x_4=1,\\x_1-x_2+2x_3+3x_4=-1,\\2x_1-x_2+x_3+x_4=-4;\end{cases}$　(2) $\begin{cases}x_1-2x_2-x_3+x_4+x_5=1,\\2x_1+x_2+2x_3-x_4-3x_5=2,\\3x_1-2x_2+x_3-x_4-x_5=7;\end{cases}$

(3) $\begin{cases}x_1-2x_2+2x_3-x_4=1,\\2x_1-4x_2+6x_3-x_4=4,\\x_1-2x_2-2x_4=-1,\\-2x_1+4x_2-2x_3+3x_4=0。\end{cases}$

8. 用初等变换解下列齐次线性方程组：

(1)

$\begin{cases}x_1+2x_2+3x_3+x_4=0,\\2x_1+6x_2+x_3+4x_4=0,\\3x_1+4x_2+2x_3+x_4=0,\\x_1+3x_2+4x_3+5x_4=0;\end{cases}$　(2) $\begin{cases}x_1+3x_2+x_3-x_4+3x_5=0,\\x_1+2x_2+4x_3+2x_4+5x_5=0,\\2x_1+5x_2+3x_3-3x_4+4x_5=0,\\3x_1+7x_2+7x_3-x_4+9x_5=0。\end{cases}$

9. 写出一个以 $\boldsymbol{X}=c_1\begin{pmatrix}3\\-4\\1\\0\end{pmatrix}+c_2\begin{pmatrix}-2\\5\\0\\1\end{pmatrix}$ 为通解的齐次线性方程组。

10. 问：λ 取何值时，齐次线性方程组

$$\begin{cases}x_1+x_2+x_3=0,\\x_1+\lambda x_2+\lambda^2x_3=0,\\\lambda x_1+x_2+(1+\lambda^2-\lambda^3)x_3=0\end{cases}$$

(1) 只有零解？(2) 有非零解？

11. 问：λ 取何值时，非齐次线性方程组

$$\begin{cases}x_1+\lambda x_2+x_3=1,\\\lambda x_1+3\lambda x_2+3x_3=30-\lambda^3,\\x_1+3x_2+(\lambda-2)x_3=10-\lambda^2\end{cases}$$

(1) 无解？(2) 有唯一解？(3) 有无穷多组解？并求出它的通解。

12. 问：a,b 为何值时，非齐次线性方程组

$$\begin{cases}x_1+x_2+x_3+x_4=1,\\x_1+2x_2+4x_3+4x_4=3,\\x_1+(a-2)x_3-2x_4=b+4,\\3x_1+2x_2+ax_4=1\end{cases}$$

(1) 无解？(2) 有唯一解？(3) 有无穷多组解？并求出它的通解。

13. 设 $\boldsymbol{A}$ 为 $m\times n$ 矩阵，证明：若 $\boldsymbol{AX}=\boldsymbol{AY}$，且 $R(\boldsymbol{A})=n$，则 $\boldsymbol{X}=\boldsymbol{Y}$。

第 4 章　n 维向量及向量空间

本章将先引进 n 维向量的概念，讨论向量组的线性相关性，进而利用向量研究线性方程组的解的结构。

4.1　n 维向量及向量组的线性相关性

向量的概念是数学中的一个重要概念，在数学的许多分支及其他学科中都有非常广泛的应用。

4.1.1　n 维向量

二维码 4-1

定义 4.1.1　n 个有次序的数 $a_1, a_2, \cdots, a_n$ 所组成的数组称为 **n 维向量**，记为

$$(a_1, a_2, \cdots, a_n) \text{ 或 } \begin{pmatrix} a_1 \\ a_2 \\ \vdots \\ a_n \end{pmatrix},$$

并分别称为**行向量**与**列向量**，a_i 称为该向量的第 i 个**分量**$(i=1,2,\cdots,n)$。

分量全是实数的向量称为**实向量**，分量中有复数的向量称为**复向量**，本书一般只讨论实向量。

向量通常用黑体小写字母表示。若 $\boldsymbol{a}, \boldsymbol{b}, \boldsymbol{\alpha}, \boldsymbol{\beta}$ 等表示列(行) 向量，则 $\boldsymbol{a}^{\mathrm{T}}, \boldsymbol{b}^{\mathrm{T}}, \boldsymbol{\alpha}^{\mathrm{T}}, \boldsymbol{\beta}^{\mathrm{T}}$ 等表示行(列) 向量。

例如，若 $\boldsymbol{a} = \begin{pmatrix} a_1 \\ a_2 \\ \vdots \\ a_n \end{pmatrix}$，则 $\boldsymbol{a}^{\mathrm{T}} = (a_1, a_2, \cdots, a_n)$；又如，$(1,3,0,2)^{\mathrm{T}} = \begin{pmatrix} 1 \\ 3 \\ 0 \\ 2 \end{pmatrix}$。

今后讨论的向量，若无特别指明，都当作列向量。

在解析几何中，一个三维向量 $\boldsymbol{a}^{\mathrm{T}} = (a_x, a_y, a_z)$ 对应于空间有向线段 $\overrightarrow{OP}$，其中 O 为坐标原点，$P(a_x, a_y, a_z)$ 为终点。但当 $n > 3$ 时，n 维向量就没有直观的几何意义，只是沿用“向量” 这一术语。

设向量 $\boldsymbol{a} = (a_1, a_2, \cdots, a_n)^{\mathrm{T}}$，$\boldsymbol{b} = (b_1, b_2, \cdots, b_n)^{\mathrm{T}}$，若 $a_i = b_i (i=1,2,\cdots,n)$，则称向量 $\boldsymbol{a}$ **与** $\boldsymbol{b}$ **相等**，记为 $\boldsymbol{a} = \boldsymbol{b}$，称$(-a_1, -a_2, \cdots, -a_n)^{\mathrm{T}}$ 为向量 $\boldsymbol{a}$ 的**负向量**，记为

$-\boldsymbol{a}$，即 $-\boldsymbol{a}=(-a_1,-a_2,\cdots,-a_n)^{\mathrm{T}}$；若向量的每一个分量 a_i 都等于零，则称该向量为**零向量**，记为 $\mathbf{0}$，即 $\mathbf{0}=(0,0,\cdots,0)^{\mathrm{T}}$。

定义 4.1.2　设向量 $\boldsymbol{a}=(a_1,a_2,\cdots,a_n)^{\mathrm{T}}$，$\boldsymbol{b}=(b_1,b_2,\cdots,b_n)^{\mathrm{T}}$，$k$ 为一常数。

(1) 称向量 $(a_1+b_1,a_2+b_2,\cdots,a_n+b_n)^{\mathrm{T}}$ 为向量 $\boldsymbol{a}$ 与 $\boldsymbol{b}$ 的**和**，记为 $\boldsymbol{a}+\boldsymbol{b}$，即

$$\boldsymbol{a}+\boldsymbol{b}=(a_1+b_1,a_2+b_2,\cdots,a_n+b_n)^{\mathrm{T}};$$

(2) 称向量 $(ka_1,ka_2,\cdots,ka_n)^{\mathrm{T}}$ 为常数 k 与向量 $\boldsymbol{a}$ 的**乘积**，记为 $k\boldsymbol{a}$，即

$$k\boldsymbol{a}=(ka_1,ka_2,\cdots,ka_n)^{\mathrm{T}}。$$

从矩阵的角度看，n 维列向量是 $n\times 1$ 矩阵(列矩阵)，n 维行向量是 $1\times n$ 矩阵(行矩阵)，向量既然是矩阵，因此，有关矩阵的运算方法都可以应用到向量的运算中。

例 1　设 $\boldsymbol{a}=\begin{pmatrix}2\\0\\3\\1\end{pmatrix}$，$\boldsymbol{b}=\begin{pmatrix}1\\-2\\4\\1\end{pmatrix}$，$\boldsymbol{c}=\begin{pmatrix}2\\-1\\0\\2\end{pmatrix}$。

(1) 求 $2\boldsymbol{a}-\boldsymbol{b}+3\boldsymbol{c}$；(2) 若 $\boldsymbol{x}$ 满足 $\boldsymbol{a}+2\boldsymbol{b}-4\boldsymbol{c}+\boldsymbol{x}=\mathbf{0}$，求 $\boldsymbol{x}$。

解　(1) $2\boldsymbol{a}-\boldsymbol{b}+3\boldsymbol{c}=2\begin{pmatrix}2\\0\\3\\1\end{pmatrix}-\begin{pmatrix}1\\-2\\4\\1\end{pmatrix}+3\begin{pmatrix}2\\-1\\0\\2\end{pmatrix}=\begin{pmatrix}9\\-1\\2\\7\end{pmatrix}$。

(2) 由 $\boldsymbol{a}+2\boldsymbol{b}-4\boldsymbol{c}+\boldsymbol{x}=\mathbf{0}$，得

$$\boldsymbol{x}=-\boldsymbol{a}-2\boldsymbol{b}+4\boldsymbol{c}=-\begin{pmatrix}2\\0\\3\\1\end{pmatrix}-2\begin{pmatrix}1\\-2\\4\\1\end{pmatrix}+4\begin{pmatrix}2\\-1\\0\\2\end{pmatrix}=\begin{pmatrix}4\\0\\-11\\5\end{pmatrix}。$$

一组同维数的列(行)向量，称为**向量组**。

设 $m\times n$ 矩阵 $\boldsymbol{A}=\begin{pmatrix}a_{11}&a_{12}&\cdots&a_{1n}\\a_{21}&a_{22}&\cdots&a_{2n}\\\vdots&\vdots&&\vdots\\a_{m1}&a_{m2}&\cdots&a_{mn}\end{pmatrix}$，显然，矩阵 $\boldsymbol{A}$ 的 n 列对应 n 个 m 维列向量 $\boldsymbol{a}_j=\begin{pmatrix}a_{1j}\\a_{2j}\\\vdots\\a_{mj}\end{pmatrix}$ $(j=1,2,\cdots,n)$，这 n 个列向量组成的向量组 A：$\boldsymbol{a}_1,\boldsymbol{a}_2,\cdots,\boldsymbol{a}_n$ 称为**矩阵 A 的列向量组**。矩阵 $\boldsymbol{A}$ 的 m 行对应 m 个 n 维行向量 $\boldsymbol{a}_i^{\mathrm{T}}=(a_{i1},a_{i2},\cdots,a_{in})$ $(i=1,2,\cdots,m)$。这 m 个行向量组成的向量组 A：$\boldsymbol{a}_1^{\mathrm{T}},\boldsymbol{a}_2^{\mathrm{T}},\cdots,\boldsymbol{a}_m^{\mathrm{T}}$ 称为**矩阵 A 的行向量组**。

矩阵$\boldsymbol{A}$可以用它的列(或行)向量组表示为$\boldsymbol{A}=(\boldsymbol{a}_1,\boldsymbol{a}_2,\cdots,\boldsymbol{a}_n)$或$\boldsymbol{A}=\begin{pmatrix}\boldsymbol{a}_1^{\mathrm{T}}\\ \boldsymbol{a}_2^{\mathrm{T}}\\ \vdots\\ \boldsymbol{a}_m^{\mathrm{T}}\end{pmatrix}$,反之,任何$n$个$m$维列向量组$A$:$\boldsymbol{a}_1,\boldsymbol{a}_2,\cdots,\boldsymbol{a}_n$都可以构成一个$m\times n$矩阵$\boldsymbol{A}=(\boldsymbol{a}_1,\boldsymbol{a}_2,\cdots,\boldsymbol{a}_n)$。

非齐次线性方程组
$$\begin{cases}a_{11}x_1+a_{12}x_2+\cdots+a_{1n}x_n=b_1,\\ a_{21}x_1+a_{22}x_2+\cdots+a_{2n}x_n=b_2,\\ \cdots\cdots\cdots\cdots\\ a_{m1}x_1+a_{m2}x_2+\cdots+a_{mn}x_n=b_m,\end{cases}$$

若令向量
$$\boldsymbol{a}_j=\begin{pmatrix}a_{1j}\\ a_{2j}\\ \vdots\\ a_{mj}\end{pmatrix}\ (j=1,2,\cdots,n),\quad \boldsymbol{b}=\begin{pmatrix}b_1\\ b_2\\ \vdots\\ b_m\end{pmatrix},$$
则非齐次线性方程组可写为向量方程形式
$$x_1\boldsymbol{a}_1+x_2\boldsymbol{a}_2+\cdots+x_n\boldsymbol{a}_n=\boldsymbol{b}。$$

当向量$\boldsymbol{b}=\boldsymbol{0}$时,则齐次线性方程组的向量方程形式为
$$x_1\boldsymbol{a}_1+x_2\boldsymbol{a}_2+\cdots+x_n\boldsymbol{a}_n=\boldsymbol{0}。$$

4.1.2 向量组的线性表示

定义 4.1.3 给定向量组A:$\boldsymbol{a}_1,\boldsymbol{a}_2,\cdots,\boldsymbol{a}_m$和向量$\boldsymbol{b}$,对于任何一组数$k_1,k_2,\cdots,k_m$,称表达式$k_1\boldsymbol{a}_1+k_2\boldsymbol{a}_2+\cdots+k_m\boldsymbol{a}_m$为向量组$\boldsymbol{a}_1,\boldsymbol{a}_2,\cdots,\boldsymbol{a}_m$的**线性组合**。如果存在常数$\lambda_1,\lambda_2,\cdots,\lambda_m$使得$\boldsymbol{b}=\lambda_1\boldsymbol{a}_1+\lambda_2\boldsymbol{a}_2+\cdots+\lambda_m\boldsymbol{a}_m$,那么称向量$\boldsymbol{b}$能由向量组$\boldsymbol{a}_1,\boldsymbol{a}_2,\cdots,\boldsymbol{a}_m$**线性表示**,也称**向量$\boldsymbol{b}$是向量$\boldsymbol{a}_1,\boldsymbol{a}_2,\cdots,\boldsymbol{a}_m$的线性组合**,$\lambda_1,\lambda_2,\cdots,\lambda_m$称为**线性表示系数**。

二维码 4-2

由定义 4.1.3 可知:零向量可由任何同维数的向量组线性表示,即
$$\boldsymbol{0}=0\boldsymbol{a}_1+0\boldsymbol{a}_2+\cdots+0\boldsymbol{a}_m。$$

向量组$\boldsymbol{a}_1,\boldsymbol{a}_2,\cdots,\boldsymbol{a}_m$中的任意向量都可由自身向量组线性表示。例如
$$\boldsymbol{a}_i=0\boldsymbol{a}_1+0\boldsymbol{a}_2+\cdots+0\boldsymbol{a}_{i-1}+1\cdot\boldsymbol{a}_i+0\boldsymbol{a}_{i+1}+\cdots+0\boldsymbol{a}_m,$$

n维向量组$\boldsymbol{e}_1=\begin{pmatrix}1\\0\\ \vdots\\0\end{pmatrix},\boldsymbol{e}_2=\begin{pmatrix}0\\1\\ \vdots\\0\end{pmatrix},\cdots,\boldsymbol{e}_n=\begin{pmatrix}0\\0\\ \vdots\\1\end{pmatrix}$称为$n$维**单位坐标向量组**。可以证明任意$n$维向量$\boldsymbol{a}$可由该向量组线性表示。事实上,设$\boldsymbol{a}=\begin{pmatrix}a_1\\a_2\\ \vdots\\a_n\end{pmatrix}$,则有

$$\boldsymbol{a}=a_1\begin{pmatrix}1\\0\\\vdots\\0\end{pmatrix}+a_2\begin{pmatrix}0\\1\\\vdots\\0\end{pmatrix}+\cdots+a_n\begin{pmatrix}0\\0\\\vdots\\1\end{pmatrix},$$

即
$$\boldsymbol{a}=a_1\boldsymbol{e}_1+a_2\boldsymbol{e}_2+\cdots+a_n\boldsymbol{e}_n。$$

比较向量 $\boldsymbol{b}$ 能由向量组线性表示的定义与方程组的向量方程形式,可知向量 $\boldsymbol{b}$ 能由向量组 $\boldsymbol{a}_1,\boldsymbol{a}_2,\cdots,\boldsymbol{a}_n$ 线性表示,就是方程组 $x_1\boldsymbol{a}_1+x_2\boldsymbol{a}_2+\cdots+x_n\boldsymbol{a}_n=\boldsymbol{b}$ 有解。

所以,由线性方程组有解的充分必要条件,可得:

定理 4.1.1　向量 $\boldsymbol{b}$ 能由向量组 A: $\boldsymbol{a}_1,\boldsymbol{a}_2,\cdots,\boldsymbol{a}_n$ 线性表示的充分必要条件是矩阵 $\boldsymbol{A}=(\boldsymbol{a}_1,\boldsymbol{a}_2,\cdots,\boldsymbol{a}_n)$ 的秩等于矩阵 $\boldsymbol{B}=(\boldsymbol{a}_1,\boldsymbol{a}_2,\cdots,\boldsymbol{a}_n,\boldsymbol{b})$ 的秩,即 $R(\boldsymbol{A})=R(\boldsymbol{A},\boldsymbol{b})$。

因此,判断向量 $\boldsymbol{b}$ 是否能由向量组 $\boldsymbol{a}_1,\boldsymbol{a}_2,\cdots,\boldsymbol{a}_n$ 线性表示的问题,可以转化为解线性方程组的问题。

例 2　设向量 $\boldsymbol{a}_1=\begin{pmatrix}1\\1\\2\\3\end{pmatrix}$, $\boldsymbol{a}_2=\begin{pmatrix}1\\-1\\1\\1\end{pmatrix}$, $\boldsymbol{a}_3=\begin{pmatrix}1\\3\\4\\5\end{pmatrix}$, $\boldsymbol{b}=\begin{pmatrix}4\\-2\\4\\6\end{pmatrix}$, 试问:(1) $\boldsymbol{b}$ 能否由 $\boldsymbol{a}_1,\boldsymbol{a}_2,\boldsymbol{a}_3$ 线性表示?(2) $\boldsymbol{b}$ 能否由 $\boldsymbol{a}_1,\boldsymbol{a}_2$ 线性表示?若能,求出表示式。

解　(1) 讨论方程组 $x_1\boldsymbol{a}_1+x_2\boldsymbol{a}_2+x_3\boldsymbol{a}_3=\boldsymbol{b}$,即讨论

$$\begin{cases}x_1+x_2+x_3=4,\\x_1-x_2+3x_3=-2,\\2x_1+x_2+4x_3=4,\\3x_1+x_2+5x_3=6\end{cases}$$

是否有解,若有解,该解就是线性表示的系数。由矩阵

$$(\boldsymbol{a}_1,\boldsymbol{a}_2,\boldsymbol{a}_3,\boldsymbol{b})=\begin{pmatrix}1&1&1&4\\1&-1&3&-2\\2&1&4&4\\3&1&5&6\end{pmatrix}\xrightarrow[r_4-3r_1]{\substack{r_2-r_1\\r_3-2r_1}}\begin{pmatrix}1&1&1&4\\0&-2&2&-6\\0&-1&2&-4\\0&-2&2&-6\end{pmatrix}$$

$$\xrightarrow[r_4+2r_2]{\substack{r_2\div(-2)\\再\ r_3+r_2}}\begin{pmatrix}1&1&1&4\\0&1&-1&3\\0&0&1&-1\\0&0&0&0\end{pmatrix}\xrightarrow[再\ r_1-2r_3]{\substack{r_1-r_2\\r_2+r_3}}\begin{pmatrix}1&0&0&3\\0&1&0&2\\0&0&1&-1\\0&0&0&0\end{pmatrix},$$

得 $R(\boldsymbol{a}_1,\boldsymbol{a}_2,\boldsymbol{a}_3)=R(\boldsymbol{a}_1,\boldsymbol{a}_2,\boldsymbol{a}_3,\boldsymbol{b})=3$,方程组有唯一解 $x_1=3$, $x_2=2$, $x_3=-1$。所以 $\boldsymbol{b}$ 可由 $\boldsymbol{a}_1,\boldsymbol{a}_2,\boldsymbol{a}_3$ 线性表示,且 $\boldsymbol{b}=3\boldsymbol{a}_1+2\boldsymbol{a}_2-\boldsymbol{a}_3$。

(2) 由矩阵 $(\boldsymbol{a}_1, \boldsymbol{a}_2, \boldsymbol{b}) = \begin{pmatrix} 1 & 1 & 4 \\ 1 & -1 & -2 \\ 2 & 1 & 4 \\ 3 & 1 & 6 \end{pmatrix} \xrightarrow[r_4 - 3r_1]{\substack{r_2 - r_1 \\ r_3 - 2r_1}} \begin{pmatrix} 1 & 1 & 4 \\ 0 & -2 & -6 \\ 0 & -1 & -4 \\ 0 & -2 & -6 \end{pmatrix}$

$$\xrightarrow[r_4 + 2r_2]{\substack{r_2 \div (-2) \\ \text{再 } r_3 + r_2}} \begin{pmatrix} 1 & 1 & 4 \\ 0 & 1 & 3 \\ 0 & 0 & -1 \\ 0 & 0 & 0 \end{pmatrix},$$

得 $R(\boldsymbol{a}_1, \boldsymbol{a}_2) = 2 < R(\boldsymbol{a}_1, \boldsymbol{a}_2, \boldsymbol{b}) = 3$，所以 $\boldsymbol{b}$ 不能由向量 $\boldsymbol{a}_1, \boldsymbol{a}_2$ 线性表示。

一般地，若设向量组 $\boldsymbol{a}_1, \boldsymbol{a}_2, \cdots, \boldsymbol{a}_m$ 与向量组 $\boldsymbol{b}_1, \boldsymbol{b}_2, \cdots, \boldsymbol{b}_s$，则有

$$R(\boldsymbol{a}_1, \boldsymbol{a}_2, \cdots, \boldsymbol{a}_m) \leqslant R(\boldsymbol{a}_1, \boldsymbol{a}_2, \cdots, \boldsymbol{a}_m, \boldsymbol{b}_1, \boldsymbol{b}_2, \cdots, \boldsymbol{b}_s),$$

或 $$R(\boldsymbol{b}_1, \boldsymbol{b}_2, \cdots, \boldsymbol{b}_s) \leqslant R(\boldsymbol{a}_1, \boldsymbol{a}_2, \cdots, \boldsymbol{a}_m, \boldsymbol{b}_1, \boldsymbol{b}_2, \cdots, \boldsymbol{b}_s)。$$

定义 4.1.4 设有两个向量组 A：$\boldsymbol{a}_1, \boldsymbol{a}_2, \cdots, \boldsymbol{a}_m$ 及 B：$\boldsymbol{b}_1, \boldsymbol{b}_2, \cdots, \boldsymbol{b}_s$，若向量组 B 中每一个向量都能由向量组 A 线性表示，则称**向量组 B 能由向量组 A 线性表示**，如果向量组 A 与向量组 B 能互相线性表示，则称**向量组 A 与向量组 B 等价**。

若向量组 A 所构成的矩阵记为 $\boldsymbol{A} = (\boldsymbol{a}_1, \boldsymbol{a}_2, \cdots, \boldsymbol{a}_m)$，向量组 B 所构成的矩阵记为 $\boldsymbol{B} = (\boldsymbol{b}_1, \boldsymbol{b}_2, \cdots, \boldsymbol{b}_s)$。向量组 B 能由向量组 A 线性表示，即每一个向量 $\boldsymbol{b}_j$，都存在数 $k_{1j}, k_{2j}, \cdots, k_{mj}$ $(j = 1,2,\cdots, s)$，使得

$$\boldsymbol{b}_j = k_{1j}\boldsymbol{a}_1 + k_{2j}\boldsymbol{a}_2 + \cdots + k_{mj}\boldsymbol{a}_m = (\boldsymbol{a}_1, \boldsymbol{a}_2, \cdots, \boldsymbol{a}_m)\begin{pmatrix} k_{1j} \\ k_{2j} \\ \vdots \\ k_{mj} \end{pmatrix},$$

从而 $$(\boldsymbol{b}_1, \boldsymbol{b}_2, \cdots, \boldsymbol{b}_s) = (\boldsymbol{a}_1, \boldsymbol{a}_2, \cdots, \boldsymbol{a}_m)\begin{pmatrix} k_{11} & k_{12} & \cdots & k_{1s} \\ k_{21} & k_{22} & \cdots & k_{2s} \\ \vdots & \vdots & & \vdots \\ k_{m1} & k_{m2} & \cdots & k_{ms} \end{pmatrix},$$

这就是向量组 B 由向量组 A 线性表示的矩阵形式，其右端矩阵记作 $\boldsymbol{K} = (k_{ij})_{m\times s}$，称 $\boldsymbol{K}$ 是这一线性表示的**系数矩阵**。所以向量组 B 能由向量组 A 线性表示就是式子 $\boldsymbol{B} = \boldsymbol{AK}$ 成立。也就是矩阵方程 $\boldsymbol{AX} = \boldsymbol{B}$ 有解，由矩阵方程有解的充分必要条件（定理 3.4.2），即可把定理 4.1.1 推广为：

定理 4.1.2 向量组 B：$\boldsymbol{b}_1, \boldsymbol{b}_2, \cdots, \boldsymbol{b}_s$ 能由向量组 A：$\boldsymbol{a}_1, \boldsymbol{a}_2, \cdots, \boldsymbol{a}_m$ 线性表示的充分必要条件是矩阵 $\boldsymbol{A} = (\boldsymbol{a}_1, \boldsymbol{a}_2, \cdots, \boldsymbol{a}_m)$ 的秩等于矩阵 $(\boldsymbol{A}, \boldsymbol{B}) = (\boldsymbol{a}_1, \boldsymbol{a}_2, \cdots, \boldsymbol{a}_m, \boldsymbol{b}_1, \boldsymbol{b}_2, \cdots, \boldsymbol{b}_s)$ 的秩，即 $R(\boldsymbol{A}) = R(\boldsymbol{A}, \boldsymbol{B})$。

推论 向量组 A：$\boldsymbol{a}_1, \boldsymbol{a}_2, \cdots, \boldsymbol{a}_m$ 与向量组 B：$\boldsymbol{b}_1, \boldsymbol{b}_2, \cdots, \boldsymbol{b}_s$ 等价的充分必要条件是 $R(\boldsymbol{A}) = R(\boldsymbol{B}) = R(\boldsymbol{A}, \boldsymbol{B})$，其中 $\boldsymbol{A}$ 和 $\boldsymbol{B}$ 分别是向量组 A 和 B 所构成的矩阵。

证 因为向量组 A 与 B 能互相线性表示，据定理 4.1.2 知，它们等价的充分必要

条件是 $R(\boldsymbol{A}) = R(\boldsymbol{A}, \boldsymbol{B})$ 且 $R(\boldsymbol{B}) = R(\boldsymbol{B}, \boldsymbol{A})$。由 $R(\boldsymbol{A}, \boldsymbol{B}) = R(\boldsymbol{B}, \boldsymbol{A})$，所以，向量组 A 与 B 等价的充分必要条件是 $R(\boldsymbol{A}) = R(\boldsymbol{B}) = R(\boldsymbol{A}, \boldsymbol{B})$。

设矩阵 $\boldsymbol{A}$ 经过初等行变换变成矩阵 $\boldsymbol{B}$，则 $\boldsymbol{B}$ 的每个行向量能由 $\boldsymbol{A}$ 的行向量线性表示，即 $\boldsymbol{B}$ 的行向量组能由 $\boldsymbol{A}$ 的行向量组线性表示。由于初等变换可逆，所以矩阵 $\boldsymbol{B}$ 亦可经过初等行变换变成 $\boldsymbol{A}$，从而 $\boldsymbol{A}$ 的行向量组也能由 $\boldsymbol{B}$ 的行向量组线性表示。于是，可得结论：

若矩阵 $\boldsymbol{A}$ 经过初等行变换变成 $\boldsymbol{B}$，则矩阵 $\boldsymbol{A}$ 的行向量组与 $\boldsymbol{B}$ 的行向量组等价。

同理，若矩阵 $\boldsymbol{A}$ 经过初等列变换变成 $\boldsymbol{B}$，则矩阵 $\boldsymbol{A}$ 的列向量组与 $\boldsymbol{B}$ 的列向量组等价。

例 3　设 $\boldsymbol{a}_1 = \begin{pmatrix} 1 \\ 2 \\ 1 \\ 2 \end{pmatrix}$，$\boldsymbol{a}_2 = \begin{pmatrix} 1 \\ 1 \\ 2 \\ 3 \end{pmatrix}$，$\boldsymbol{b}_1 = \begin{pmatrix} 1 \\ 4 \\ -1 \\ 0 \end{pmatrix}$，$\boldsymbol{b}_2 = \begin{pmatrix} 1 \\ 3 \\ 0 \\ 1 \end{pmatrix}$，证明：向量组 $\boldsymbol{a}_1$，$\boldsymbol{a}_2$ 与向量组 $\boldsymbol{b}_1$，$\boldsymbol{b}_2$ 等价。

证　记矩阵 $\boldsymbol{A} = (\boldsymbol{a}_1, \boldsymbol{a}_2)$，$\boldsymbol{B} = (\boldsymbol{b}_1, \boldsymbol{b}_2)$，因为

$$(\boldsymbol{A}, \boldsymbol{B}) = \begin{pmatrix} 1 & 1 & 1 & 1 \\ 2 & 1 & 4 & 3 \\ 1 & 2 & -1 & 0 \\ 2 & 3 & 0 & 1 \end{pmatrix} \xrightarrow[r_4 - 2r_1]{\substack{r_2 - 2r_1 \\ r_3 - r_1}} \begin{pmatrix} 1 & 1 & 1 & 1 \\ 0 & -1 & 2 & 1 \\ 0 & 1 & -2 & -1 \\ 0 & 1 & -2 & -1 \end{pmatrix} \xrightarrow{\substack{r_3 + r_2 \\ r_4 + r_2}} \begin{pmatrix} 1 & 1 & 1 & 1 \\ 0 & -1 & 2 & 1 \\ 0 & 0 & 0 & 0 \\ 0 & 0 & 0 & 0 \end{pmatrix}。$$

可见 $R(\boldsymbol{A}) = R(\boldsymbol{B}) = R(\boldsymbol{A}, \boldsymbol{B}) = 2$，由定理 4.1.2 的推论得向量组 $\boldsymbol{a}_1$，$\boldsymbol{a}_2$ 与向量组 $\boldsymbol{b}_1$，$\boldsymbol{b}_2$ 等价。

定理 4.1.3　设向量组 B：$\boldsymbol{b}_1, \boldsymbol{b}_2, \cdots, \boldsymbol{b}_s$ 能由向量组 A：$\boldsymbol{a}_1, \boldsymbol{a}_2, \cdots, \boldsymbol{a}_m$ 线性表示，则 $R(\boldsymbol{b}_1, \boldsymbol{b}_2, \cdots, \boldsymbol{b}_s) \leqslant R(\boldsymbol{a}_1, \boldsymbol{a}_2, \cdots, \boldsymbol{a}_m)$。

证　设矩阵 $\boldsymbol{A} = (\boldsymbol{a}_1, \boldsymbol{a}_2, \cdots, \boldsymbol{a}_m)$，$\boldsymbol{B} = (\boldsymbol{b}_1, \boldsymbol{b}_2, \cdots, \boldsymbol{b}_s)$，由定理条件及定理 4.1.2 得 $R(\boldsymbol{A}) = R(\boldsymbol{A}, \boldsymbol{B})$，又因为 $R(\boldsymbol{B}) \leqslant R(\boldsymbol{B}, \boldsymbol{A})$，所以 $R(\boldsymbol{B}) \leqslant R(\boldsymbol{A})$，即

$$R(\boldsymbol{b}_1, \boldsymbol{b}_2, \cdots, \boldsymbol{b}_s) \leqslant R(\boldsymbol{a}_1, \boldsymbol{a}_2, \cdots, \boldsymbol{a}_m)。$$

4.1.3　向量组的线性相关性

二维码 4-3

向量组的线性相关性是本节也是整个线性代数课程的重要内容之一，我们先给出它的定义，再讨论它的性质。

先看两个向量 $\boldsymbol{a}_1$，$\boldsymbol{a}_2$，若其中有一个向量能由另一个向量线性表示，不妨设 $\boldsymbol{a}_1 = k\boldsymbol{a}_2$，这一关系式可写成 $k_1\boldsymbol{a}_1 + k_2\boldsymbol{a}_2 = \boldsymbol{0}$，其中 k_1，k_2 不全为零，这时称向量 $\boldsymbol{a}_1$，$\boldsymbol{a}_2$ 线性相关。例如，$\boldsymbol{a}_1 = \left(-1, \dfrac{1}{2}, 2\right)$，$\boldsymbol{a}_2 = (-2, 1, 4)$，有 $2\boldsymbol{a}_1 + (-1)\boldsymbol{a}_2 = \boldsymbol{0}$，所以 $\boldsymbol{a}_1$，$\boldsymbol{a}_2$ 线性相关。

对三个向量 $\boldsymbol{a}_1$，$\boldsymbol{a}_2$，$\boldsymbol{a}_3$，若其中有一个向量能由其余两个向量线性表示，不妨设

$\boldsymbol{a}_1 = k\boldsymbol{a}_2 + l\boldsymbol{a}_3$，这一关系式也可以写成 $k_1\boldsymbol{a}_1 + k_2\boldsymbol{a}_2 + k_3\boldsymbol{a}_3 = \mathbf{0}$，其中 k_1, k_2, k_3 不全为零，这时称向量 $\boldsymbol{a}_1, \boldsymbol{a}_2, \boldsymbol{a}_3$ 线性相关。

一般地，向量组 $\boldsymbol{a}_1, \boldsymbol{a}_2, \cdots, \boldsymbol{a}_m$ 是否线性相关，就是看是否存在一组不全为零的数 $k_1, k_2, \cdots, k_m$，使 $k_1\boldsymbol{a}_1 + k_2\boldsymbol{a}_2 + \cdots + k_m\boldsymbol{a}_m = \mathbf{0}$ 成立。

定义 4.1.5 给定向量组 $\boldsymbol{a}_1, \boldsymbol{a}_2, \cdots, \boldsymbol{a}_m$，如果存在一组不全为零的数 $k_1, k_2, \cdots, k_m$，使得 $k_1\boldsymbol{a}_1 + k_2\boldsymbol{a}_2 + \cdots + k_m\boldsymbol{a}_m = \mathbf{0}$ 成立，则称向量组 $\boldsymbol{a}_1, \boldsymbol{a}_2, \cdots, \boldsymbol{a}_m$ **线性相关**；如果只有 $k_1 = k_2 = \cdots = k_m = 0$ 时，才使 $k_1\boldsymbol{a}_1 + k_2\boldsymbol{a}_2 + \cdots + k_m\boldsymbol{a}_m = \mathbf{0}$ 成立，则称向量组 $\boldsymbol{a}_1, \boldsymbol{a}_2, \cdots, \boldsymbol{a}_m$ **线性无关**。

按定义 4.1.5 知，单个向量 $\boldsymbol{a}$，当 $\boldsymbol{a} = \mathbf{0}$ 时，向量 $\boldsymbol{a}$ 线性相关；当 $\boldsymbol{a} \neq \mathbf{0}$ 时，向量 $\boldsymbol{a}$ 线性无关。

把向量组线性相关的定义同齐次线性方程组的向量方程形式比较可知：

向量组 $\boldsymbol{a}_1, \boldsymbol{a}_2, \cdots, \boldsymbol{a}_m$ 线性相关，就是齐次线性方程组 $x_1\boldsymbol{a}_1 + x_2\boldsymbol{a}_2 + \cdots + x_m\boldsymbol{a}_m = \mathbf{0}$（即 $\boldsymbol{Ax} = \mathbf{0}$）有非零解，其中矩阵 $\boldsymbol{A} = (\boldsymbol{a}_1, \boldsymbol{a}_2, \cdots, \boldsymbol{a}_m)$。

所以，由齐次线性方程组有非零解的充分必要条件，可得：

定理 4.1.4 向量组 $\boldsymbol{a}_1, \boldsymbol{a}_2, \cdots, \boldsymbol{a}_m$ 线性相关的充分必要条件是由它构成的矩阵 $\mathbf{A} = (\boldsymbol{a}_1, \boldsymbol{a}_2, \cdots, \boldsymbol{a}_m)$ 的秩小于向量的个数 m，即 $R(\mathbf{A}) < m$；向量组线性无关的充分必要条件是 $R(\mathbf{A}) = m$。

例 4 证明 n 维单位坐标向量组 $\boldsymbol{e}_1, \boldsymbol{e}_2, \cdots, \boldsymbol{e}_n$ 线性无关。

证 因为矩阵 $\boldsymbol{E} = (\boldsymbol{e}_1, \boldsymbol{e}_2, \cdots, \boldsymbol{e}_n) = \begin{pmatrix} 1 & 0 & \cdots & 0 \\ 0 & 1 & \cdots & 0 \\ \vdots & \vdots & & \vdots \\ 0 & 0 & \cdots & 1 \end{pmatrix}$ 为 n 阶单位矩阵，$R(\boldsymbol{E}) = n$，所以，向量组 $\boldsymbol{e}_1, \boldsymbol{e}_2, \cdots, \boldsymbol{e}_n$ 线性无关。

例 5 设向量 $\boldsymbol{a}_1 = \begin{pmatrix} 1 \\ 2 \\ -1 \\ 3 \end{pmatrix}$，$\boldsymbol{a}_2 = \begin{pmatrix} 2 \\ 3 \\ 2 \\ 5 \end{pmatrix}$，$\boldsymbol{a}_3 = \begin{pmatrix} 3 \\ 5 \\ 1 \\ 8 \end{pmatrix}$，讨论向量组 $\boldsymbol{a}_1, \boldsymbol{a}_2, \boldsymbol{a}_3$ 及向量组 $\boldsymbol{a}_1, \boldsymbol{a}_2$ 的线性相关性。

解 对矩阵 $(\boldsymbol{a}_1, \boldsymbol{a}_2, \boldsymbol{a}_3)$ 施行初等变换，求 $R(\boldsymbol{a}_1, \boldsymbol{a}_2, \boldsymbol{a}_3)$ 的同时也可得 $R(\boldsymbol{a}_1, \boldsymbol{a}_2)$，由

$$(\boldsymbol{a}_1, \boldsymbol{a}_2, \boldsymbol{a}_3) = \begin{pmatrix} 1 & 2 & 3 \\ 2 & 3 & 5 \\ -1 & 2 & 1 \\ 3 & 5 & 8 \end{pmatrix} \xrightarrow[\substack{r_3 + r_1 \\ r_4 - 3r_1}]{r_2 - 2r_1} \begin{pmatrix} 1 & 2 & 3 \\ 0 & -1 & -1 \\ 0 & 4 & 4 \\ 0 & -1 & -1 \end{pmatrix} \xrightarrow[r_4 - r_2]{r_3 + 4r_2} \begin{pmatrix} 1 & 2 & 3 \\ 0 & -1 & -1 \\ 0 & 0 & 0 \\ 0 & 0 & 0 \end{pmatrix}$$

可得 $R(\boldsymbol{a}_1, \boldsymbol{a}_2, \boldsymbol{a}_3) = 2 < 3$，故向量组 $\boldsymbol{a}_1, \boldsymbol{a}_2, \boldsymbol{a}_3$ 线性相关，而 $R(\boldsymbol{a}_1, \boldsymbol{a}_2) = 2$，故向量组 $\boldsymbol{a}_1, \boldsymbol{a}_2$ 线性无关。

例 6 已知向量组 $\boldsymbol{a}_1, \boldsymbol{a}_2, \boldsymbol{a}_3$ 线性无关，$\boldsymbol{b}_1 = \boldsymbol{a}_1 + \boldsymbol{a}_2$，$\boldsymbol{b}_2 = \boldsymbol{a}_2 + \boldsymbol{a}_3$，$\boldsymbol{b}_3 = \boldsymbol{a}_1 +$

$\boldsymbol{a}_2+\boldsymbol{a}_3$，试证：向量组 $\boldsymbol{b}_1$，$\boldsymbol{b}_2$，$\boldsymbol{b}_3$ 线性无关。

证一　设一组数 k_1，k_2，k_3，使 $k_1\boldsymbol{b}_1+k_2\boldsymbol{b}_2+k_3\boldsymbol{b}_3=\boldsymbol{0}$，即

$$k_1(\boldsymbol{a}_1+\boldsymbol{a}_2)+k_2(\boldsymbol{a}_2+\boldsymbol{a}_3)+k_3(\boldsymbol{a}_1+\boldsymbol{a}_2+\boldsymbol{a}_3)=\boldsymbol{0},$$

整理得

$$(k_1+k_3)\boldsymbol{a}_1+(k_1+k_2+k_3)\boldsymbol{a}_2+(k_2+k_3)\boldsymbol{a}_3=\boldsymbol{0}。$$

因为向量组 $\boldsymbol{a}_1$，$\boldsymbol{a}_2$，$\boldsymbol{a}_3$ 线性无关，所以

$$\begin{cases} k_1 + k_3 = 0, \\ k_1 + k_2 + k_3 = 0, \\ k_2 + k_3 = 0。 \end{cases}$$

由于方程组的系数行列式

$$\begin{vmatrix} 1 & 0 & 1 \\ 1 & 1 & 1 \\ 0 & 1 & 1 \end{vmatrix} = 1 \neq 0,$$

故方程组只有零解 $k_1=k_2=k_3=0$，所以向量组 $\boldsymbol{b}_1$，$\boldsymbol{b}_2$，$\boldsymbol{b}_3$ 线性无关。

证二　视向量组 $\boldsymbol{a}_1$，$\boldsymbol{a}_2$，$\boldsymbol{a}_3$ 为行向量，将下面的矩阵作初等行变换：

$$\begin{pmatrix} \boldsymbol{b}_1 \\ \boldsymbol{b}_2 \\ \boldsymbol{b}_3 \end{pmatrix} = \begin{pmatrix} \boldsymbol{a}_1+\boldsymbol{a}_2 \\ \boldsymbol{a}_2+\boldsymbol{a}_3 \\ \boldsymbol{a}_1+\boldsymbol{a}_2+\boldsymbol{a}_3 \end{pmatrix} \xrightarrow[\text{再 } r_1-r_2]{r_3-r_1} \begin{pmatrix} \boldsymbol{a}_1-\boldsymbol{a}_3 \\ \boldsymbol{a}_2+\boldsymbol{a}_3 \\ \boldsymbol{a}_3 \end{pmatrix} \xrightarrow[r_2-r_3]{r_1+r_3} \begin{pmatrix} \boldsymbol{a}_1 \\ \boldsymbol{a}_2 \\ \boldsymbol{a}_3 \end{pmatrix},$$

因为向量组 $\boldsymbol{a}_1$，$\boldsymbol{a}_2$，$\boldsymbol{a}_3$ 线性无关，故 $R(\boldsymbol{a}_1,\boldsymbol{a}_2,\boldsymbol{a}_3)=3$，从而 $R(\boldsymbol{b}_1,\boldsymbol{b}_2,\boldsymbol{b}_3)=3$，所以向量组 $\boldsymbol{b}_1$，$\boldsymbol{b}_2$，$\boldsymbol{b}_3$ 线性无关。

由定义 4.1.5 可得：

定理 4.1.5　向量组 $\boldsymbol{a}_1$，$\boldsymbol{a}_2$，…，$\boldsymbol{a}_m(m\geqslant 2)$ 线性相关的充分必要条件是向量组中至少有一个向量能由其余 $m-1$ 个向量线性表示。

证　必要性　设向量组 $\boldsymbol{a}_1$，$\boldsymbol{a}_2$，…，$\boldsymbol{a}_m$ 线性相关，则存在一组不全为零的数 k_1，k_2，…，k_m，使得 $k_1\boldsymbol{a}_1+k_2\boldsymbol{a}_2+\cdots+k_m\boldsymbol{a}_m=\boldsymbol{0}$ 成立，不妨设 $k_1\neq 0$，于是有 $\boldsymbol{a}_1=-\dfrac{k_2}{k_1}\boldsymbol{a}_2-\cdots-\dfrac{k_m}{k_1}\boldsymbol{a}_m$，即 $\boldsymbol{a}_1$ 可以由其余 $m-1$ 个向量线性表示。

充分性　设向量组中至少有一个向量，不妨设 $\boldsymbol{a}_m$ 能由其余 $m-1$ 个向量线性表示，即 $\boldsymbol{a}_m=l_1\boldsymbol{a}_1+l_2\boldsymbol{a}_2+\cdots+l_{m-1}\boldsymbol{a}_{m-1}$，把 $\boldsymbol{a}_m$ 移项即得一组不全为零的数 l_1，l_2，…，l_{m-1}，-1，使 $l_1\boldsymbol{a}_1+l_2\boldsymbol{a}_2+\cdots+l_{m-1}\boldsymbol{a}_{m-1}+(-1)\boldsymbol{a}_m=\boldsymbol{0}$，即向量组 $\boldsymbol{a}_1$，$\boldsymbol{a}_2$，…，$\boldsymbol{a}_m$ 线性相关。

我们还可以导出一些判别向量组线性相关的简便法则，现在集述于下面的定理：

定理 4.1.6　(1) 含有零向量的向量组线性相关。

(2) 若向量组 A：$\boldsymbol{a}_1$，$\boldsymbol{a}_2$，…，$\boldsymbol{a}_m$ 线性相关，则向量组 B：$\boldsymbol{a}_1$，$\boldsymbol{a}_2$，…，$\boldsymbol{a}_m$，$\boldsymbol{b}$ 也线性相关；反之，若向量组 B 线性无关，则向量组 A 也线性无关。

(3) 向量个数 m 大于向量维数 n 的向量组一定线性相关。

(4) 若向量组A：$\boldsymbol{a}_1, \boldsymbol{a}_2, \cdots, \boldsymbol{a}_m$线性无关，而向量组$B$：$\boldsymbol{a}_1, \boldsymbol{a}_2, \cdots, \boldsymbol{a}_m, \boldsymbol{b}$线性相关，则向量$\boldsymbol{b}$能由向量组$A$线性表示，且表示式是唯一的。

(5) 设$\boldsymbol{a}_i=(a_{1i},a_{2i},\cdots,a_{ni})^{\mathrm{T}}$，$\boldsymbol{b}_i=(a_{1i},a_{2i},\cdots,a_{ni},a_{(n+1)i})^{\mathrm{T}}$，$i=1,2,\cdots,m$，若向量组$\boldsymbol{a}_1,\boldsymbol{a}_2,\cdots,\boldsymbol{a}_m$线性无关，则向量组$\boldsymbol{b}_1,\boldsymbol{b}_2,\cdots,\boldsymbol{b}_m$线性无关；反之，若向量组$\boldsymbol{b}_1,\boldsymbol{b}_2,\cdots,\boldsymbol{b}_m$线性相关，则向量组$\boldsymbol{a}_1,\boldsymbol{a}_2,\cdots,\boldsymbol{a}_m$线性相关。

证 (1)(2) 可由定义 4.1.5 得出，留给读者自己叙述；由(2) 可知若向量组的一部分向量(称为部分组) 线性相关，则向量组必线性相关。若向量组线性无关，则它的部分组也线性无关。

(3) 设$\boldsymbol{a}_1, \boldsymbol{a}_2, \cdots, \boldsymbol{a}_m$是$m$个$n$维向量，它构成的$n\times m$矩阵为$\boldsymbol{A}=(\boldsymbol{a}_1, \boldsymbol{a}_2, \cdots, \boldsymbol{a}_m)$。因为$n<m$及矩阵秩的性质，知$R(\boldsymbol{A})\leqslant n<m$，所以由定理4.1.4得，向量组$\boldsymbol{a}_1, \boldsymbol{a}_2, \cdots, \boldsymbol{a}_m$线性相关。

(4) 先证能表示。由$\boldsymbol{a}_1, \boldsymbol{a}_2, \cdots, \boldsymbol{a}_m, \boldsymbol{b}$线性相关，则有不全为零的数$k_1, k_2, \cdots, k_m, k$，能使

$$k_1\boldsymbol{a}_1+k_2\boldsymbol{a}_2+\cdots+k_m\boldsymbol{a}_m+k\boldsymbol{b}=\boldsymbol{0},$$

可以断定$k\neq 0$，因为若$k=0$，则$k_1, k_2, \cdots, k_m$不全为零，使$k_1\boldsymbol{a}_1+k_2\boldsymbol{a}_2+\cdots+k_m\boldsymbol{a}_m=\boldsymbol{0}$，这与$\boldsymbol{a}_1, \boldsymbol{a}_2, \cdots, \boldsymbol{a}_m$线性无关矛盾，所以$k\neq 0$。

从而有$\boldsymbol{b}=-\dfrac{k_1}{k}\boldsymbol{a}_1-\dfrac{k_2}{k}\boldsymbol{a}_2-\cdots-\dfrac{k_m}{k}\boldsymbol{a}_m$，即$\boldsymbol{b}$能由$\boldsymbol{a}_1, \boldsymbol{a}_2, \cdots, \boldsymbol{a}_m$线性表示。

再证表示式的唯一性。设$\boldsymbol{b}$有两种表示形式：

$$\boldsymbol{b}=s_1\boldsymbol{a}_1+s_2\boldsymbol{a}_2+\cdots+s_m\boldsymbol{a}_m \quad \text{或} \quad \boldsymbol{b}=t_1\boldsymbol{a}_1+t_2\boldsymbol{a}_2+\cdots+t_m\boldsymbol{a}_m,$$

两式相减，得$(s_1-t_1)\boldsymbol{a}_1+(s_2-t_2)\boldsymbol{a}_2+\cdots+(s_m-t_m)\boldsymbol{a}_m=\boldsymbol{0}$，由$\boldsymbol{a}_1, \boldsymbol{a}_2, \cdots, \boldsymbol{a}_m$的线性无关性得$s_1=t_1, s_2=t_2, \cdots, s_m=t_m$，这就证明了表示式是唯一的。

(5) 设一组数$k_1,k_2,\cdots,k_m$，使$k_1\boldsymbol{b}_1+k_2\boldsymbol{b}_2+\cdots+k_m\boldsymbol{b}_m=\boldsymbol{0}$，即

$$\begin{cases} a_{11}k_1+a_{12}k_2+\cdots+a_{1m}k_m=0, \\ a_{21}k_1+a_{22}k_2+\cdots+a_{2m}k_m=0, \\ \cdots\cdots\cdots\cdots \\ a_{n1}k_1+a_{n2}k_2+\cdots+a_{nm}k_m=0, \\ a_{(n+1)1}k_1+a_{(n+1)2}k_2+\cdots+a_{(n+1)m}k_m=0, \end{cases}$$

可见，前n个方程恰为$k_1\boldsymbol{a}_1+k_2\boldsymbol{a}_2+\cdots+k_m\boldsymbol{a}_m=\boldsymbol{0}$，由于所设$\boldsymbol{a}_1,\boldsymbol{a}_2,\cdots,\boldsymbol{a}_m$线性无关，所以$k_1=k_2=\cdots=k_m=0$，故$\boldsymbol{b}_1,\boldsymbol{b}_2,\cdots,\boldsymbol{b}_m$线性无关。

此结论可推广叙述为：线性无关向量组的各向量在相同位置上增加相同个数的分量，所得向量组仍然线性无关。

例如，$\boldsymbol{e}_1=\begin{pmatrix}1\\0\end{pmatrix}$，$\boldsymbol{e}_2=\begin{pmatrix}0\\1\end{pmatrix}$ 线性无关，则 $\boldsymbol{a}_1=\begin{pmatrix}2\\3\\1\\0\end{pmatrix}$，$\boldsymbol{a}_2=\begin{pmatrix}1\\2\\0\\1\end{pmatrix}$ 也线性无关。

例 7　设向量组 $\boldsymbol{a}_1$，$\boldsymbol{a}_2$，$\boldsymbol{a}_3$ 线性相关，向量组 $\boldsymbol{a}_2$，$\boldsymbol{a}_3$，$\boldsymbol{a}_4$ 线性无关，试证：(1) $\boldsymbol{a}_1$ 能由 $\boldsymbol{a}_2$，$\boldsymbol{a}_3$ 线性表示；(2) $\boldsymbol{a}_4$ 不能由 $\boldsymbol{a}_1$，$\boldsymbol{a}_2$，$\boldsymbol{a}_3$ 线性表示。

证　(1) 因为 $\boldsymbol{a}_2$，$\boldsymbol{a}_3$，$\boldsymbol{a}_4$ 线性无关，所以其部分组 $\boldsymbol{a}_2$，$\boldsymbol{a}_3$ 线性无关，又已知 $\boldsymbol{a}_1$，$\boldsymbol{a}_2$，$\boldsymbol{a}_3$ 线性相关，所以 ，由定理 4.1.6(4) 知，$\boldsymbol{a}_1$ 能用 $\boldsymbol{a}_2$，$\boldsymbol{a}_3$ 线性表示。

(2) 用反证法。假设 $\boldsymbol{a}_4=k_1\boldsymbol{a}_1+k_2\boldsymbol{a}_2+k_3\boldsymbol{a}_3$，由(1) 知，存在数 l_2，l_3，使 $\boldsymbol{a}_1=l_2\boldsymbol{a}_2+l_3\boldsymbol{a}_3$，代入上式得 $\boldsymbol{a}_4=(k_1l_2+k_2)\boldsymbol{a}_2+(k_1l_3+k_3)\boldsymbol{a}_3$，据定理 4.1.5，此式表明 $\boldsymbol{a}_2$，$\boldsymbol{a}_3$，$\boldsymbol{a}_4$ 线性相关，这与所设 $\boldsymbol{a}_2$，$\boldsymbol{a}_3$，$\boldsymbol{a}_4$ 线性无关矛盾，所以 $\boldsymbol{a}_4$ 不能由 $\boldsymbol{a}_1$，$\boldsymbol{a}_2$，$\boldsymbol{a}_3$ 线性表示。

定理 4.1.7　设向量组 $\boldsymbol{\alpha}_1,\boldsymbol{\alpha}_2,\cdots,\boldsymbol{\alpha}_m$ 能由向量组 $\boldsymbol{\beta}_1,\boldsymbol{\beta}_2,\cdots,\boldsymbol{\beta}_n$ 线性表示。

(1) 若 $m>n$，则 $\boldsymbol{\alpha}_1,\boldsymbol{\alpha}_2,\cdots,\boldsymbol{\alpha}_m$ 线性相关；

(2) 若 $\boldsymbol{\alpha}_1,\boldsymbol{\alpha}_2,\cdots,\boldsymbol{\alpha}_m$ 线性无关，则 $m\leqslant n$。

证　设向量组

$$(\boldsymbol{\alpha}_1,\boldsymbol{\alpha}_2,\cdots,\boldsymbol{\alpha}_m)=(\boldsymbol{\beta}_1,\boldsymbol{\beta}_2,\cdots,\boldsymbol{\beta}_n)\begin{pmatrix}k_{11}&k_{12}&\cdots&k_{1m}\\k_{21}&k_{22}&\cdots&k_{2m}\\\vdots&\vdots&&\vdots\\k_{n1}&k_{n2}&\cdots&k_{nm}\end{pmatrix}。$$

(1) 设 $x_1\boldsymbol{\alpha}_1+x_2\boldsymbol{\alpha}_2+\cdots+x_m\boldsymbol{\alpha}_m=\boldsymbol{0}$ 或 $(\boldsymbol{\alpha}_1,\boldsymbol{\alpha}_2,\cdots,\boldsymbol{\alpha}_m)\begin{pmatrix}x_1\\x_2\\\vdots\\x_m\end{pmatrix}=\boldsymbol{0}$，下面证明 x_1，$x_2,\cdots,x_m$ 不全为零即可。

由 $(\boldsymbol{\alpha}_1,\boldsymbol{\alpha}_2,\cdots,\boldsymbol{\alpha}_m)\begin{pmatrix}x_1\\x_2\\\vdots\\x_m\end{pmatrix}=(\boldsymbol{\beta}_1,\boldsymbol{\beta}_2,\cdots,\boldsymbol{\beta}_n)\begin{pmatrix}k_{11}&k_{12}&\cdots&k_{1m}\\k_{21}&k_{22}&\cdots&k_{2m}\\\vdots&\vdots&&\vdots\\k_{n1}&k_{n2}&\cdots&k_{nm}\end{pmatrix}\begin{pmatrix}x_1\\x_2\\\vdots\\x_m\end{pmatrix}=\boldsymbol{0}$，

考虑 $\begin{pmatrix}k_{11}&k_{12}&\cdots&k_{1m}\\k_{21}&k_{22}&\cdots&k_{2m}\\\vdots&\vdots&&\vdots\\k_{n1}&k_{n2}&\cdots&k_{nm}\end{pmatrix}\begin{pmatrix}x_1\\x_2\\\vdots\\x_m\end{pmatrix}=\boldsymbol{0}$，这是一个齐次线性方程组。

由所设 $m>n$，则该齐次线性方程组未知量个数大于方程个数，故有非零解，即 $x_1,x_2,\cdots,x_m$ 不全为零。所以 $\boldsymbol{\alpha}_1,\boldsymbol{\alpha}_2,\cdots,\boldsymbol{\alpha}_m$ 线性相关。

(2) 用反证法：假设 $m>n$，则由所证的(1) 知 $\boldsymbol{\alpha}_1,\boldsymbol{\alpha}_2,\cdots,\boldsymbol{\alpha}_m$ 线性相关，这与所设 $\boldsymbol{\alpha}_1,\boldsymbol{\alpha}_2,\cdots,\boldsymbol{\alpha}_m$ 线性无关矛盾，所以 $m\leqslant n$。

习题 4.1

1. 设向量 $\boldsymbol{a}_1=\begin{pmatrix}1\\-1\\2\\-2\end{pmatrix},\boldsymbol{a}_2=\begin{pmatrix}-1\\3\\-2\\1\end{pmatrix},\boldsymbol{a}_3=\begin{pmatrix}2\\0\\1\\0\end{pmatrix}$,求 $2\boldsymbol{a}_1+3\boldsymbol{a}_2-\boldsymbol{a}_3$。

2. 设向量 $\boldsymbol{a}=\begin{pmatrix}1\\2\\1\end{pmatrix},\boldsymbol{b}=\begin{pmatrix}3\\0\\-4\end{pmatrix}$,向量 $\boldsymbol{c}$ 满足 $3(\boldsymbol{c}+\boldsymbol{a})+2(\boldsymbol{b}-\boldsymbol{c})=\boldsymbol{0}$,求 $\boldsymbol{c}$。

3. 设向量 $\boldsymbol{a},\boldsymbol{b}$ 满足 $\boldsymbol{a}+2\boldsymbol{b}=\begin{pmatrix}5\\-1\\2\end{pmatrix},\boldsymbol{a}-\boldsymbol{b}=\begin{pmatrix}2\\-1\\5\end{pmatrix}$,求 $\boldsymbol{a},\boldsymbol{b}$。

4. 下列向量组中向量 $\boldsymbol{b}$ 能否由其余向量线性表示?

(1) $\boldsymbol{a}_1=\begin{pmatrix}2\\0\\1\end{pmatrix},\boldsymbol{a}_2=\begin{pmatrix}0\\-8\\2\end{pmatrix},\boldsymbol{b}=\begin{pmatrix}-1\\2\\1\end{pmatrix}$;

(2) $\boldsymbol{a}_1=\begin{pmatrix}1\\3\\-1\\2\end{pmatrix},\boldsymbol{a}_2=\begin{pmatrix}2\\1\\3\\-1\end{pmatrix},\boldsymbol{a}_3=\begin{pmatrix}2\\-2\\0\\-3\end{pmatrix},\boldsymbol{b}=\begin{pmatrix}6\\-1\\-5\\-4\end{pmatrix}$。

5. 设向量组

$$A:\boldsymbol{a}_1=\begin{pmatrix}1\\2\\0\\3\end{pmatrix},\boldsymbol{a}_2=\begin{pmatrix}0\\1\\3\\2\end{pmatrix},\boldsymbol{a}_3=\begin{pmatrix}3\\0\\2\\1\end{pmatrix};\quad B:\boldsymbol{b}_1=\begin{pmatrix}1\\2\\0\\3\end{pmatrix},\boldsymbol{b}_2=\begin{pmatrix}2\\-1\\5\\0\end{pmatrix},\boldsymbol{b}_3=\begin{pmatrix}4\\3\\5\\6\end{pmatrix}。$$

证明:向量组 B 能由向量组 A 线性表示,但向量组 A 不能由向量组 B 组线性表示。

6. 证明下列向量组 A 与向量组 B 等价。

(1) $A:\boldsymbol{a}_1=\begin{pmatrix}1\\3\\5\end{pmatrix},\boldsymbol{a}_2=\begin{pmatrix}1\\2\\4\end{pmatrix},\boldsymbol{a}_3=\begin{pmatrix}-1\\3\\1\end{pmatrix};\quad B:\boldsymbol{b}_1=\begin{pmatrix}1\\1\\3\end{pmatrix},\boldsymbol{b}_2=\begin{pmatrix}7\\-2\\12\end{pmatrix}$;

(2) $A:\boldsymbol{a}_1=\begin{pmatrix}1\\3\\1\\2\end{pmatrix},\boldsymbol{a}_2=\begin{pmatrix}-5\\-6\\4\\-1\end{pmatrix};\quad B:\boldsymbol{b}_1=\begin{pmatrix}4\\7\\-1\\3\end{pmatrix},\boldsymbol{b}_2=\begin{pmatrix}-3\\-4\\2\\-1\end{pmatrix}$。

7. 判别下列向量组的线性相关性:

(1) $\boldsymbol{a}_1=(3,-1,2)^{\mathrm{T}},\ \boldsymbol{a}_2=(1,3,-5)^{\mathrm{T}}$;

(2) $\boldsymbol{a}_1=(1,1,0)^{\mathrm{T}},\ \boldsymbol{a}_2=(1,-1,1)^{\mathrm{T}},\ \boldsymbol{a}_3=(3,1,0)^{\mathrm{T}},\ \boldsymbol{a}_4=(2,1,1)^{\mathrm{T}}$;

(3) $\boldsymbol{a}_1=(1,3,5)^{\mathrm{T}},\ \boldsymbol{a}_2=(2,0,1)^{\mathrm{T}},\ \boldsymbol{a}_3=(-2,1,0)^{\mathrm{T}}$;

(4) $\boldsymbol{a}_1=(1,2,1,1)^{\mathrm{T}}$, $\boldsymbol{a}_2=(1,1,1,2)^{\mathrm{T}}$, $\boldsymbol{a}_3=(-3,-2,1,-7)^{\mathrm{T}}$;

(5) $\boldsymbol{a}_1=(1,1,-1,1)^{\mathrm{T}}$, $\boldsymbol{a}_2=(1,-1,2,-1)^{\mathrm{T}}$, $\boldsymbol{a}_3=(3,1,0,1)^{\mathrm{T}}$。

8. 设向量组 $\boldsymbol{a}_1=(k,2,1)^{\mathrm{T}}$, $\boldsymbol{a}_2=(2,k,0)^{\mathrm{T}}$, $\boldsymbol{a}_3=(1,-1,1)^{\mathrm{T}}$。

(1) 问:k 为何值时,$\boldsymbol{a}_1,\boldsymbol{a}_2,\boldsymbol{a}_3$ 线性相关?

(2) 问:k 为何值时,$\boldsymbol{a}_1,\boldsymbol{a}_2,\boldsymbol{a}_3$ 线性无关?

9. 证明下列各题:

(1) 已知 $\boldsymbol{a}_1,\boldsymbol{a}_2,\boldsymbol{a}_3$ 线性无关,$\boldsymbol{b}_1=\boldsymbol{a}_1-\boldsymbol{a}_2,\boldsymbol{b}_2=\boldsymbol{a}_2+\boldsymbol{a}_3,\boldsymbol{b}_3=\boldsymbol{a}_3-\boldsymbol{a}_1$,试证:向量组 $\boldsymbol{b}_1,\boldsymbol{b}_2,\boldsymbol{b}_3$ 线性无关;

(2) 已知 $\boldsymbol{a}_1,\boldsymbol{a}_2,\boldsymbol{a}_3$ 线性无关,$\boldsymbol{b}_1=\boldsymbol{a}_1+\boldsymbol{a}_2,\boldsymbol{b}_2=\boldsymbol{a}_1-\boldsymbol{a}_2+\boldsymbol{a}_3,\boldsymbol{b}_3=-\boldsymbol{a}_1-\boldsymbol{a}_2+\boldsymbol{a}_3$,试证:向量组 $\boldsymbol{b}_1,\boldsymbol{b}_2,\boldsymbol{b}_3$ 线性无关。

4.2　向量组的极大无关组与向量组的秩

二维码 4–4

由上一节知,若一个向量组的某个部分组是线性相关的,则这个向量组一定线性相关。那么一个线性相关的向量组中有没有线性无关的部分组?如果有,那么线性无关的部分组最多包含多少个向量?这就是本节要讨论的问题。

定义 4.2.1　设向量组 A: $\boldsymbol{a}_1,\boldsymbol{a}_2,\cdots,\boldsymbol{a}_m$ 有一部分组 A_0: $\boldsymbol{a}_{i_1},\boldsymbol{a}_{i_2},\cdots,\boldsymbol{a}_{i_r}$ $(r\leqslant m)$,满足:

(1) 向量组 A_0 线性无关;

(2) 向量组 A 中任意一个向量都能由向量组 A_0 线性表示。

则称向量组 A_0 是向量组 A 的一个**极大线性无关组**,简称**极大无关组**,极大无关组所含向量的个数 r 称为**向量组 A 的秩**,记为 $R(\boldsymbol{a}_1,\boldsymbol{a}_2,\cdots,\boldsymbol{a}_m)$,简记为 R_A,即 $R_A=R(\boldsymbol{a}_1,\boldsymbol{a}_2,\cdots,\boldsymbol{a}_m)$。

例如,向量组 A: $\boldsymbol{a}_1=\begin{pmatrix}0\\1\end{pmatrix}$, $\boldsymbol{a}_2=\begin{pmatrix}1\\0\end{pmatrix}$, $\boldsymbol{a}_3=\begin{pmatrix}1\\1\end{pmatrix}$, $\boldsymbol{a}_1,\boldsymbol{a}_2$ 线性无关,且向量组 A 中任一向量都可由 $\boldsymbol{a}_1,\boldsymbol{a}_2$ 线性表示,所以,$\boldsymbol{a}_1,\boldsymbol{a}_2$ 是向量组 A 的一个极大无关组,向量组 A 的秩为 $R(\boldsymbol{a}_1,\boldsymbol{a}_2,\boldsymbol{a}_3)=2$。

定义 4.2.1 中的条件(2) 可理解为:向量组 A 中任意一个向量都能由线性无关部分组 A_0: $\boldsymbol{a}_{i_1},\boldsymbol{a}_{i_2},\cdots,\boldsymbol{a}_{i_r}$ $(r\leqslant m)$ 线性表示的充分必要条件是向量组 A 中任意 $r+1$ 个(若 A 中有) 向量都线性相关。

事实上,任意取向量组 A 中 $r+1$ 个向量,不妨设为向量组 B: $\boldsymbol{a}_1,\boldsymbol{a}_2,\cdots,\boldsymbol{a}_r,\boldsymbol{a}_{r+1}$,若向量组 B 能由向量组 A_0 线性表示,则由定理 4.1.3 知,矩阵的秩 $R(\boldsymbol{a}_1,\boldsymbol{a}_2,\cdots,\boldsymbol{a}_r,\boldsymbol{a}_{r+1})\leqslant R(\boldsymbol{a}_{i_1},\boldsymbol{a}_{i_2},\cdots,\boldsymbol{a}_{i_r})=r$,再由定理 4.1.4 知,向量组 B: $\boldsymbol{a}_1,\boldsymbol{a}_2,\cdots,\boldsymbol{a}_r,\boldsymbol{a}_{r+1}$ 线性相关;反之,若向量组 A 中任意 $r+1$ 个向量都线性相关,那么对于向量组 A 中任一向量 $\boldsymbol{a}$,有 $r+1$ 个 $\boldsymbol{a}_{i_1},\boldsymbol{a}_{i_2},\cdots,\boldsymbol{a}_{i_r},\boldsymbol{a}$ 线性相关;又因为 $\boldsymbol{a}_{i_1},\boldsymbol{a}_{i_2},\cdots,\boldsymbol{a}_{i_r}$ 线性无关,由定理 4.1.6(4) 知,向量组 A 中任意向量 $\boldsymbol{a}$ 可由向量组 A_0: $\boldsymbol{a}_{i_1},\boldsymbol{a}_{i_2},\cdots,\boldsymbol{a}_{i_r}$ 线性表示。

因此,定义 4.2.1 可等价地叙述为:

定义 4.2.1′　设向量组 A：$\boldsymbol{a}_1, \boldsymbol{a}_2, \cdots, \boldsymbol{a}_m$，若有一部分组 A_0：$\boldsymbol{a}_{i_1}, \boldsymbol{a}_{i_2}, \cdots, \boldsymbol{a}_{i_r}$ 满足：

(1) 向量组 A_0 线性无关；

(2) 向量组 A 中任意 $r+1$ 个(若 A 中有) 向量都线性相关。

则称向量组 A_0 是向量组 A 的一个**极大线性无关组**，简称**极大无关组**。

显然，只含零向量的向量组(称为**零向量组**) 没有极大无关组，含非零向量的向量组必有极大无关组，且极大无关组所含向量个数不小于 1，向量组的极大无关组可能不是唯一的，但它们所含向量个数相同。

线性无关向量组的极大无关组就是这个向量组本身。

由向量组秩的定义知，零向量组没有极大无关组，所以零向量组的秩为 0；含非零向量的向量组的秩大于等于 1 小于等于向量组所含向量的个数；线性无关向量组的秩等于它所含向量的个数。

定理 4.2.1　向量组与它的极大无关组等价。

证　设向量组 A 的极大无关组为 A_0，由极大无关组的定义知，A 可由 A_0 线性表示，又因为 A_0 是 A 的部分组，所以 A_0 可由 A 线性表示，故向量组 A 与 A_0 可以互相线性表示，所以 A 与 A_0 等价。

我们自然联想，向量组 A：$\boldsymbol{a}_1, \boldsymbol{a}_2, \cdots, \boldsymbol{a}_m$ 的秩与它构成的矩阵 $\boldsymbol{A}=(\boldsymbol{a}_1, \boldsymbol{a}_2, \cdots, \boldsymbol{a}_m)$ 的秩是否相等呢?于是有下面的定理：

定理 4.2.2　矩阵的秩等于它的列向量组的秩，也等于它的行向量组的秩。

证　设矩阵 $\boldsymbol{A}=(\boldsymbol{a}_1, \boldsymbol{a}_2, \cdots, \boldsymbol{a}_m)$，$\boldsymbol{a}_1, \boldsymbol{a}_2, \cdots, \boldsymbol{a}_m$ 是 $\boldsymbol{A}$ 的列向量，$R(\boldsymbol{A})=r$，由矩阵秩的定义知，$\boldsymbol{A}$ 中必有一个非零的 r 阶子式 D_r，D_r 所在的 r 个列向量一定线性无关。又由 $\boldsymbol{A}$ 中任意 $r+1$ 阶子式均为零，所以 $\boldsymbol{A}$ 中任意 $r+1$ 个列向量都线性相关，于是知 D_r 所在的 r 列是向量组 $\boldsymbol{a}_1, \boldsymbol{a}_2, \cdots, \boldsymbol{a}_m$ 的一个极大无关组，所以 $\boldsymbol{A}$ 的列向量组的秩等于 r。

可类似证明矩阵 $\boldsymbol{A}$ 的行向量组的秩也等于 r。

向量组 A：$\boldsymbol{a}_1, \boldsymbol{a}_2, \cdots, \boldsymbol{a}_m$ 的秩，也可以理解为矩阵 $\boldsymbol{A}=(\boldsymbol{a}_1, \boldsymbol{a}_2, \cdots, \boldsymbol{a}_m)$ 的秩。

定理 4.2.2 还说明前面用矩阵的秩讨论的向量与向量组之间、向量组与向量组之间相关关系的结论和用向量组的秩讨论的结论是一致的。

同时，定理 4.2.2 及证明过程也给出了求向量组的秩和极大无关组的方法。

例 1　求向量组 $\boldsymbol{a}_1=\begin{pmatrix}1\\3\\-2\\-4\end{pmatrix}$，$\boldsymbol{a}_2=\begin{pmatrix}2\\5\\-1\\-5\end{pmatrix}$，$\boldsymbol{a}_3=\begin{pmatrix}-5\\-11\\-2\\8\end{pmatrix}$ 的秩。

解　由矩阵

$$(\boldsymbol{a}_1, \boldsymbol{a}_2, \boldsymbol{a}_3)=\begin{pmatrix}1&2&-5\\3&5&-11\\-2&-1&-2\\-4&-5&8\end{pmatrix}\xrightarrow[r_4+4r_1]{\substack{r_2-3r_1\\r_3+2r_1}}\begin{pmatrix}1&2&-5\\0&-1&4\\0&3&-12\\0&3&-12\end{pmatrix}\xrightarrow[r_4+3r_2]{r_3+3r_2}\begin{pmatrix}1&2&-5\\0&-1&4\\0&0&0\\0&0&0\end{pmatrix},$$

所以
$$R(\boldsymbol{a}_1, \boldsymbol{a}_2, \boldsymbol{a}_3) = 2。$$

例 2　求向量组 $\boldsymbol{a}_1 = \begin{pmatrix} 1 \\ 2 \\ -1 \\ 4 \end{pmatrix}, \boldsymbol{a}_2 = \begin{pmatrix} 0 \\ 1 \\ 3 \\ 2 \end{pmatrix}, \boldsymbol{a}_3 = \begin{pmatrix} 3 \\ 7 \\ 0 \\ 14 \end{pmatrix}, \boldsymbol{a}_4 = \begin{pmatrix} -1 \\ 2 \\ -2 \\ 0 \end{pmatrix}, \boldsymbol{a}_5 = \begin{pmatrix} 5 \\ -1 \\ 7 \\ 10 \end{pmatrix}$ 的秩及一个极大无关组,并把其余向量用该极大无关组线性表示。

解　作矩阵 $\boldsymbol{A} = (\boldsymbol{a}_1, \boldsymbol{a}_2, \boldsymbol{a}_3, \boldsymbol{a}_4, \boldsymbol{a}_5) = \begin{pmatrix} 1 & 0 & 3 & -1 & 5 \\ 2 & 1 & 7 & 2 & -1 \\ -1 & 3 & 0 & -2 & 7 \\ 4 & 2 & 14 & 0 & 10 \end{pmatrix}$,把矩阵 $\boldsymbol{A}$ 施行初等行变换,化为行最简形,即

$$\boldsymbol{A} \xrightarrow[r_4 - 4r_1]{\substack{r_2 - 2r_1 \\ r_3 + r_1}} \begin{pmatrix} 1 & 0 & 3 & -1 & 5 \\ 0 & 1 & 1 & 4 & -11 \\ 0 & 3 & 3 & -3 & 12 \\ 0 & 2 & 2 & 4 & -10 \end{pmatrix} \xrightarrow[r_4 - 2r_2]{r_3 - 3r_2} \begin{pmatrix} 1 & 0 & 3 & -1 & 5 \\ 0 & 1 & 1 & 4 & -11 \\ 0 & 0 & 0 & -15 & 45 \\ 0 & 0 & 0 & -4 & 12 \end{pmatrix}$$

$$\xrightarrow[\substack{r_2 - 4r_3 \\ r_4 + 4r_3}]{\substack{r_3 \div (-15) \\ \text{再 } r_1 + r_3}} \begin{pmatrix} 1 & 0 & 3 & 0 & 2 \\ 0 & 1 & 1 & 0 & 1 \\ 0 & 0 & 0 & 1 & -3 \\ 0 & 0 & 0 & 0 & 0 \end{pmatrix},$$

所以
$$R(\boldsymbol{a}_1, \boldsymbol{a}_2, \boldsymbol{a}_3, \boldsymbol{a}_4, \boldsymbol{a}_5) = 3。$$

从而知向量组的极大无关组含三个向量,取三个非零行的首非零元所在列的序号 1、2、4 为向量的序号,便知 $\boldsymbol{a}_1, \boldsymbol{a}_2, \boldsymbol{a}_4$ 是向量组的一个极大无关组。这是因为由

$$(\boldsymbol{a}_1, \boldsymbol{a}_2, \boldsymbol{a}_4) \xrightarrow{r} \begin{pmatrix} 1 & 0 & 0 \\ 0 & 1 & 0 \\ 0 & 0 & 1 \\ 0 & 0 & 0 \end{pmatrix}, \quad R(\boldsymbol{a}_1, \boldsymbol{a}_2, \boldsymbol{a}_4) = 3,$$

所以 $\boldsymbol{a}_1, \boldsymbol{a}_2, \boldsymbol{a}_4$ 线性无关。

可由 $\boldsymbol{A}$ 的行最简形得到 $\boldsymbol{a}_3, \boldsymbol{a}_5$,并分别用 $\boldsymbol{a}_1, \boldsymbol{a}_2, \boldsymbol{a}_4$ 线性表示为

$$\boldsymbol{a}_3 = 3\boldsymbol{a}_1 + \boldsymbol{a}_2 + 0\boldsymbol{a}_4 = 3\boldsymbol{a}_1 + \boldsymbol{a}_2,$$
$$\boldsymbol{a}_5 = 2\boldsymbol{a}_1 + \boldsymbol{a}_2 - 3\boldsymbol{a}_4。$$

这是因为解方程组　$x_1\boldsymbol{a}_1 + x_2\boldsymbol{a}_2 + x_3\boldsymbol{a}_4 = \boldsymbol{a}_3,$

可得　$x_1 = 3,\ x_2 = 1,\ x_3 = 0。$

解方程组　$x_1\boldsymbol{a}_1 + x_2\boldsymbol{a}_2 + x_3\boldsymbol{a}_4 = \boldsymbol{a}_5,$

可得　$x_1 = 2,\ x_2 = 1,\ x_3 = -3。$

若向量组 $\boldsymbol{\alpha}_1, \boldsymbol{\alpha}_2, \cdots, \boldsymbol{\alpha}_m$ 构成的矩阵

$$\boldsymbol{A} = (\boldsymbol{\alpha}_1, \boldsymbol{\alpha}_2, \cdots, \boldsymbol{\alpha}_m) \xrightarrow{r} \boldsymbol{B} = (\boldsymbol{\beta}_1, \boldsymbol{\beta}_2, \cdots, \boldsymbol{\beta}_m),$$

则知 $\boldsymbol{A}$ 与 $\boldsymbol{B}$ 对应的方程组 $x_1\boldsymbol{\alpha}_1 + x_2\boldsymbol{\alpha}_2 + \cdots + x_m\boldsymbol{\alpha}_m = \boldsymbol{0}$ 与 $x_1\boldsymbol{\beta}_1 + x_2\boldsymbol{\beta}_2 + \cdots + x_m\boldsymbol{\beta}_m = \boldsymbol{0}$ 有相同的解。

于是知 $\boldsymbol{\alpha}_1, \boldsymbol{\alpha}_2, \cdots, \boldsymbol{\alpha}_m$ 与 $\boldsymbol{\beta}_1, \boldsymbol{\beta}_2, \cdots, \boldsymbol{\beta}_m$ 有相同的线性关系。因此可得：

定理 4.2.3 若矩阵 $\boldsymbol{A}$ 经初等行变换变成矩阵 $\boldsymbol{B}$，则矩阵 $\boldsymbol{A}$ 的列向量组与矩阵 $\boldsymbol{B}$ 的列向量组有相同的线性关系。

如，由例 2 知，若矩阵 $\boldsymbol{B}$ 是由矩阵 $\boldsymbol{A}$ 经初等行变换变成的行最简形，则矩阵 $\boldsymbol{B}$ 更容易看出其列向量组的极大无关组和其余向量与这个极大无关组的线性关系，从而知矩阵 $\boldsymbol{A}$ 的列向量组的相应的极大无关组和其余向量与这个极大无关组的线性关系。

线性相关的非零向量组的极大无关组可能不是唯一的。

比如例 2 中还可取另一个极大无关组，如取 $\boldsymbol{a}_1, \boldsymbol{a}_3, \boldsymbol{a}_5$，这时

$$\boldsymbol{a}_2 = -3\boldsymbol{a}_1 + \boldsymbol{a}_3 + 0\boldsymbol{a}_5, \quad \boldsymbol{a}_4 = -\frac{1}{3}\boldsymbol{a}_1 + \frac{1}{3}\boldsymbol{a}_3 - \frac{1}{3}\boldsymbol{a}_5。$$

其他类似。

习题 4.2

1. 求下列向量组的秩和一个极大无关组：

(1) $\boldsymbol{a}_1 = (1,2,-1)^{\mathrm{T}}, \boldsymbol{a}_2 = (4,5,2)^{\mathrm{T}}, \boldsymbol{a}_3 = (2,1,4)^{\mathrm{T}}$；

(2) $\boldsymbol{a}_1 = \begin{pmatrix} 1 \\ 2 \\ 3 \\ -1 \end{pmatrix}, \boldsymbol{a}_2 = \begin{pmatrix} -1 \\ 3 \\ 2 \\ 0 \end{pmatrix}, \boldsymbol{a}_3 = \begin{pmatrix} 3 \\ 1 \\ 4 \\ -2 \end{pmatrix}, \boldsymbol{a}_4 = \begin{pmatrix} -3 \\ 4 \\ 1 \\ 1 \end{pmatrix}$。

2. 求下列向量组的一个极大无关组，并把其余向量用该极大无关组线性表示：

(1) $\boldsymbol{a}_1 = \begin{pmatrix} 1 \\ 2 \\ 1 \end{pmatrix}, \boldsymbol{a}_2 = \begin{pmatrix} 2 \\ 5 \\ 1 \end{pmatrix}, \boldsymbol{a}_3 = \begin{pmatrix} -1 \\ 3 \\ -6 \end{pmatrix}, \boldsymbol{a}_4 = \begin{pmatrix} 3 \\ -1 \\ 10 \end{pmatrix}$；

(2) $\boldsymbol{a}_1 = \begin{pmatrix} 1 \\ 2 \\ -1 \\ 4 \end{pmatrix}, \boldsymbol{a}_2 = \begin{pmatrix} 0 \\ 1 \\ 3 \\ 2 \end{pmatrix}, \boldsymbol{a}_3 = \begin{pmatrix} 3 \\ 7 \\ 0 \\ 14 \end{pmatrix}, \boldsymbol{a}_4 = \begin{pmatrix} -1 \\ 2 \\ -2 \\ 0 \end{pmatrix}, \boldsymbol{a}_5 = \begin{pmatrix} 5 \\ -1 \\ 7 \\ 10 \end{pmatrix}$。

3. 设向量组 $\boldsymbol{a}_1, \boldsymbol{a}_2, \boldsymbol{a}_3$ 能由向量组 $\boldsymbol{b}_1, \boldsymbol{b}_2$ 线性表示，证明 $\boldsymbol{a}_1, \boldsymbol{a}_2, \boldsymbol{a}_3$ 线性相关。

4.3 向量空间

二维码 4-5

本节对向量的加法和数乘运算及向量组的线性相关性和秩等内容做进一步抽象和提高。

定义 4.3.1 设 $\mathbf{V}$ 是 n 维向量的非空集合，如果 $\mathbf{V}$ 对加法和数乘运算封闭，即任取 $\boldsymbol{\alpha}, \boldsymbol{\beta} \in \mathbf{V}, \lambda \in \mathbf{R}$，都有

$$\boldsymbol{\alpha} + \boldsymbol{\beta} \in \mathbf{V}, \quad \lambda\boldsymbol{\alpha} \in \mathbf{V},$$

则称 $\mathbf{V}$ 为**向量空间**。

可以验证，全体 n 维向量构成一个向量空间，称为 n **维向量空间**，记为 $\mathbf{R}^n$。$\mathbf{R}$ 指数

轴，$\mathbf{R}^2$ 指平面，$\mathbf{R}^3$ 指几何空间。n 维向量空间是几何空间概念的推广。

容易验证，集合 $\boldsymbol{V}_1=\{\boldsymbol{x}=(0,a)\mid a\in\mathbf{R}\}$ 是向量空间，集合 $\boldsymbol{V}_2=\{\boldsymbol{x}=(1,a)\mid a\in\mathbf{R}\}$ 不是向量空间，但 $\boldsymbol{V}_1$，$\boldsymbol{V}_2$ 都是 $\mathbf{R}^2$ 的子集，可见向量空间的子集可能是向量空间，也可能不是向量空间。

定义 4.3.2 设有向量空间 $\boldsymbol{V}_1$ 和 $\boldsymbol{V}_2$，若 $\boldsymbol{V}_1\subset\boldsymbol{V}_2$，则称 $\boldsymbol{V}_1$ 是 $\boldsymbol{V}_2$ 的**子空间**。

上述 $\boldsymbol{V}_1=\{x=(0,a)\mid a\in\mathbf{R}\}$ 就是 $\mathbf{R}^2$ 的一个子空间。

任何由 n 维向量组成的向量空间 $\boldsymbol{V}$，总有 $\boldsymbol{V}\subset\mathbf{R}^n$，所以任何由 n 维向量组成的向量空间都是 $\mathbf{R}^n$ 的子空间。

若向量空间 $\boldsymbol{V}_1\subset\boldsymbol{V}_2$，且 $\boldsymbol{V}_2\subset\boldsymbol{V}_1$，则称 $\boldsymbol{V}_1$ **与** $\boldsymbol{V}_2$ **相等**，记为 $\boldsymbol{V}_1=\boldsymbol{V}_2$。

例 1 设 $\boldsymbol{a}$，$\boldsymbol{b}$ 为两个已知的 n 维向量，则集合

$$\boldsymbol{V}=\{\boldsymbol{x}=\lambda\boldsymbol{a}+\mu\boldsymbol{b}\mid\lambda,\ \mu\in\mathbf{R}\}$$

是一个向量空间，这是因为

$$\boldsymbol{x}_1=\lambda_1\boldsymbol{a}+\mu_1\boldsymbol{b}\in\boldsymbol{V},\ \boldsymbol{x}_2=\lambda_2\boldsymbol{a}+\mu_2\boldsymbol{b}\in\boldsymbol{V},$$

$$\boldsymbol{x}_1+\boldsymbol{x}_2=(\lambda_1+\lambda_2)\boldsymbol{a}+(\mu_1+\mu_2)\boldsymbol{b}\in\boldsymbol{V}。$$

设 k 为数，则 $k\boldsymbol{x}_1=k\lambda_1\boldsymbol{a}+k\mu_1\boldsymbol{b}\in\boldsymbol{V}$。

这个向量空间称为**由向量 $\boldsymbol{a}$，$\boldsymbol{b}$ 所生成的向量空间**。

一般地，由向量组 $\boldsymbol{a}_1,\ \boldsymbol{a}_2,\ \cdots,\ \boldsymbol{a}_m$ 所生成的向量空间为

$$\boldsymbol{L}=\{\boldsymbol{x}=\lambda_1\boldsymbol{a}_1+\lambda_2\boldsymbol{a}_2+\cdots+\lambda_m\boldsymbol{a}_m\mid\lambda_1,\ \lambda_2,\ \cdots,\ \lambda_m\in\mathbf{R}\}。$$

定义 4.3.3 设 $\boldsymbol{V}$ 是向量空间，$\boldsymbol{a}_1,\ \boldsymbol{a}_2,\ \cdots,\ \boldsymbol{a}_r$ 是 $\boldsymbol{V}$ 中的一组向量，且满足

(1) $\boldsymbol{a}_1,\ \boldsymbol{a}_2,\ \cdots,\ \boldsymbol{a}_r$ 线性无关；

(2) 任意向量 $\boldsymbol{b}\in\boldsymbol{V}$ 都能由 $\boldsymbol{a}_1,\ \boldsymbol{a}_2,\ \cdots,\ \boldsymbol{a}_r$ 线性表示，即

$$\boldsymbol{b}=\lambda_1\boldsymbol{a}_1+\lambda_2\boldsymbol{a}_2+\cdots+\lambda_r\boldsymbol{a}_r,$$

则称 $\boldsymbol{a}_1,\ \boldsymbol{a}_2,\ \cdots,\ \boldsymbol{a}_r$ 是 $\boldsymbol{V}$ 的一个**基**，称 r 为 $\boldsymbol{V}$ 的**维数**，记作 $R(\boldsymbol{V})=r$，并称 $\boldsymbol{V}$ 为 r **维向量空间**，称数组 $\lambda_1,\ \lambda_2,\ \cdots,\ \lambda_r$ 为向量 $\boldsymbol{b}$ 在基 $\boldsymbol{a}_1,\ \boldsymbol{a}_2,\ \cdots,\ \boldsymbol{a}_r$ 下的**坐标**。

对定义 4.3.3 中的基可理解为向量空间的一个极大无关组，维数可理解为向量空间的秩。

因为 n 维向量空间 $\mathbf{R}^n$ 中任一向量 $\boldsymbol{x}=\begin{pmatrix}x_1\\x_2\\\vdots\\x_n\end{pmatrix}$，可由 n 维单位坐标向量组 $\boldsymbol{e}_1,\ \boldsymbol{e}_2,\ \cdots,\boldsymbol{e}_n$ 线性表示

$$\boldsymbol{x}=\begin{pmatrix}x_1\\x_2\\\vdots\\x_n\end{pmatrix}=x_1\boldsymbol{e}_1+x_2\boldsymbol{e}_2+\cdots+x_n\boldsymbol{e}_n,$$

所以 $\boldsymbol{e}_1,\ \boldsymbol{e}_2,\ \cdots,\ \boldsymbol{e}_n$ 是 n 维向量空间 $\mathbf{R}^n$ 的基，又由向量 $\boldsymbol{x}$ 在基 $\boldsymbol{e}_1,\ \boldsymbol{e}_2,\ \cdots,\ \boldsymbol{e}_n$ 下的坐标就是该向量 $\boldsymbol{x}$ 的分量，故称 $\boldsymbol{e}_1,\ \boldsymbol{e}_2,\ \cdots,\ \boldsymbol{e}_n$ 为 $\mathbf{R}^n$ 的**自然基**。

因为任意 $n+1$ 个 n 维向量一定线性相关，所以任意 n 个线性无关的 n 维向量都是

向量空间 $\mathbf{R}^n$ 的基。

定义 4.3.4 设两个 n 维线性无关向量组 $\boldsymbol{\alpha}_1,\boldsymbol{\alpha}_2,\cdots,\boldsymbol{\alpha}_n$ 和 $\boldsymbol{\beta}_1,\boldsymbol{\beta}_2,\cdots,\boldsymbol{\beta}_n$ 都是 n 维向量空间 $\mathbf{R}^n$ 的基，$\boldsymbol{K}$ 为 n 阶可逆矩阵，且 $(\boldsymbol{\beta}_1,\boldsymbol{\beta}_2,\cdots,\boldsymbol{\beta}_n)=(\boldsymbol{\alpha}_1,\boldsymbol{\alpha}_2,\cdots,\boldsymbol{\alpha}_n)\boldsymbol{K}$，则称矩阵 $\boldsymbol{K}$ 为基 $\boldsymbol{\alpha}_1,\boldsymbol{\alpha}_2,\cdots,\boldsymbol{\alpha}_n$ 到基 $\boldsymbol{\beta}_1,\boldsymbol{\beta}_2,\cdots,\boldsymbol{\beta}_n$ 的**过渡矩阵**。

例如，$\boldsymbol{\alpha}_1=\begin{pmatrix}2\\3\end{pmatrix}$，$\boldsymbol{\alpha}_2=\begin{pmatrix}1\\1\end{pmatrix}$ 和 $\boldsymbol{\beta}_1=\begin{pmatrix}1\\2\end{pmatrix}$，$\boldsymbol{\beta}_2=\begin{pmatrix}3\\4\end{pmatrix}$ 都是 $\mathbf{R}^2$ 的基，由 $(\boldsymbol{\beta}_1,\boldsymbol{\beta}_2)=(\boldsymbol{\alpha}_1,\boldsymbol{\alpha}_2)\begin{pmatrix}1&1\\-1&1\end{pmatrix}$，则矩阵 $\begin{pmatrix}1&1\\-1&1\end{pmatrix}$ 是基 $\boldsymbol{\alpha}_1,\boldsymbol{\alpha}_2$ 到基 $\boldsymbol{\beta}_1,\boldsymbol{\beta}_2$ 的过渡矩阵。

例 2 验证：$\boldsymbol{a}_1=\begin{pmatrix}1\\0\\2\end{pmatrix}$，$\boldsymbol{a}_2=\begin{pmatrix}0\\2\\1\end{pmatrix}$，$\boldsymbol{a}_3=\begin{pmatrix}-1\\2\\2\end{pmatrix}$ 是 $\mathbf{R}^3$ 的一个基。

证 要证 $\boldsymbol{a}_1$，$\boldsymbol{a}_2$，$\boldsymbol{a}_3$ 是 $\mathbf{R}^3$ 的一个基，只要证 $\boldsymbol{a}_1$，$\boldsymbol{a}_2$，$\boldsymbol{a}_3$ 线性无关，由

$$(\boldsymbol{a}_1,\boldsymbol{a}_2,\boldsymbol{a}_3)=\begin{pmatrix}1&0&-1\\0&2&2\\2&1&2\end{pmatrix}\xrightarrow[r_3-2r_1]{r_2\div 2}\begin{pmatrix}1&0&-1\\0&1&1\\0&1&4\end{pmatrix}\xrightarrow{r_3-r_1}\begin{pmatrix}1&0&-1\\0&1&1\\0&0&3\end{pmatrix},$$

得 $R(\boldsymbol{a}_1,\boldsymbol{a}_2,\boldsymbol{a}_3)=3$。所以，$\boldsymbol{a}_1$，$\boldsymbol{a}_2$，$\boldsymbol{a}_3$ 线性无关，故 $\boldsymbol{a}_1$，$\boldsymbol{a}_2$，$\boldsymbol{a}_3$ 是 $\mathbf{R}^3$ 的一个基。

习题 4.3

1. 设向量组 $\boldsymbol{a}_1=(-1,2,1)^{\mathrm{T}}$，$\boldsymbol{a}_2=(0,2,-3)^{\mathrm{T}}$，$\boldsymbol{a}_3=(3,2,5)^{\mathrm{T}}$，证明：向量组 $\boldsymbol{a}_1$，$\boldsymbol{a}_2$，$\boldsymbol{a}_3$ 生成的空间为 $\mathbf{R}^3$。
2. 设向量组 A：$\boldsymbol{a}_1=(1,1,2)^{\mathrm{T}}$，$\boldsymbol{a}_2=(0,1,-2)^{\mathrm{T}}$，$\boldsymbol{a}_3=(-1,2,3)^{\mathrm{T}}$，向量组 B：$\boldsymbol{b}_1=(2,-1,4)^{\mathrm{T}}$，$\boldsymbol{b}_2=(1,3,5)^{\mathrm{T}}$，证明：向量组 A 是 $\mathbf{R}^3$ 的一个基，并将向量组 B 用这个基线性表示。
3. 设向量组 $\boldsymbol{a}_1=(1,2,1,2)^{\mathrm{T}}$，$\boldsymbol{a}_2=(0,1,2,0)^{\mathrm{T}}$，$\boldsymbol{a}_3=(3,2,t,6)^{\mathrm{T}}$ 是向量空间 $\mathbf{R}^3$ 的一个基，并求 t 的范围。

4.4 线性方程组解的结构

二维码 4-6

在第 3 章中，我们已经介绍了解线性方程组的方法，并且知道了齐次线性方程组和非齐次线性方程组有解时的通解，表示的都是它们的无穷多解。那么这些解之间有些什么关系？本节将用到向量的线性相关性来加以讨论。

设 $\boldsymbol{A}$ 为 $m\times n$ 矩阵，$\boldsymbol{Ax}=\boldsymbol{b}$ 是 n 个未知量的非齐次线性方程组，$\boldsymbol{Ax}=\boldsymbol{0}$ 是对应的齐次线性方程组(称为 $\boldsymbol{Ax}=\boldsymbol{b}$ 的**导出组**)。它们的解具有如下性质：

性质 1 若 $\boldsymbol{\xi}_1,\boldsymbol{\xi}_2$ 是 $\boldsymbol{Ax}=\boldsymbol{0}$ 的解，则 $\boldsymbol{\xi}_1+\boldsymbol{\xi}_2$ 也是 $\boldsymbol{Ax}=\boldsymbol{0}$ 的解。

证 因为

$$\boldsymbol{A}(\boldsymbol{\xi}_1+\boldsymbol{\xi}_2)=\boldsymbol{A\xi}_1+\boldsymbol{A\xi}_2=\boldsymbol{0}+\boldsymbol{0}=\boldsymbol{0},$$

所以 $\boldsymbol{\xi}_1+\boldsymbol{\xi}_2$ 是 $\boldsymbol{Ax}=\boldsymbol{0}$ 的解。

性质 2　若 $\boldsymbol{\xi}$ 是 $\boldsymbol{Ax}=\boldsymbol{0}$ 的解，c 为实数，则 $c\boldsymbol{\xi}$ 也是 $\boldsymbol{Ax}=\boldsymbol{0}$ 的解。

证　因为

$$\boldsymbol{A}(c\boldsymbol{\xi})=c\boldsymbol{A\xi}=c\boldsymbol{0}=\boldsymbol{0},$$

所以 $c\boldsymbol{\xi}$ 是 $\boldsymbol{Ax}=\boldsymbol{0}$ 的解。

性质 3　若 $\boldsymbol{\eta}_1$，$\boldsymbol{\eta}_2$ 是 $\boldsymbol{Ax}=\boldsymbol{b}$ 的解，则 $\boldsymbol{\eta}_1-\boldsymbol{\eta}_2$ 是 $\boldsymbol{Ax}=\boldsymbol{0}$ 的解。

证　因为

$$\boldsymbol{A}(\boldsymbol{\eta}_1-\boldsymbol{\eta}_2)=\boldsymbol{A\eta}_1-\boldsymbol{A\eta}_2=\boldsymbol{b}-\boldsymbol{b}=\boldsymbol{0},$$

所以 $\boldsymbol{\eta}_1-\boldsymbol{\eta}_2$ 是 $\boldsymbol{Ax}=\boldsymbol{0}$ 的解。

性质 4　若 $\boldsymbol{\eta}$ 是 $\boldsymbol{Ax}=\boldsymbol{b}$ 的解，$\boldsymbol{\xi}$ 是 $\boldsymbol{Ax}=\boldsymbol{0}$ 的解，则 $\boldsymbol{\xi}+\boldsymbol{\eta}$ 是 $\boldsymbol{Ax}=\boldsymbol{b}$ 的解。

证　因为

$$\boldsymbol{A}(\boldsymbol{\xi}+\boldsymbol{\eta})=\boldsymbol{A\xi}+\boldsymbol{A\eta}=\boldsymbol{0}+\boldsymbol{b}=\boldsymbol{b},$$

所以 $\boldsymbol{\xi}+\boldsymbol{\eta}$ 是 $\boldsymbol{Ax}=\boldsymbol{b}$ 的解。

从向量的角度我们称线性方程组的解为**解向量**。

由性质 1，2 及向量空间的定义知，齐次线性方程组 $\boldsymbol{Ax}=\boldsymbol{0}$ 有非零解时的全体解（解向量）组成的集合，可构成一个向量空间，记为 $\boldsymbol{S}=\{\boldsymbol{\xi}\mid\boldsymbol{A\xi}=\boldsymbol{0}\}$，称这个向量空间为齐次线性方程组 $\boldsymbol{Ax}=\boldsymbol{0}$ 的**解空间**。

但非齐次线性方程组 $\boldsymbol{Ax}=\boldsymbol{b}$ 的解组成的集合 $\boldsymbol{T}=\{\boldsymbol{\eta}\mid\boldsymbol{A\eta}=\boldsymbol{b}\}$ 不能构成向量空间。这是因为，当 $\boldsymbol{Ax}=\boldsymbol{b}$ 无解时，$\boldsymbol{T}$ 为空集，$\boldsymbol{T}$ 不是向量空间；当 $\boldsymbol{Ax}=\boldsymbol{b}$ 有解时，$\boldsymbol{T}$ 非空，若 $\boldsymbol{\eta}\in\boldsymbol{T}$，则 $\boldsymbol{A}(3\boldsymbol{\eta})=3\boldsymbol{b}\neq\boldsymbol{b}$，这时 $3\boldsymbol{\eta}\notin\boldsymbol{T}$。

下面我们来求齐次线性方程组 $\boldsymbol{Ax}=\boldsymbol{0}$，即

$$\begin{cases}a_{11}x_1+a_{12}x_2+\cdots+a_{1n}x_n=0,\\ a_{21}x_1+a_{22}x_2+\cdots+a_{2n}x_n=0,\\ \cdots\cdots\cdots\cdots\\ a_{m1}x_1+a_{m2}x_2+\cdots+a_{mn}x_n=0\end{cases}\tag{1}$$

的解空间的一个基。

设 $R(\boldsymbol{A})=r<n$，不妨设 $\boldsymbol{A}$ 的前 r 列向量线性无关（因必要时可重新排列未知量的顺序）。对 $\boldsymbol{A}$ 施行初等行变换，化为行最简形 $\boldsymbol{B}$，即

$$\boldsymbol{A}\xrightarrow{r}\boldsymbol{B}=\begin{pmatrix}1&\cdots&0&b_{11}&\cdots&b_{1,n-r}\\ \vdots&&\vdots&\vdots&&\vdots\\ 0&\cdots&1&b_{r1}&\cdots&b_{r,n-r}\\ 0&\cdots&0&0&\cdots&0\\ \vdots&&\vdots&\vdots&&\vdots\\ 0&\cdots&0&0&\cdots&0\end{pmatrix},$$

与 $\boldsymbol{B}$ 对应的和方程组(1) 同解的方程组为

$$\begin{cases} x_1 + b_{11}x_{r+1} + \cdots + b_{1,\,n-r}x_n = 0, \\ x_2 + b_{21}x_{r+1} + \cdots + b_{2,\,n-r}x_n = 0, \\ \cdots\cdots\cdots\cdots \\ x_r + b_{r1}x_{r+1} + \cdots + b_{r,\,n-r}x_n = 0。 \end{cases} \tag{2}$$

因为$R(\boldsymbol{A})=r$，所以有$n-r$个自由未知量，取后面的x_{r+1}，x_{r+2}，…，x_n为$n-r$个自由未知量。当它们每取定一组值时，就可唯一确定一组x_1，x_2，…，x_n的值，从而得方程组的一个解。

若令x_{r+1}，x_{r+2}，…，x_n分别为任意常数c_1，c_2，…，c_{n-r}，则得方程组(1)的全部解(通解)：

$$\begin{cases} x_1 = -b_{11}c_1 - \cdots - b_{1,\,n-r}c_{n-r}, \\ x_2 = -b_{21}c_1 - \cdots - b_{2,\,n-r}c_{n-r}, \\ \cdots\cdots\cdots\cdots \\ x_r = -b_{r1}c_1 - \cdots - b_{r,\,n-r}c_{n-r}, \\ x_{r+1} = c_1, \\ \cdots\cdots\cdots\cdots \\ x_n = c_{n-r}。 \end{cases}$$

写成向量形式为

$$\begin{pmatrix} x_1 \\ x_2 \\ \vdots \\ x_r \\ x_{r+1} \\ x_{r+2} \\ \vdots \\ x_n \end{pmatrix} = c_1 \begin{pmatrix} -b_{11} \\ -b_{21} \\ \vdots \\ -b_{r1} \\ 1 \\ 0 \\ \vdots \\ 0 \end{pmatrix} + \cdots + c_{n-r} \begin{pmatrix} -b_{1,\,n-r} \\ -b_{2,\,n-r} \\ \vdots \\ -b_{r,\,n-r} \\ 0 \\ 0 \\ \vdots \\ 1 \end{pmatrix}。 \tag{3}$$

记
$$\boldsymbol{\xi}_1 = \begin{pmatrix} -b_{11} \\ -b_{21} \\ \vdots \\ -b_{r1} \\ 1 \\ 0 \\ \vdots \\ 0 \end{pmatrix},\quad \boldsymbol{\xi}_2 = \begin{pmatrix} -b_{12} \\ -b_{22} \\ \vdots \\ -b_{r2} \\ 0 \\ 1 \\ \vdots \\ 0 \end{pmatrix},\quad \cdots,\quad \boldsymbol{\xi}_{n-r} = \begin{pmatrix} -b_{1,\,n-r} \\ -b_{2,\,n-r} \\ \vdots \\ -b_{r,\,n-r} \\ 0 \\ 0 \\ \vdots \\ 1 \end{pmatrix},$$

可知 $\boldsymbol{\xi}_1, \boldsymbol{\xi}_2, \cdots, \boldsymbol{\xi}_{n-r}$ 都是方程组(1) 的解，事实上，$\boldsymbol{\xi}_1, \boldsymbol{\xi}_2, \cdots, \boldsymbol{\xi}_{n-r}$ 是自由未知量分别取 $n-r$ 组不同数

$$\begin{pmatrix} x_{r+1} \\ x_{r+2} \\ \vdots \\ x_n \end{pmatrix} = \begin{pmatrix} 1 \\ 0 \\ \vdots \\ 0 \end{pmatrix}, \quad \begin{pmatrix} 0 \\ 1 \\ \vdots \\ 0 \end{pmatrix}, \quad \cdots, \quad \begin{pmatrix} 0 \\ 0 \\ \vdots \\ 1 \end{pmatrix}$$

而得到的方程组(2) 的 $n-r$ 个解，从而也是方程组(1) 的 $n-r$ 个解。

由(3) 式知方程组(1) 的任意解，可由 $\boldsymbol{\xi}_1, \boldsymbol{\xi}_2, \cdots, \boldsymbol{\xi}_{n-r}$ 线性表示为

$$\boldsymbol{x} = c_1\boldsymbol{\xi}_1 + c_2\boldsymbol{\xi}_2 + \cdots + c_{n-r}\boldsymbol{\xi}_{n-r}。$$

下面若能证明 $\boldsymbol{\xi}_1, \boldsymbol{\xi}_2, \cdots, \boldsymbol{\xi}_{n-r}$ 线性无关，则它们就构成解空间 $\boldsymbol{S}$ 的一个基。

记
$$\boldsymbol{b}_1 = \begin{pmatrix} 1 \\ 0 \\ \vdots \\ 0 \end{pmatrix}, \boldsymbol{b}_2 = \begin{pmatrix} 0 \\ 1 \\ \vdots \\ 0 \end{pmatrix}, \cdots, \boldsymbol{b}_{n-r} = \begin{pmatrix} 0 \\ 0 \\ \vdots \\ 1 \end{pmatrix},$$

易知向量组 $\boldsymbol{b}_1, \boldsymbol{b}_2, \cdots, \boldsymbol{b}_{n-r}$ 线性无关，而 $\boldsymbol{\xi}_1, \boldsymbol{\xi}_2, \cdots, \boldsymbol{\xi}_{n-r}$ 是在 $\boldsymbol{b}_1, \boldsymbol{b}_2, \cdots, \boldsymbol{b}_{n-r}$ 的上方各添了 r 个分量所得，故由定理 4.1.6(5) 知，$\boldsymbol{\xi}_1, \boldsymbol{\xi}_2, \cdots, \boldsymbol{\xi}_{n-r}$ 线性无关。

所以，$\boldsymbol{\xi}_1, \boldsymbol{\xi}_2, \cdots, \boldsymbol{\xi}_{n-r}$ 是方程组(1) 的解空间 $\boldsymbol{S}$ 的一个基，也称为方程组(1) 的**基础解系**。

由上述的推导，可得如下定理：

定理 4.4.1　设 $\boldsymbol{A}$ 为 $m\times n$ 矩阵，$R(\boldsymbol{A})=r$，则齐次线性方程组 $\boldsymbol{Ax}=\boldsymbol{0}$ 的基础解系就是解空间 $\boldsymbol{S}$ 的基；基础解系含 $n-r$ 个解向量，$n-r$ 是自由未知量个数，也是解空间 $\boldsymbol{S}$ 的维数(或秩)。

当 $R(\boldsymbol{A})=n$ 时，$\boldsymbol{Ax}=\boldsymbol{0}$ 只有零解，没有基础解系。

当自由未知量取不同的数组时得到的方程组 $\boldsymbol{Ax}=\boldsymbol{0}$ 的基础解系不同，所以齐次线性方程组的基础解系并不是唯一的，它的通解形式也随基础解系的不同而不同。

例 1　求齐次线性方程组

$$\begin{cases} x_1 + 2x_2 + x_3 - x_4 = 0, \\ 2x_1 + x_2 - x_3 + 4x_4 = 0, \\ 5x_1 + 7x_2 + 2x_3 + x_4 = 0 \end{cases}$$

的一个基础解系，并用基础解系写出通解。

解　对系数矩阵作初等行变换，有

$$\boldsymbol{A} = \begin{pmatrix} 1 & 2 & 1 & -1 \\ 2 & 1 & -1 & 4 \\ 5 & 7 & 2 & 1 \end{pmatrix} \xrightarrow[r_3-5r_1]{r_2-2r_1} \begin{pmatrix} 1 & 2 & 1 & -1 \\ 0 & -3 & -3 & 6 \\ 0 & -3 & -3 & 6 \end{pmatrix}$$

$$\xrightarrow[\text{再 } r_2\div(-3)]{r_3-r_2}\begin{pmatrix}1&2&1&-1\\0&1&1&-2\\0&0&0&0\end{pmatrix}\xrightarrow{r_1-2r_2}\begin{pmatrix}1&0&-1&3\\0&1&1&-2\\0&0&0&0\end{pmatrix},$$

知
$$R(\mathbf{A})=2,$$

所以
$$\begin{cases}\boldsymbol{x}_1=\boldsymbol{x}_3-3\boldsymbol{x}_4,\\ \boldsymbol{x}_2=-\boldsymbol{x}_3+2\boldsymbol{x}_4。\end{cases}$$

取 $\begin{pmatrix}x_3\\x_4\end{pmatrix}=\begin{pmatrix}1\\0\end{pmatrix},\begin{pmatrix}0\\1\end{pmatrix}$， 则 $\begin{pmatrix}x_1\\x_2\end{pmatrix}=\begin{pmatrix}1\\-1\end{pmatrix},\begin{pmatrix}-3\\2\end{pmatrix}$，于是得方程组的两个解

$$\boldsymbol{\xi}_1=\begin{pmatrix}1\\-1\\1\\0\end{pmatrix},\quad \boldsymbol{\xi}_2=\begin{pmatrix}-3\\2\\0\\1\end{pmatrix}$$

即为所求方程组的一个基础解系，其通解为

$$\begin{pmatrix}x_1\\x_2\\x_3\\x_4\end{pmatrix}=c_1\begin{pmatrix}1\\-1\\1\\0\end{pmatrix}+c_2\begin{pmatrix}-3\\2\\0\\1\end{pmatrix}\ (c_1,\ c_2\in\mathbf{R})。$$

求基础解系，也可令 $x_3=c_1,\ x_4=c_2$ 先得通解

$$\begin{pmatrix}x_1\\x_2\\x_3\\x_4\end{pmatrix}=\begin{pmatrix}c_1-3c_2\\-c_1+2c_2\\c_1\\c_2\end{pmatrix}=c_1\begin{pmatrix}1\\-1\\1\\0\end{pmatrix}+c_2\begin{pmatrix}-3\\2\\0\\1\end{pmatrix},$$

从而得到基础解系 $\boldsymbol{\xi}_1,\ \boldsymbol{\xi}_2$。

对自由未知量若取 $\begin{pmatrix}x_3\\x_4\end{pmatrix}=\begin{pmatrix}1\\-1\end{pmatrix},\begin{pmatrix}1\\1\end{pmatrix}$，得 $\begin{pmatrix}x_1\\x_2\end{pmatrix}=\begin{pmatrix}4\\-3\end{pmatrix},\begin{pmatrix}-2\\1\end{pmatrix}$，则得方程组另一个与上述不同的基础解系

$$\boldsymbol{\zeta}_1=\begin{pmatrix}4\\-3\\1\\-1\end{pmatrix},\quad \boldsymbol{\zeta}_2=\begin{pmatrix}-2\\1\\1\\1\end{pmatrix},$$

随之得到形式不同的通解 $\begin{pmatrix}x_1\\x_2\\x_3\\x_4\end{pmatrix}=k_1\begin{pmatrix}4\\-3\\1\\-1\end{pmatrix}+k_2\begin{pmatrix}-2\\1\\1\\1\end{pmatrix}\ (k_1,\ k_2\in\mathbf{R})$。

例 2　设 $\boldsymbol{\alpha}_1,\boldsymbol{\alpha}_2,\boldsymbol{\alpha}_3$ 是线性方程组 $\mathbf{A}\boldsymbol{x}=\mathbf{0}$ 的基础解系，证明：$\boldsymbol{\beta}_1=\boldsymbol{\alpha}_1+\boldsymbol{\alpha}_2,\boldsymbol{\beta}_2=\boldsymbol{\alpha}_2+\boldsymbol{\alpha}_3,\boldsymbol{\beta}_3=\boldsymbol{\alpha}_1+\boldsymbol{\alpha}_3$ 是 $\mathbf{A}\boldsymbol{x}=\mathbf{0}$ 的基础解系。

证 由所设知 $\boldsymbol{Ax}=\boldsymbol{0}$ 的基础解系只含 3 个线性无关的解，于是只要证 $\boldsymbol{\beta}_1,\boldsymbol{\beta}_2,\boldsymbol{\beta}_3$ 是 $\boldsymbol{Ax}=\boldsymbol{0}$ 的 3 个线性无关的解。因为

$$\boldsymbol{A\beta}_1=\boldsymbol{A}(\boldsymbol{\alpha}_1+\boldsymbol{\alpha}_2)=\boldsymbol{0},\ \boldsymbol{A\beta}_2=\boldsymbol{A}(\boldsymbol{\alpha}_2+\boldsymbol{\alpha}_3)=\boldsymbol{0},\ \boldsymbol{A\beta}_3=\boldsymbol{A}(\boldsymbol{\alpha}_1+\boldsymbol{\alpha}_3)=\boldsymbol{0},$$

所以，$\boldsymbol{\beta}_1,\boldsymbol{\beta}_2,\boldsymbol{\beta}_3$ 是 $\boldsymbol{Ax}=\boldsymbol{0}$ 的解。

又因为

$$(\boldsymbol{\beta}_1,\boldsymbol{\beta}_2,\boldsymbol{\beta}_3)=(\boldsymbol{\alpha}_1,\boldsymbol{\alpha}_2,\boldsymbol{\alpha}_3)\begin{pmatrix}1&0&1\\1&1&0\\0&1&1\end{pmatrix},$$

记

$$|\boldsymbol{K}|=\begin{vmatrix}1&0&1\\1&1&0\\0&1&1\end{vmatrix}=2\neq 0,$$

所以矩阵 $\boldsymbol{K}$ 可逆，由定理 3.2.1 推论知 $R(\boldsymbol{\beta}_1,\boldsymbol{\beta}_2,\boldsymbol{\beta}_3)=R(\boldsymbol{\alpha}_1,\boldsymbol{\alpha}_2,\boldsymbol{\alpha}_3)=3$，所以 $\boldsymbol{\beta}_1,\boldsymbol{\beta}_2,\boldsymbol{\beta}_3$ 线性无关，从而得 $\boldsymbol{\beta}_1,\boldsymbol{\beta}_2,\boldsymbol{\beta}_3$ 是 $\boldsymbol{Ax}=\boldsymbol{0}$ 的基础解系。

例 3 证明：同解的齐次线性方程组的系数矩阵必有相同的秩。

证 设 $\boldsymbol{Ax}=\boldsymbol{0}$ 与 $\boldsymbol{Bx}=\boldsymbol{0}$ 为两个同解的 n 元齐次线性方程组，则它们的基础解系必含有相同个数的解向量，即 $n-R(\boldsymbol{A})=n-R(\boldsymbol{B})$，所以得 $R(\boldsymbol{A})=R(\boldsymbol{B})$。

例 4 设 $\boldsymbol{A}$ 是 $m\times n$ 矩阵，证明：$R(\boldsymbol{A}^{\mathrm{T}}\boldsymbol{A})=R(\boldsymbol{A})=R(\boldsymbol{AA}^{\mathrm{T}})$。

证 设若能证明齐次线性方程组 $\boldsymbol{Ax}=\boldsymbol{0}$ 与 $\boldsymbol{A}^{\mathrm{T}}\boldsymbol{Ax}=\boldsymbol{0}$ 同解，则必有 $R(\boldsymbol{A}^{\mathrm{T}}\boldsymbol{A})=R(\boldsymbol{A})$。

设 $\boldsymbol{\xi}$ 是 $\boldsymbol{Ax}=\boldsymbol{0}$ 的解，则 $\boldsymbol{A\xi}=\boldsymbol{0}$，于是 $\boldsymbol{A}^{\mathrm{T}}\boldsymbol{A\xi}=\boldsymbol{0}$，所以 $\boldsymbol{\xi}$ 是 $\boldsymbol{A}^{\mathrm{T}}\boldsymbol{Ax}=\boldsymbol{0}$ 的解；反之，若 $\boldsymbol{\xi}$ 是 $\boldsymbol{A}^{\mathrm{T}}\boldsymbol{Ax}=\boldsymbol{0}$ 的解，则 $\boldsymbol{A}^{\mathrm{T}}\boldsymbol{A\xi}=\boldsymbol{0}$，现用 $\boldsymbol{\xi}^{\mathrm{T}}$ 左乘该式得 $\boldsymbol{\xi}^{\mathrm{T}}\boldsymbol{A}^{\mathrm{T}}\boldsymbol{A\xi}=\boldsymbol{0}$，即 $(\boldsymbol{A\xi})^{\mathrm{T}}\boldsymbol{A\xi}=\boldsymbol{0}$，所以 $\boldsymbol{A\xi}=\boldsymbol{0}$，于是 $\boldsymbol{\xi}$ 是 $\boldsymbol{Ax}=\boldsymbol{0}$ 的解。所以，方程组 $\boldsymbol{Ax}=\boldsymbol{0}$ 与 $\boldsymbol{A}^{\mathrm{T}}\boldsymbol{Ax}=\boldsymbol{0}$ 同解。由例 3 知必有 $R(\boldsymbol{A}^{\mathrm{T}}\boldsymbol{A})=R(\boldsymbol{A})$。

又因为 $\boldsymbol{AA}^{\mathrm{T}}=(\boldsymbol{A}^{\mathrm{T}}\boldsymbol{A})^{\mathrm{T}}$，而互为转置矩阵的秩相同，所以，$R(\boldsymbol{A}^{\mathrm{T}}\boldsymbol{A})=R(\boldsymbol{AA}^{\mathrm{T}})=R(\boldsymbol{A})$。

例 5 设 $\boldsymbol{A}_{m\times n}\boldsymbol{B}_{n\times s}=\boldsymbol{0}$，证明 $R(\boldsymbol{A})+R(\boldsymbol{B})\leqslant n$。

证 设 $\boldsymbol{B}=(\boldsymbol{b}_1,\boldsymbol{b}_2,\cdots,\boldsymbol{b}_s)$，则 $\boldsymbol{AB}=\boldsymbol{0}$，即

$$\boldsymbol{A}(\boldsymbol{b}_1,\boldsymbol{b}_2,\cdots,\boldsymbol{b}_s)=(\boldsymbol{0},\boldsymbol{0},\cdots,\boldsymbol{0}),$$

由此得

$$\boldsymbol{Ab}_i=\boldsymbol{0}\ (i=1,2,\cdots,s)。$$

所以矩阵 $\boldsymbol{B}$ 的列向量都是齐次方程组 $\boldsymbol{Ax}=\boldsymbol{0}$ 的解，记 $\boldsymbol{Ax}=\boldsymbol{0}$ 的解空间为 $\boldsymbol{S}$，故 $\boldsymbol{b}_1,\boldsymbol{b}_2,\cdots,\boldsymbol{b}_s$ 均含于 $\boldsymbol{S}$，所以 $R(\boldsymbol{b}_1,\boldsymbol{b}_2,\cdots,\boldsymbol{b}_s)\leqslant R_s$，即 $R(\boldsymbol{B})\leqslant R_s$。又由定理 4.4.1 知 $R_s=n-R(\boldsymbol{A})$。故

$$R(\boldsymbol{B})\leqslant n-R(\boldsymbol{A}),$$

所以得

$$R(\boldsymbol{A})+R(\boldsymbol{B})\leqslant n。$$

对于非齐次线性方程组 $\boldsymbol{Ax}=\boldsymbol{b}$ 的通解的结构，有下面定理：

定理 4.4.2 若 $\boldsymbol{\eta}^*$ 是非齐次线性方程组 $\boldsymbol{Ax}=\boldsymbol{b}$ 的一个解(称为**特解**)。

$$\boldsymbol{\xi}=c_1\boldsymbol{\xi}_1+c_2\boldsymbol{\xi}_2+\cdots+c_{n-r}\boldsymbol{\xi}_{n-r}(c_1,\ c_2,\ \cdots,\ c_{n-r}\text{ 为任意常数})$$

是导出组 $\boldsymbol{Ax}=\boldsymbol{0}$ 的通解，$\boldsymbol{\xi}_1,\ \boldsymbol{\xi}_2,\ \cdots,\ \boldsymbol{\xi}_{n-r}$ 是 $\boldsymbol{Ax}=\boldsymbol{0}$ 的基础解系，则 $\boldsymbol{Ax}=\boldsymbol{b}$ 的通解可表示为 $\boldsymbol{x}=\boldsymbol{\xi}+\boldsymbol{\eta}^*$，即

二维码 4-7

$$\boldsymbol{x}=c_1\boldsymbol{\xi}_1+c_2\boldsymbol{\xi}_2+\cdots+c_{n-r}\boldsymbol{\xi}_{n-r}+\boldsymbol{\eta}^*。$$

证 设 $\boldsymbol{x}=\boldsymbol{\eta}$ 是 $\boldsymbol{Ax}=\boldsymbol{b}$ 的任一解，$\boldsymbol{\eta}^*$ 是 $\boldsymbol{Ax}=\boldsymbol{b}$ 的特解，由性质 3 得 $\boldsymbol{\eta}-\boldsymbol{\eta}^*$ 是 $\boldsymbol{Ax}=\boldsymbol{0}$ 的解(为任意解)，所以存在一组数 $c_1,\ c_2,\ \cdots,\ c_{n-r}$ 使得

$$\boldsymbol{\eta}-\boldsymbol{\eta}^*=c_1\boldsymbol{\xi}_1+c_2\boldsymbol{\xi}_2+\cdots+c_{n-r}\boldsymbol{\xi}_{n-r},$$

故 $\boldsymbol{\eta}$ 可表示为

$$\boldsymbol{\eta}=c_1\boldsymbol{\xi}_1+c_2\boldsymbol{\xi}_2+\cdots+c_{n-r}\boldsymbol{\xi}_{n-r}+\boldsymbol{\eta}^*,$$

反之，若 $\boldsymbol{\xi}=c_1\boldsymbol{\xi}_1+c_2\boldsymbol{\xi}_2+\cdots+c_{n-r}\boldsymbol{\xi}_{n-r}$ 是 $\boldsymbol{Ax}=\boldsymbol{0}$ 的通解，则由性质 4 知

$$\boldsymbol{\xi}+\boldsymbol{\eta}^*=c_1\boldsymbol{\xi}_1+c_2\boldsymbol{\xi}_2+\cdots+c_{n-r}\boldsymbol{\xi}_{n-r}+\boldsymbol{\eta}^*$$

是方程组 $\boldsymbol{Ax}=\boldsymbol{b}$ 的解，所以非齐次线性方程组 $\boldsymbol{Ax}=\boldsymbol{b}$ 的通解为

$$\boldsymbol{x}=c_1\boldsymbol{\xi}_1+c_2\boldsymbol{\xi}_2+\cdots+c_{n-r}\boldsymbol{\xi}_{n-r}+\boldsymbol{\eta}^*(c_1,\ c_2,\ \cdots,\ c_{n-r}\text{ 为任意常数})。$$

例 6 求解方程组

$$\begin{cases}x_1+x_2+x_3+x_4=2,\\ x_1+2x_2+x_3=-2,\\ x_1+x_3+2x_4=6,\\ 4x_1+5x_2+4x_3+3x_4=4。\end{cases}$$

解 由

$$(\boldsymbol{A},\ \boldsymbol{b})=\begin{pmatrix}1&1&1&1&2\\1&2&1&0&-2\\1&0&1&2&6\\4&5&4&3&4\end{pmatrix}\xrightarrow[r_4-4r_1]{\substack{r_2-r_1\\r_3-r_1}}\begin{pmatrix}1&1&1&1&2\\0&1&0&-1&-4\\0&-1&0&1&4\\0&1&0&-1&-4\end{pmatrix}$$

$$\xrightarrow[\substack{r_3+r_2\\r_4-r_2}]{r_1-r_2}\begin{pmatrix}1&0&1&2&6\\0&1&0&-1&-4\\0&0&0&0&0\\0&0&0&0&0\end{pmatrix}。$$

$$R(\boldsymbol{A})=R(\boldsymbol{A},\ \boldsymbol{b})=2,$$

故得方程组一个特解

$$\boldsymbol{\eta}^*=\begin{pmatrix}6\\-4\\0\\0\end{pmatrix},$$

对应的齐次方程组的基础解系

$$\boldsymbol{\xi}_1=\begin{pmatrix}-1\\0\\1\\0\end{pmatrix},\quad \boldsymbol{\xi}_2=\begin{pmatrix}-2\\1\\0\\1\end{pmatrix},$$

所以方程组的通解为

$$\begin{pmatrix}x_1\\x_2\\x_3\\x_4\end{pmatrix}=c_1\begin{pmatrix}-1\\0\\1\\0\end{pmatrix}+c_2\begin{pmatrix}-2\\1\\0\\1\end{pmatrix}+\begin{pmatrix}6\\-4\\0\\0\end{pmatrix}\quad(c_1,\ c_2\in\mathbf{R})。$$

例 7　设四元非齐次线性方程组的系数矩阵的秩为 3，已知 $\boldsymbol{\eta}_1$，$\boldsymbol{\eta}_2$，$\boldsymbol{\eta}_3$ 是它的三个解，且

$$\boldsymbol{\eta}_1=\begin{pmatrix}3\\-4\\1\\2\end{pmatrix},\quad \boldsymbol{\eta}_2+\boldsymbol{\eta}_3=\begin{pmatrix}3\\-2\\7\\0\end{pmatrix},$$

求该方程组的通解。

解　由题设知对应齐次线性方程组的基础解系含有解向量 $4-3=1$ 个，而 $\boldsymbol{\eta}_1-\boldsymbol{\eta}_2$ 与 $\boldsymbol{\eta}_1-\boldsymbol{\eta}_3$ 都是对应齐次方程的解，故其对应的齐次线性方程组的基础解系为

$$(\boldsymbol{\eta}_1-\boldsymbol{\eta}_2)+(\boldsymbol{\eta}_1-\boldsymbol{\eta}_3)=2\boldsymbol{\eta}_1-(\boldsymbol{\eta}_2+\boldsymbol{\eta}_3)=2\begin{pmatrix}3\\-4\\1\\2\end{pmatrix}-\begin{pmatrix}3\\-2\\7\\0\end{pmatrix}=\begin{pmatrix}3\\-6\\-5\\4\end{pmatrix},$$

所以方程组的通解为

$$\begin{pmatrix}x_1\\x_2\\x_3\\x_4\end{pmatrix}=c\begin{pmatrix}3\\-6\\-5\\4\end{pmatrix}+\begin{pmatrix}3\\-4\\1\\2\end{pmatrix}\quad(c\in\mathbf{R})。$$

习题 4.4

1. 求下列齐次线性方程组的基础解系，并写出其通解：

(1) $\begin{cases}x_1+2x_2+4x_3-3x_4=0,\\3x_1+5x_2+6x_3-4x_4=0,\\2x_1+3x_2+2x_3-x_4=0,\\2x_1+x_2-10x_3+9x_4=0;\end{cases}$

(2) $\begin{cases}x_1+x_2+2x_3-x_4=0,\\2x_1+x_2+x_3-x_4=0,\\2x_1+2x_2+x_3+x_4=0,\\x_1+x_2-x_3+2x_4=0;\end{cases}$

(3) $\begin{cases}2x_1-x_2+5x_3+7x_4=0,\\4x_1-2x_2+7x_3+5x_4=0,\\2x_1-x_2+x_3-5x_4=0。\end{cases}$

2. 求一个齐次线性方程组，使它的基础解系为：

(1) $\boldsymbol{\xi}_1=(1,2,1,0)^{\mathrm{T}},\boldsymbol{\xi}_2=(3,-1,0,1)^{\mathrm{T}}$；

(2) $\boldsymbol{\xi}_1=(1,-2,1,1)^{\mathrm{T}}$，$\boldsymbol{\xi}_2=(2,-3,0,1)^{\mathrm{T}}$。

3. 求解下列非齐次方程组，将通解用其导出组的基础解系和一个特解表示：

(1) $\begin{cases} x_1 - x_2 + x_3 + x_4 = 4, \\ x_1 - 2x_2 + 2x_3 - 6x_4 = 1, \\ 2x_1 - 2x_2 + x_3 = 6; \end{cases}$ (2) $\begin{cases} x_1 + x_2 + x_3 + x_4 = 0, \\ x_2 + 2x_3 + 2x_4 = 1, \\ x_1 - x_2 - x_3 - x_4 = -1, \\ 3x_1 + 2x_2 + x_3 + x_4 = -1. \end{cases}$

4. 设三元非齐次线性方程组的系数矩阵的秩为2,已知 $\boldsymbol{\eta}_1,\boldsymbol{\eta}_2,\boldsymbol{\eta}_3$ 是它的三个解向量,且 $\boldsymbol{\eta}_1 = \begin{pmatrix} 2 \\ 1 \\ -1 \end{pmatrix}$,$2\boldsymbol{\eta}_2 + \boldsymbol{\eta}_3 = \begin{pmatrix} 3 \\ -1 \\ 2 \end{pmatrix}$,求该方程组的通解。

5. 设四元非齐次线性方程组的系数矩阵的秩为2,已知 $\boldsymbol{\eta}_1,\boldsymbol{\eta}_2,\boldsymbol{\eta}_3$ 是它的三个解向量,且 $\boldsymbol{\eta}_1 = \begin{pmatrix} 1 \\ 4 \\ 3 \\ 2 \end{pmatrix}$,$\boldsymbol{\eta}_2 = \begin{pmatrix} 1 \\ 3 \\ 5 \\ 1 \end{pmatrix}$,$\boldsymbol{\eta}_3 = \begin{pmatrix} 2 \\ 6 \\ 3 \\ -2 \end{pmatrix}$,求该方程组的通解。

6. 设 $\boldsymbol{\alpha}_1,\boldsymbol{\alpha}_2$ 是齐次线性方程组 $\boldsymbol{Ax} = \boldsymbol{0}$ 的基础解系,证明:$\boldsymbol{\alpha}_1 + \boldsymbol{\alpha}_2$,$2\boldsymbol{\alpha}_1 - \boldsymbol{\alpha}_2$ 也是 $\boldsymbol{Ax} = \boldsymbol{0}$ 的基础解系。

7. 设 $\boldsymbol{\eta}_1,\boldsymbol{\eta}_2,\cdots,\boldsymbol{\eta}_s$ 是某个非齐次线性方程组的解,一组数 $\boldsymbol{k}_1,\boldsymbol{k}_2,\cdots,\boldsymbol{k}_s$ 满足 $k_1 + k_2 + \cdots + k_s = 1$,证明:$k_1\boldsymbol{\eta}_1 + k_2\boldsymbol{\eta}_2 + \cdots + k_s\boldsymbol{\eta}_s$ 也是这个方程组的解。

本章小结

一、向量的有关概念

1. n 维向量的定义及向量相等。

2. 零向量及向量 $\boldsymbol{a}$ 的负向量 $-\boldsymbol{a}$ 的含义。

3. 向量的加法运算和数乘向量运算。

4. 向量组:一组同维数的向量才称为向量组。

5. 矩阵的列(行)向量及其列(行)向量组。

二、向量的线性相关性

1. 有关概念:

(1) 线性表示 $\boldsymbol{b} = k_1\boldsymbol{a}_1 + k_2\boldsymbol{a}_2 + \cdots + k_m\boldsymbol{a}_m$ 对数 $k_1, k_2, \cdots, k_m$ 无任何要求,只要该等式成立即可;

(2) 向量组 A 与 B 等价:指向量组 A 与 B 可互相线性表示;

(3) 线性相关:指有不全为零的数 $k_1, k_2, \cdots, k_m$,使 $k_1\boldsymbol{a}_1 + k_2\boldsymbol{a}_2 + \cdots + k_m\boldsymbol{a}_m = \boldsymbol{0}$ 成立;或至少有一个向量能由其余向量线性表示;

(4) 线性无关:指只有 $k_1 = k_2 = \cdots = k_m = 0$,才使 $k_1\boldsymbol{a}_1 + k_2\boldsymbol{a}_2 + \cdots + k_m\boldsymbol{a}_m = \boldsymbol{0}$ 成立;

(5) 极大无关组:指向量组 A 中有线性无关的部分组 A_0,且 A 中任一向量都能由 A_0 线性表示;或 A 中任意 $r+1(r = R(\boldsymbol{A}))$ 个向量都线性相关;

(6) 向量组的秩：极大无关组所含向量的个数。

2. 线性表示、线性相关、线性无关与线性方程组的关系：

(1) $\boldsymbol{b}$ 能由 $\boldsymbol{a}_1, \boldsymbol{a}_2, \cdots, \boldsymbol{a}_m$ 线性表示，等价于方程组 $x_1\boldsymbol{a}_1 + x_2\boldsymbol{a}_2 + \cdots + x_m\boldsymbol{a}_m = \boldsymbol{b}$ 有解；

(2) $\boldsymbol{a}_1, \boldsymbol{a}_2, \cdots, \boldsymbol{a}_m$ 线性相关，等价于齐次线性方程组 $x_1\boldsymbol{a}_1 + x_2\boldsymbol{a}_2 + \cdots + x_m\boldsymbol{a}_m = \boldsymbol{0}$ 有非零解；

(3) $\boldsymbol{a}_1, \boldsymbol{a}_2, \cdots, \boldsymbol{a}_m$ 线性无关，等价于齐次线性方程组 $x_1\boldsymbol{a}_1 + x_2\boldsymbol{a}_2 + \cdots + x_m\boldsymbol{a}_m = \boldsymbol{0}$ 只有零解；

(4) 设向量组 $\boldsymbol{\alpha}_1, \boldsymbol{\alpha}_2, \cdots, \boldsymbol{\alpha}_m$ 能由向量组 $\boldsymbol{\beta}_1, \boldsymbol{\beta}_2, \cdots, \boldsymbol{\beta}_n$ 线性表示。(ⅰ) 若 $m > n$，则 $\boldsymbol{\alpha}_1, \boldsymbol{\alpha}_2, \cdots, \boldsymbol{\alpha}_m$ 线性相关；(ⅱ) 若 $\boldsymbol{\alpha}_1, \boldsymbol{\alpha}_2, \cdots, \boldsymbol{\alpha}_m$ 线性无关，则 $m \leqslant n$。

3. 主要结论：

设向量组 A：$\boldsymbol{a}_1, \boldsymbol{a}_2, \cdots, \boldsymbol{a}_m$，向量组 B：$\boldsymbol{b}_1, \boldsymbol{b}_2, \cdots, \boldsymbol{b}_m$，向量 $\boldsymbol{b}$，则有如下结论：

(1) A 线性相关的充分必要条件是 $R_A < m$，A 线性无关的充分必要条件是 $R_A = m$；

(2) $\boldsymbol{a}_1, \boldsymbol{a}_2, \cdots, \boldsymbol{a}_m, \boldsymbol{b}$ 线性相关的充分必要条件是 $R_A = R_{(A,\, \boldsymbol{b})}$；

(3) 若 $\boldsymbol{a}_1, \boldsymbol{a}_2, \cdots, \boldsymbol{a}_m$ 线性无关，而 $\boldsymbol{a}_1, \boldsymbol{a}_2, \cdots, \boldsymbol{a}_m, \boldsymbol{b}$ 线性相关，则 $\boldsymbol{b} = k_1\boldsymbol{a}_1 + k_2\boldsymbol{a}_2 + \cdots + k_m\boldsymbol{a}_m$，且表示法唯一；

(4) B 能由 A 线性表示的充分必要条件是 $R_A = R_{(A,\, B)}$；

(5) 若 B 能由 A 线性表示，则 $R_B \leqslant R_A$；

(6) A 与 B 等价的充分必要条件是 $R_A = R_B = R_{(A,\, B)}$；

(7) 部分组线性相关的向量组线性相关；线性无关向量组的部分组线性无关；

(8) 线性无关向量组的各向量在相同位置上增加相同个数的分量，所得向量组仍线性无关；

(9) 向量组与它的极大无关组等价；两个等价向量组的极大无关组也等价；

(10) 等价向量组的秩相等。

三、向量空间

主要有以下概念：

1. 向量空间、子空间。

2. 向量空间的基、维数。

3. 线性方程组的解向量、基础解系、解空间。

四、线性方程组解的结构

1. 线性方程组解的性质：

(1) 若 $\boldsymbol{\xi}_1, \boldsymbol{\xi}_2$ 是 $\boldsymbol{Ax} = \boldsymbol{0}$ 的解，则 $\boldsymbol{\xi}_1 + \boldsymbol{\xi}_2$ 是 $\boldsymbol{Ax} = \boldsymbol{0}$ 的解；

(2) 若 $\boldsymbol{\xi}$ 是 $\boldsymbol{Ax} = \boldsymbol{0}$ 的解，则 $c\boldsymbol{\xi}(c \in \mathbf{R})$ 是 $\boldsymbol{Ax} = \boldsymbol{0}$ 的解；

(3) 若 $\boldsymbol{\eta}_1, \boldsymbol{\eta}_2$ 是 $\boldsymbol{Ax} = \boldsymbol{b}$ 的解，则 $\boldsymbol{\eta}_1 - \boldsymbol{\eta}_2$ 是 $\boldsymbol{Ax} = \boldsymbol{0}$ 的解；

(4) 若 $\boldsymbol{\eta}$ 是 $\boldsymbol{Ax} = \boldsymbol{b}$ 的解，$\boldsymbol{\xi}$ 是 $\boldsymbol{Ax} = \boldsymbol{0}$ 的解，则 $\boldsymbol{\eta} + \boldsymbol{\xi}$ 是 $\boldsymbol{Ax} = \boldsymbol{b}$ 的解。

2. 若 $R(\boldsymbol{A}) = R(\boldsymbol{A}, \boldsymbol{b}) = r$，$\boldsymbol{\xi}_1, \boldsymbol{\xi}_2, \cdots, \boldsymbol{\xi}_{n-r}$ 是 $\boldsymbol{Ax} = \boldsymbol{0}$ 的基础解系，$\boldsymbol{\eta}^*$ 是 $\boldsymbol{Ax} = \boldsymbol{b}$ 的一个特解，则：

(1) $\boldsymbol{Ax} = \boldsymbol{0}$ 的通解为 $\boldsymbol{x} = c_1\boldsymbol{\xi}_1 + c_2\boldsymbol{\xi}_2 + \cdots + c_{n-r}\boldsymbol{\xi}_{n-r}$；

(2) $\boldsymbol{Ax}=\boldsymbol{b}$ 的通解为 $\boldsymbol{x}=c_1\boldsymbol{\xi}_1+c_2\boldsymbol{\xi}_2+\cdots+c_{n-r}\boldsymbol{\xi}_{n-r}+\boldsymbol{\eta}^*(c_1,c_2,\cdots,c_{n-r}\in\mathbf{R})$。

总习题 4

1. 填空题：

(1) 设向量组 $\boldsymbol{\alpha}_1,\boldsymbol{\alpha}_2,\cdots,\boldsymbol{\alpha}_m$ 线性无关，且能由 $\boldsymbol{\beta}_1,\boldsymbol{\beta}_2,\cdots,\boldsymbol{\beta}_n$ 线性表示，则 m 与 n 的大小关系是________；

(2) 向量空间 $\mathbf{V}=\{\boldsymbol{x}=(x_1,x_2,0)^{\mathrm{T}}\mid x_1,x_2\in\mathbf{R}\}$ 的维数是________；

(3) 设 $\boldsymbol{A}=\boldsymbol{aa}^{\mathrm{T}}$，其中 $\boldsymbol{a}=(1,2,3)^{\mathrm{T}}$，则方程组 $\boldsymbol{Ax}=\boldsymbol{0}$ 的基础解系含解向量个数为________。

2. 判断下列各命题是否正确，如果正确，为什么？如果不正确，试举出反例。

(1) 若一组数 $k_1=k_2=\cdots=k_m=0$，使 $k_1\boldsymbol{a}_1+k_2\boldsymbol{a}_2+\cdots+k_m\boldsymbol{a}_m=\boldsymbol{0}$ 成立，则向量组 $\boldsymbol{a}_1,\boldsymbol{a}_2,\cdots,\boldsymbol{a}_m$ 线性无关；

(2) 若向量组 A：$\boldsymbol{a}_1,\boldsymbol{a}_2,\cdots,\boldsymbol{a}_m$ 线性相关，则 A 组中每一个向量都能由其余向量线性表示；

(3) 向量组 $\boldsymbol{a}_1,\boldsymbol{a}_2,\cdots,\boldsymbol{a}_m(m\geqslant 2)$ 线性无关的充分必要条件是其中任一向量都不能由其余向量线性表示；

(4) 若向量组 $\boldsymbol{a}_1,\boldsymbol{a}_2,\cdots,\boldsymbol{a}_m$ 线性相关，则任意部分组也线性相关。

3. 判别下列向量组的线性相关性：

(1) $\boldsymbol{a}_1=(2,1,3)^{\mathrm{T}},\ \boldsymbol{a}_2=(-1,2,4)^{\mathrm{T}},\ \boldsymbol{a}_3=(5,0,2)^{\mathrm{T}}$；

(2) $\boldsymbol{a}_1=(1,0,2,0)^{\mathrm{T}},\ \boldsymbol{a}_2=(0,1,1,-2)^{\mathrm{T}},\ \boldsymbol{a}_3=(2,3,0,3)^{\mathrm{T}}$。

4. 试求 k 的值，使向量组 $\boldsymbol{a}_1=(k,1,1)^{\mathrm{T}},\ \boldsymbol{a}_2=(1,k,1)^{\mathrm{T}},\ \boldsymbol{a}_3=(1,1,k)^{\mathrm{T}}$ 线性相关。

5. 设向量组 $\boldsymbol{a}_1=(1,k,0)^{\mathrm{T}},\ \boldsymbol{a}_2=(k+1,6,3)^{\mathrm{T}},\ \boldsymbol{a}_3=(2,k,-2)^{\mathrm{T}}$，试问：$k$ 为何值时，$\boldsymbol{a}_1,\boldsymbol{a}_2,\boldsymbol{a}_3$ 线性相关？k 为何值时，$\boldsymbol{a}_1,\boldsymbol{a}_2,\boldsymbol{a}_3$ 线性无关？

6. 设 $\boldsymbol{b}_1=\boldsymbol{a}_1+\boldsymbol{a}_2,\boldsymbol{b}_2=\boldsymbol{a}_2+\boldsymbol{a}_3,\boldsymbol{b}_3=\boldsymbol{a}_3+\boldsymbol{a}_4,\boldsymbol{b}_4=\boldsymbol{a}_4+\boldsymbol{a}_1$，证明：向量组 $\boldsymbol{b}_1,\boldsymbol{b}_2,\boldsymbol{b}_3,\boldsymbol{b}_4$ 线性相关。

7. 已知 $\boldsymbol{a}_1,\boldsymbol{a}_2,\boldsymbol{a}_3$ 线性无关，$\boldsymbol{b}_1=\boldsymbol{a}_1+\boldsymbol{a}_2,\boldsymbol{b}_2=\boldsymbol{a}_2+\boldsymbol{a}_3,\boldsymbol{b}_3=\boldsymbol{a}_3+\boldsymbol{a}_1$，试证：向量组 $\boldsymbol{b}_1,\boldsymbol{b}_2,\boldsymbol{b}_3$ 线性无关。

8. 求下列向量组的一个极大无关组，并将其余向量用该极大无关组线性表示。

(1) $\boldsymbol{a}_1=(1,-1,0)^{\mathrm{T}},\boldsymbol{a}_2=(0,1,2)^{\mathrm{T}},\boldsymbol{a}_3=(1,0,1)^{\mathrm{T}}$；

(2) $\boldsymbol{a}_1=\begin{pmatrix}1\\-1\\0\\4\end{pmatrix},\ \boldsymbol{a}_2=\begin{pmatrix}0\\-1\\-2\\1\end{pmatrix},\ \boldsymbol{a}_3=\begin{pmatrix}-1\\2\\5\\-7\end{pmatrix},\ \boldsymbol{a}_4=\begin{pmatrix}2\\4\\3\\8\end{pmatrix}$；

(3) $\boldsymbol{a}_1=\begin{pmatrix}1\\0\\-1\\4\end{pmatrix},\ \boldsymbol{a}_2=\begin{pmatrix}0\\1\\3\\2\end{pmatrix},\ \boldsymbol{a}_3=\begin{pmatrix}3\\7\\0\\-6\end{pmatrix},\ \boldsymbol{a}_4=\begin{pmatrix}-1\\-7\\-2\\14\end{pmatrix},\ \boldsymbol{a}_5=\begin{pmatrix}5\\8\\1\\4\end{pmatrix}$。

9. 求下列矩阵的列向量组的一个极大无关组，并把其余列向量用该极大无关组线性表示。

(1) $\begin{pmatrix} 1 & 0 & 1 \\ 0 & 4 & 2 \\ 3 & -2 & 2 \end{pmatrix}$；　　(2) $\begin{pmatrix} 1 & 3 & 0 & -1 & 2 \\ 2 & 5 & 1 & -3 & 4 \\ 0 & 1 & 0 & -1 & 1 \\ 1 & 2 & 2 & -4 & 3 \end{pmatrix}$。

10. 设 $\boldsymbol{a}_1,\boldsymbol{a}_2,\cdots,\boldsymbol{a}_m$ 是一组 n 维向量，已知 n 维单位向量 $\boldsymbol{e}_1,\boldsymbol{e}_2,\cdots,\boldsymbol{e}_n$ 能由它们线性表示，证明：$\boldsymbol{a}_1,\boldsymbol{a}_2,\cdots,\boldsymbol{a}_m$ 线性无关。

11. 试证：n 维向量组 $\boldsymbol{a}_1,\boldsymbol{a}_2,\cdots,\boldsymbol{a}_n$ 线性无关的充分必要条件是任一 n 维向量都能由它们线性表示。

12. 求下列齐次线性方程组的基础解系，并写出其通解：

(1) $\begin{cases} x_1+x_2-3x_3-2x_4=0, \\ 2x_1+x_2+x_3-5x_4-2x_5=0; \end{cases}$　　(2) $2x_1+4x_2-3x_3+x_4-2x_5=0$。

13. 设线性方程组 $\begin{cases} x_1+2x_2+x_4=0, \\ x_1+3x_2+x_3=0 \end{cases}$ 与 $\begin{cases} x_2+x_3-x_4=0, \\ 2x_1+3x_2-x_3+3x_4=0 \end{cases}$ 有公共解，求它们的公共解(用基础解系表示)。

14. 求一个齐次线性方程组，使它的基础解系为如下向量：

(1) $\boldsymbol{\xi}_1=(1,-1,1,0)^{\mathrm{T}}$，$\boldsymbol{\xi}_2=(-3,2,0,1)^{\mathrm{T}}$；

(2) $\boldsymbol{\xi}_1=(-2,1,1,0)^{\mathrm{T}}$，$\boldsymbol{\xi}_2=(1,2,1,1)^{\mathrm{T}}$。

15. 设 $\boldsymbol{\alpha}_1,\boldsymbol{\alpha}_2,\boldsymbol{\alpha}_3$ 是线性方程组 $\boldsymbol{Ax}=\boldsymbol{0}$ 的基础解系，问：下列向量组是不是 $\boldsymbol{Ax}=\boldsymbol{0}$ 的基础解系？

(1) $\boldsymbol{\alpha}_1-\boldsymbol{\alpha}_2,\boldsymbol{\alpha}_2-\boldsymbol{\alpha}_3,\boldsymbol{\alpha}_3-\boldsymbol{\alpha}_1$；　　(2) $\boldsymbol{\alpha}_1,\boldsymbol{\alpha}_1-\boldsymbol{\alpha}_2,\boldsymbol{\alpha}_1-\boldsymbol{\alpha}_2-\boldsymbol{\alpha}_3$。

16. 求解下列非齐次方程组，将通解用其导出组的基础解系和一个特解表示。

(1) $\begin{cases} x_1-x_2+x_3+5x_4=4, \\ x_1-x_2-x_3-3x_4=-2, \\ 4x_1-4x_2-x_3=1; \end{cases}$　　(2) $\begin{cases} x_1+x_2-2x_3+3x_4=0, \\ 2x_1+x_2-6x_3+4x_4=-1, \\ x_1-x_2-6x_3-x_4=-2, \\ 2x_1+3x_2-2x_3+8x_4=1。 \end{cases}$

17. 设三元非齐次线性方程组的系数矩阵的秩为 3，已知 $\boldsymbol{\eta}_1,\boldsymbol{\eta}_2,\boldsymbol{\eta}_3$ 是它的三个解向量，且 $\boldsymbol{\eta}_1=\begin{pmatrix} 1 \\ 3 \\ 5 \\ 7 \end{pmatrix}$，$\boldsymbol{\eta}_2+2\boldsymbol{\eta}_3=\begin{pmatrix} 3 \\ 4 \\ 5 \\ 6 \end{pmatrix}$，求该方程组的通解。

18. 设 $\boldsymbol{\eta}^*$ 是某个非齐次线性方程组的解，$\boldsymbol{\xi}_1,\boldsymbol{\xi}_2,\cdots,\boldsymbol{\xi}_{n-r}$ 是和它对应的齐次线性方程组的基础解系，试证明：

(1) $\boldsymbol{\eta}^*,\boldsymbol{\xi}_1,\boldsymbol{\xi}_2,\cdots,\boldsymbol{\xi}_{n-r}$ 线性无关；

(2) $\boldsymbol{\eta}^*,\boldsymbol{\eta}^*+\boldsymbol{\xi}_1,\boldsymbol{\eta}^*+\boldsymbol{\xi}_2,\cdots,\boldsymbol{\eta}^*+\boldsymbol{\xi}_{n-r}$ 线性无关。

第 5 章　相似矩阵及对角化

本章主要介绍方阵的特征值和特征向量、相似矩阵、向量的内积、正交矩阵及实对称阵的对角化问题。

5.1　方阵的特征值和特征向量

二维码 5-1

二维码 5-2

方阵的特征值与特征向量在许多学科都有十分重要的作用，其概念、性质及计算方法是本节主要内容。

5.1.1　特征值与特征向量

定义 5.1.1　设 $\boldsymbol{A}$ 是 n 阶方阵，若有非零向量 $\boldsymbol{x}$ 及数 λ 使 $\boldsymbol{Ax}=\lambda\boldsymbol{x}$ 成立，则称数 λ 为方阵 $\boldsymbol{A}$ 的特征值，称向量 $\boldsymbol{x}$ 为方阵 $\boldsymbol{A}$ 的对应于特征值 λ 的**特征向量**。

例如设 $\boldsymbol{A}=\begin{pmatrix}1 & -2\\ 2 & 6\end{pmatrix}$，$\boldsymbol{x}=\begin{pmatrix}2\\ -1\end{pmatrix}$，有

$$\boldsymbol{Ax}=\begin{pmatrix}1 & -2\\ 2 & 6\end{pmatrix}\begin{pmatrix}2\\ -1\end{pmatrix}=\begin{pmatrix}4\\ -2\end{pmatrix}=2\begin{pmatrix}2\\ -1\end{pmatrix},$$

即 $\boldsymbol{Ax}=2\boldsymbol{x}$，因此 2 是 $\boldsymbol{A}$ 的特征值，$\boldsymbol{x}=\begin{pmatrix}2\\ -1\end{pmatrix}$ 是 $\boldsymbol{A}$ 的对应于 2 的特征向量。

定义 5.1.1 中，$\boldsymbol{Ax}=\lambda\boldsymbol{x}$，也可写成 $(\boldsymbol{A}-\lambda\boldsymbol{E})\boldsymbol{x}=\boldsymbol{0}$ $(\boldsymbol{x}\neq 0)$，**这是一个系数矩阵为 $\boldsymbol{A}-\lambda\boldsymbol{E}$ 的齐次线性方程组。它有非零解的充分必要条件是系数行列式** $|\boldsymbol{A}-\lambda\boldsymbol{E}|=0$，**即**

$$|\boldsymbol{A}-\lambda\boldsymbol{E}|=\begin{vmatrix}a_{11}-\lambda & a_{12} & \cdots & a_{1n}\\ a_{21} & a_{22}-\lambda & \cdots & a_{2n}\\ \vdots & \vdots & & \vdots\\ a_{n1} & a_{n2} & \cdots & a_{nn}-\lambda\end{vmatrix}=0,$$

这是一个关于 λ 的 n 次方程，于是有

定义 5.1.2　设 $\boldsymbol{A}$ 为 n 阶方阵，矩阵 $\boldsymbol{A}-\lambda\boldsymbol{E}$ 称为 $\boldsymbol{A}$ 的**特征矩阵**；关于 λ 的 n 次多项式 $|\boldsymbol{A}-\lambda\boldsymbol{E}|$ 称为 $\boldsymbol{A}$ 的**特征多项式**，记为 $f(\lambda)$；方程 $|\boldsymbol{A}-\lambda\boldsymbol{E}|=0$ 称为 $\boldsymbol{A}$ 的**特征方程**。

$\boldsymbol{A}$ 的特征值就是特征方程的根。

由于特征方程 $|A-\lambda E|=0$ 是关于 λ 的 n 次方程，所以在复数范围内有 n 个根(重根按重数计算)，因此，在复数范围内 n 阶矩阵 A 有 n 个特征值。

由上述讨论可得求方阵 A 的特征值和特征向量的方法：

(1) 求特征方程 $|A-\lambda E|=0$ 的全部根，得 A 的全部特征值。

(2) 对每一个特征值 λ_i 代入齐次线性方程组 $(A-\lambda_i E)x=0$，解方程组 $(A-\lambda_i E)x=0$ 得基础解系 $\xi_1, \xi_2, \cdots, \xi_r$。

(3) 写出 $\xi_1, \xi_2, \cdots, \xi_r$ 的线性组合：$k_1\xi_1+k_2\xi_2+\cdots+k_r\xi_r$ ($k_1, k_2, \cdots, k_r$ 不全为零)，得 A 的对应于 λ_i 的全部特征向量。

例 1　求 $A=\begin{pmatrix}-1 & -2 & 0\\ 2 & 3 & 0\\ 1 & 0 & 2\end{pmatrix}$ 的特征值和特征向量。

解　由 A 的特征方程 $|A-\lambda E|=\begin{vmatrix}-1-\lambda & -2 & 0\\ 2 & 3-\lambda & 0\\ 1 & 0 & 2-\lambda\end{vmatrix}=(2-\lambda)(1-\lambda)^2$ $=0$，得 A 的特征值为

$$\lambda_1=2,\ \lambda_2=\lambda_3=1。$$

当 $\lambda_1=2$ 时，解方程组 $(A-2E)x=0$，由

$$A-2E=\begin{pmatrix}-3 & -2 & 0\\ 2 & 1 & 0\\ 1 & 0 & 0\end{pmatrix}\xrightarrow{r_1\leftrightarrow r_3}\begin{pmatrix}1 & 0 & 0\\ 2 & 1 & 0\\ -3 & -2 & 0\end{pmatrix}\xrightarrow[\text{再 } r_3+3r_1 \atop r_3+2r_2]{r_2-2r_1}\begin{pmatrix}1 & 0 & 0\\ 0 & 1 & 0\\ 0 & 0 & 0\end{pmatrix},$$

得基础解系
$$\xi_1=\begin{pmatrix}0\\0\\1\end{pmatrix},$$

所以对应 $\lambda_1=2$ 的全部特征向量为 $k_1\xi_1(k_1\neq 0)$。

当 $\lambda_2=\lambda_3=1$ 时，解方程组 $(A-E)x=0$，由

$$A-E=\begin{pmatrix}-2 & -2 & 0\\ 2 & 2 & 0\\ 1 & 0 & 1\end{pmatrix}\xrightarrow[\text{再 } r_3+r_2]{r_1\leftrightarrow r_3}\begin{pmatrix}1 & 0 & 1\\ 2 & 2 & 0\\ 0 & 0 & 0\end{pmatrix}\xrightarrow[\text{再 } r_2-r_1]{r_2\div 2}\begin{pmatrix}1 & 0 & 1\\ 0 & 1 & -1\\ 0 & 0 & 0\end{pmatrix},$$

得基础解系

$$\xi_2=\begin{pmatrix}-1\\1\\1\end{pmatrix},$$

所以对应 $\lambda_2=\lambda_3=1$ 的全部特征向量为 $k_2\xi_2(k_2\neq 0)$。

例 2　求 $A=\begin{pmatrix}4 & 6 & 0\\ -3 & -5 & 0\\ 3 & 6 & 1\end{pmatrix}$ 的特征值和特征向量。

解 由

$$|\boldsymbol{A}-\lambda\boldsymbol{E}|=\begin{vmatrix}4-\lambda & 6 & 0\\ -3 & -5-\lambda & 0\\ 3 & 6 & 1-\lambda\end{vmatrix}=-(\lambda-1)^2(2+\lambda)=0,$$

得 $\boldsymbol{A}$ 的特征值 $\lambda_1=-2$, $\lambda_2=\lambda_3=1$。

当 $\lambda_1=-2$ 时,解方程组 $(\boldsymbol{A}+2\boldsymbol{E})\boldsymbol{x}=\boldsymbol{0}$,由

$$\boldsymbol{A}+2\boldsymbol{E}=\begin{pmatrix}6 & 6 & 0\\ -3 & -3 & 0\\ 3 & 6 & 3\end{pmatrix}\xrightarrow[r_3\div 3]{\substack{r_1\div 6\\ r_2\div(-3)}}\begin{pmatrix}1 & 1 & 0\\ 1 & 1 & 0\\ 1 & 2 & 1\end{pmatrix}$$

$$\xrightarrow[r_3-r_1]{r_2-r_1}\begin{pmatrix}1 & 1 & 0\\ 0 & 0 & 0\\ 0 & 1 & 1\end{pmatrix}\xrightarrow[\text{再 } r_2\leftrightarrow r_3]{r_1-r_3}\begin{pmatrix}1 & 0 & -1\\ 0 & 1 & 1\\ 0 & 0 & 0\end{pmatrix},$$

得基础解系

$$\boldsymbol{\xi}_1=\begin{pmatrix}1\\ -1\\ 1\end{pmatrix},$$

所以对应 $\lambda_1=-2$ 的全部特征向量为 $k_1\boldsymbol{\xi}_1(k_1\neq 0)$。

当 $\lambda_2=\lambda_3=1$ 时,解方程组 $(\boldsymbol{A}-\boldsymbol{E})\boldsymbol{x}=\boldsymbol{0}$,由

$$\boldsymbol{A}-\boldsymbol{E}=\begin{pmatrix}3 & 6 & 0\\ -3 & -6 & 0\\ 3 & 6 & 0\end{pmatrix}\xrightarrow[\text{再 } r_1\div 3]{\substack{r_2+r_1\\ r_3-r_1}}\begin{pmatrix}1 & 2 & 0\\ 0 & 0 & 0\\ 0 & 0 & 0\end{pmatrix},$$

得基础解系

$$\boldsymbol{\xi}_2=\begin{pmatrix}-2\\ 1\\ 0\end{pmatrix},\ \boldsymbol{\xi}_3=\begin{pmatrix}0\\ 0\\ 1\end{pmatrix},$$

所以对应 $\lambda_2=\lambda_3=1$ 的全部特征向量为 $k_2\boldsymbol{\xi}_2+k_3\boldsymbol{\xi}_3(k_2, k_3$ 不全为零)。

5.1.2 特征值及特征向量的性质

二维码 5-3

由定义 5.1.2 可得:

定理 5.1.1 三角形矩阵和对角矩阵的特征值都是其主对角线上的各元素。

定理 5.1.2 n 阶方阵 $\boldsymbol{A}$ 与 $\boldsymbol{A}^{\mathrm{T}}$ 有相同的特征值。

证 由 $(\boldsymbol{A}-\lambda\boldsymbol{E})^{\mathrm{T}}=\boldsymbol{A}^{\mathrm{T}}-\lambda\boldsymbol{E}$, 则

$$|\boldsymbol{A}^{\mathrm{T}}-\lambda\boldsymbol{E}|=|(\boldsymbol{A}-\lambda\boldsymbol{E})^{\mathrm{T}}|=|\boldsymbol{A}-\lambda\boldsymbol{E}|,$$

即 $\boldsymbol{A}$ 与 $\boldsymbol{A}^{\mathrm{T}}$ 有相同的特征多项式, 所以它们有相同的特征值。

定理 5.1.3 n 阶矩阵的特征值之和等于该矩阵的主对角线上元素之和,特征值之积等于该矩阵行列式的值, 即: 若 $\lambda_1, \lambda_2, \cdots, \lambda_n$ 是 n 阶矩阵 $\boldsymbol{A}=(a_{ij})$ 的特征值,则

$$\lambda_1+\lambda_2+\cdots+\lambda_n=a_{11}+a_{22}+\cdots+a_{nn};\quad \lambda_1\lambda_2\cdots\lambda_n=|\boldsymbol{A}|。$$

证　由定义 5.1.2 $f(\lambda)=|\boldsymbol{A}-\lambda\boldsymbol{E}|$ 知，λ^n 的系数为$(-1)^n$，$(-\lambda)^{n-1}$ 的系数为 $a_{11}+a_{22}+\cdots+a_{nn}$，常数项为 $f(0)=|\boldsymbol{A}-0\boldsymbol{E}|=|\boldsymbol{A}|$，即

$$f(\lambda)=(-\lambda)^n+(a_{11}+a_{22}+\cdots+a_{nn})(-\lambda)^{n-1}+\cdots+|\boldsymbol{A}|。\tag{1}$$

另外，$f(\lambda)$ 在复数范围内有 n 个根(特征值)，设为 $\lambda_1,\lambda_2,\cdots,\lambda_n$，则

$$\begin{aligned}f(\lambda)&=(\lambda_1-\lambda)(\lambda_2-\lambda)\cdots(\lambda_n-\lambda)\\&=(-\lambda)^n+(\lambda_1+\lambda_2+\cdots+\lambda_n)(-\lambda)^{n-1}+\cdots+\lambda_1\lambda_2\cdots\lambda_n。\end{aligned}\tag{2}$$

比较(1)(2) 两式，定理即可得证。

如例 2 中：

$$\lambda_1+\lambda_2+\lambda_3=-2+1+1=a_{11}+a_{22}+a_{33}=4-5+1=0,$$

$$\lambda_1\cdot\lambda_2\cdot\lambda_3=-2\cdot1\cdot1=-2=\begin{vmatrix}4&6&0\\-3&-5&0\\3&6&1\end{vmatrix}=|\boldsymbol{A}|。$$

n 阶方阵 $\boldsymbol{A}$ 的主对角线上元素之和称为 $\boldsymbol{A}$ 的**迹**，记为 $\mathrm{tr}\boldsymbol{A}$，即 $\mathrm{tr}\boldsymbol{A}=\sum_{i=1}^{n}a_{ii}$。

例 3　已知方阵 $\boldsymbol{A}$ 的特征值为 λ。

(1) 求 $\boldsymbol{A}+2\boldsymbol{E}$ 的特征值；(2) 求 $\boldsymbol{A}^3$ 的特征值。

解　(1) 由 λ 是 $\boldsymbol{A}$ 的特征值，故有向量 $\boldsymbol{\xi}\neq\boldsymbol{0}$，使得 $\boldsymbol{A\xi}=\lambda\boldsymbol{\xi}$，从而

$$\boldsymbol{A\xi}+2\boldsymbol{\xi}=\lambda\boldsymbol{\xi}+2\boldsymbol{\xi},$$

即 $(\boldsymbol{A}+2\boldsymbol{E})\boldsymbol{\xi}=(\lambda+2)\boldsymbol{\xi}$，所以 $\boldsymbol{A}+2\boldsymbol{E}$ 的特征值为 $\lambda+2$。

(2) 由 $\boldsymbol{A\xi}=\lambda\boldsymbol{\xi}$ 知 $\boldsymbol{A}^3\boldsymbol{\xi}=\boldsymbol{A}^2(\boldsymbol{A\xi})=\lambda\boldsymbol{A}(\boldsymbol{A\xi})=\lambda^2\boldsymbol{A\xi}=\lambda^3\boldsymbol{\xi}$，所以 $\boldsymbol{A}^3$ 的特征值为 λ^3。

可以用数学归纳法证明：若 λ 是 $\boldsymbol{A}$ 的特征值，则 λ^n 是 $\boldsymbol{A}^n$ 的特征值。

读者可以证明下面的定理：

定理 5.1.4　设 λ 是矩阵 $\boldsymbol{A}$ 的特征值，$f(x)=a_nx^n+a_{n-1}x^{n-1}+\cdots+a_0$，则 $f(\lambda)$ 是 $f(\boldsymbol{A})=a_n\boldsymbol{A}^n+a_{n-1}\boldsymbol{A}^{n-1}+\cdots+a_0\boldsymbol{E}$ 的特征值。

例 4　设 $\boldsymbol{A}=\begin{pmatrix}1&0\\2&3\end{pmatrix}$，求 $\boldsymbol{B}=\boldsymbol{A}^2-2\boldsymbol{A}+3\boldsymbol{E}$ 的所有特征值。

解　由 $\boldsymbol{A}$ 是三角形矩阵，所以 $\boldsymbol{A}$ 的特征值为 1,3，而 $\boldsymbol{B}=\boldsymbol{A}^2-2\boldsymbol{A}+3\boldsymbol{E}$ 对应的多项式为 $f(x)=x^2-2x+3$，所以 $\boldsymbol{B}$ 的特征值是 $f(1)=2$，$f(3)=6$。

例 5　设 λ 是可逆矩阵 $\boldsymbol{A}$ 的特征值，且 $\lambda\neq0$，证明：

(1) λ^{-1} 是 $\boldsymbol{A}^{-1}$ 的特征值；

(2) $\dfrac{|\boldsymbol{A}|}{\lambda}$ 是 $\boldsymbol{A}^*$ 的特征值。

证　(1) 设向量 $\boldsymbol{\xi}\neq0$，使得 $\boldsymbol{A\xi}=\lambda\boldsymbol{\xi}$，用 $\boldsymbol{A}^{-1}$ 左乘得 $\boldsymbol{\xi}=\lambda\boldsymbol{A}^{-1}\boldsymbol{\xi}$，因为 $\lambda\neq0$，故 $\boldsymbol{A}^{-1}\boldsymbol{\xi}$

$=\lambda^{-1}\boldsymbol{\xi}$，所以，$\lambda^{-1}$ 是 $\boldsymbol{A}^{-1}$ 的特征值。

(2) 用 $\boldsymbol{A}^*$ 左乘 $\boldsymbol{A\xi}=\lambda\boldsymbol{\xi}$ 两边，得 $|\boldsymbol{A}|\boldsymbol{\xi}=\lambda\boldsymbol{A}^*\boldsymbol{\xi}$，因为 $\lambda\neq 0$，故 $\boldsymbol{A}^*\boldsymbol{\xi}=\dfrac{|\boldsymbol{A}|}{\lambda}\boldsymbol{\xi}$，所以，$\dfrac{|\boldsymbol{A}|}{\lambda}$ 是 $\boldsymbol{A}^*$ 的特征值。

定理 5.1.5　n 阶方阵 $\boldsymbol{A}$ 的互不相同的特征值 $\lambda_1, \lambda_2, \cdots, \lambda_r$，对应的特征向量 $\boldsymbol{p}_1, \boldsymbol{p}_2, \cdots, \boldsymbol{p}_r$ 线性无关。

证　设一组数 $k_1, k_2, \cdots, k_r$ 使

$$k_1\boldsymbol{p}_1+k_2\boldsymbol{p}_2+\cdots+k_r\boldsymbol{p}_r=\boldsymbol{0}, \tag{1}$$

分别用 $\boldsymbol{A}, \boldsymbol{A}^2, \cdots, \boldsymbol{A}^{r-1}$ 乘以(1)式得

$$\lambda_1k_1\boldsymbol{p}_1+\lambda_2k_2\boldsymbol{p}_2+\cdots+\lambda_rk_r\boldsymbol{p}_r=\boldsymbol{0}, \tag{2}$$

$$\lambda_1^2k_1\boldsymbol{p}_1+\lambda_2^2k_2\boldsymbol{p}_2+\cdots+\lambda_r^2k_r\boldsymbol{p}_r=\boldsymbol{0}, \tag{3}$$

$$\cdots\cdots\cdots\cdots$$

$$\lambda_1^{r-1}k_1\boldsymbol{p}_1+\lambda_2^{r-1}k_2\boldsymbol{p}_2+\cdots+\lambda_r^{r-1}k_r\boldsymbol{p}_r=\boldsymbol{0}。 \tag{r}$$

把以上各式合写成以下矩阵乘积形式

$$\begin{pmatrix} 1 & 1 & \cdots & 1 \\ \lambda_1 & \lambda_2 & \cdots & \lambda_r \\ \lambda_1^2 & \lambda_2^2 & \cdots & \lambda_r^2 \\ \vdots & \vdots & & \vdots \\ \lambda_1^{r-1} & \lambda_2^{r-1} & \cdots & \lambda_r^{r-1} \end{pmatrix}\begin{pmatrix} k_1\boldsymbol{p}_1 \\ k_2\boldsymbol{p}_2 \\ \vdots \\ k_r\boldsymbol{p}_r \end{pmatrix}=\begin{pmatrix} \boldsymbol{0} \\ \boldsymbol{0} \\ \vdots \\ \boldsymbol{0} \end{pmatrix},$$

此式左端第 1 个矩阵的行列式为范德蒙德行列式。因为 $\lambda_1, \lambda_2, \cdots, \lambda_r$ 各不相同，因此该行列式不为零，所以有

$$\begin{pmatrix} k_1\boldsymbol{p}_1 \\ k_2\boldsymbol{p}_2 \\ \vdots \\ k_r\boldsymbol{p}_r \end{pmatrix}=\begin{pmatrix} \boldsymbol{0} \\ \boldsymbol{0} \\ \vdots \\ \boldsymbol{0} \end{pmatrix},$$

即 $k_i\boldsymbol{p}_i=\boldsymbol{0}\ (i=1,2,\cdots,r)$，由 $\boldsymbol{p}_i\neq\boldsymbol{0}$，得 $k_i=0$，即 $k_1=k_2=\cdots=k_r=0$，从而得 $\boldsymbol{p}_1, \boldsymbol{p}_2, \cdots, \boldsymbol{p}_r$ 线性无关。

例 6　证明：(1) 若 $\boldsymbol{p}_1, \boldsymbol{p}_2$ 是方阵 $\boldsymbol{A}$ 的同一特征值 λ 的线性无关的特征向量，则：$k_1\boldsymbol{p}_1+k_2\boldsymbol{p}_2$ (k_1, k_2 不全为零) 也是 $\boldsymbol{A}$ 的特征向量；

(2) 若 $\boldsymbol{p}_1, \boldsymbol{p}_2$ 是方阵 $\boldsymbol{A}$ 的不同特征值 λ_1, λ_2 对应的特征向量，则 $k_1\boldsymbol{p}_1+k_2\boldsymbol{p}_2$ ($k_1\neq 0, k_2\neq 0$) 不是 $\boldsymbol{A}$ 的特征向量。

证　(1) 由题设知 $\boldsymbol{Ap}_1=\lambda\boldsymbol{p}_1, \boldsymbol{Ap}_2=\lambda\boldsymbol{p}_2$，则

$$\boldsymbol{A}(k_1\boldsymbol{p}_1+k_2\boldsymbol{p}_2)=k_1\lambda\boldsymbol{p}_1+k_2\lambda\boldsymbol{p}_2=\lambda(k_1\boldsymbol{p}_1+k_2\boldsymbol{p}_2),$$

因为 k_1, k_2 不全为零，$\boldsymbol{p}_1, \boldsymbol{p}_2$ 线性无关，所以 $k_1\boldsymbol{p}_1+k_2\boldsymbol{p}_2\neq\boldsymbol{0}$。

因此 $k_1\boldsymbol{p}_1+k_2\boldsymbol{p}_2$ 是 $\boldsymbol{A}$ 的特征向量。

(2) 用反证法。假设 $k_1\boldsymbol{p}_1+k_2\boldsymbol{p}_2$ 是 $\boldsymbol{A}$ 的特征向量,则一定存在数 λ 使

$$\boldsymbol{A}(k_1\boldsymbol{p}_1+k_2\boldsymbol{p}_2)=k_1\lambda\boldsymbol{p}_1+k_2\lambda\boldsymbol{p}_2,$$

又由题设

$$\boldsymbol{A}\boldsymbol{p}_1=\lambda_1\boldsymbol{p}_1,\ \boldsymbol{A}\boldsymbol{p}_2=\lambda_2\boldsymbol{p}_2,$$

故

$$\boldsymbol{A}(k_1\boldsymbol{p}_1+k_2\boldsymbol{p}_2)=k_1\lambda_1\boldsymbol{p}_1+k_2\lambda_2\boldsymbol{p}_2,$$

所以得

$$k_1\lambda\boldsymbol{p}_1+k_2\lambda\boldsymbol{p}_2=k_1\lambda_1\boldsymbol{p}_1+k_2\lambda_2\boldsymbol{p}_2,$$

于是

$$k_1(\lambda-\lambda_1)\boldsymbol{p}_1+k_2(\lambda-\lambda_2)\boldsymbol{p}_2=\boldsymbol{0}。$$

由定理 5.1.5 知 $\boldsymbol{p}_1$, $\boldsymbol{p}_2$ 线性无关,所以

$$k_1(\lambda-\lambda_1)=0,\ k_2(\lambda-\lambda_2)=0,$$

又因为 $k_1\neq 0$, $k_2\neq 0$, 故

$$\lambda-\lambda_1=\lambda-\lambda_2=0,$$

从而得 $\lambda_1=\lambda_2$, 这与 $\lambda_1\neq\lambda_2$ 矛盾,所以 $k_1\boldsymbol{p}_1+k_2\boldsymbol{p}_2$ 不是 $\boldsymbol{A}$ 的特征向量。

习题 5.1

1. 求下列矩阵的特征值和特征向量:

(1) $\boldsymbol{A}=\begin{pmatrix}2&-2&0\\-2&1&-2\\0&-2&0\end{pmatrix}$;　　(2) $\boldsymbol{A}=\begin{pmatrix}1&2&0\\0&2&0\\0&3&2\end{pmatrix}$;

(3) $\boldsymbol{A}=\begin{pmatrix}1&-2&0\\-2&2&-2\\0&-2&3\end{pmatrix}$;　　(4) $\boldsymbol{A}=\begin{pmatrix}-2&1&1\\0&2&0\\-4&1&3\end{pmatrix}$。

2. 已知 $\lambda_1=3$,$\lambda_2=\lambda_3=\lambda_4=-2$ 是 4 阶方阵 $\boldsymbol{A}=(a_{ij})$ 的特征值,求 $|\boldsymbol{A}|$ 及 $a_{11}+a_{22}+a_{33}+a_{44}$。

3. (1) 设 $\boldsymbol{A}^2=\boldsymbol{A}$,试证:$\boldsymbol{A}$ 的特征值只能是 0 或 1;(2) 设 $\boldsymbol{A}^2-2\boldsymbol{A}-3\boldsymbol{E}=\boldsymbol{0}$,试证:$\boldsymbol{A}$ 的特征值只能是 -1 或 3。

4. 已知 3 阶矩阵 $\boldsymbol{A}$ 的特征值是 $\lambda_1=1$,$\lambda_2=-3$,$\lambda_3=2$。

(1) 求 $2\boldsymbol{A}$ 的特征值;　　(2) 求 $\boldsymbol{A}^{-1}$ 的特征值;

(3) 求 $\boldsymbol{A}^*$ 的特征值;　　(4) 求 $\boldsymbol{A}+\boldsymbol{E}$ 的特征值。

5. 设 λ 是 $\boldsymbol{A}$ 的特征值,试证明:

(1) λ^n 的 $\boldsymbol{A}^n$ 的特征值;

(2) 设 $f(x)=a_nx^n+a_{n-1}x^{n-1}+\cdots+a_0$,则 $f(\lambda)$ 是 $f(\boldsymbol{A})=a_n\boldsymbol{A}^n+a_{n-1}\boldsymbol{A}^{n-1}+\cdots+a_0\boldsymbol{E}$ 的特征值。

6. 设 3 阶矩阵的特征值是 $\lambda_1=1$,$\lambda_2=-1$,$\lambda_3=2$,求下列行列式的值: $|\boldsymbol{A}+\boldsymbol{E}|$, $|\boldsymbol{A}-2\boldsymbol{E}|$, $|\boldsymbol{A}|$, $|\boldsymbol{A}^2+3\boldsymbol{A}-5\boldsymbol{E}|$。

5.2 相似矩阵

二维码 5-4

二维码 5-5

本节主要介绍相似矩阵及其性质，以及方阵与对角阵相似的条件。

定义 5.2.1 设 $\boldsymbol{A}$，$\boldsymbol{B}$ 是 n 阶方阵，若有可逆矩阵 $\boldsymbol{P}$，使 $\boldsymbol{P}^{-1}\boldsymbol{A}\boldsymbol{P}=\boldsymbol{B}$，则称 $\boldsymbol{B}$ 是 $\boldsymbol{A}$ 的**相似矩阵**，或称矩阵 **$\boldsymbol{A}$ 与 $\boldsymbol{B}$ 相似**。

若 $\boldsymbol{A}$ 与 $\boldsymbol{B}$ 相似，可推得 $\boldsymbol{B}$ 与 $\boldsymbol{A}$ 相似。事实上，由 $\boldsymbol{P}^{-1}\boldsymbol{A}\boldsymbol{P}=\boldsymbol{B}$，可得 $\boldsymbol{A}=\boldsymbol{P}\boldsymbol{B}\boldsymbol{P}^{-1}$，即 $(\boldsymbol{P}^{-1})^{-1}\boldsymbol{B}\boldsymbol{P}^{-1}=\boldsymbol{A}$，故 $\boldsymbol{B}$ 与 $\boldsymbol{A}$ 相似。

这表明两矩阵相似是相互的。

例 1 设矩阵 $\boldsymbol{A}$ 与 $\boldsymbol{B}$ 相似，$\boldsymbol{B}$ 与 $\boldsymbol{C}$ 相似，证明 $\boldsymbol{A}$ 与 $\boldsymbol{C}$ 相似。

证 由题设知，存在可逆矩阵 $\boldsymbol{P}$，$\boldsymbol{Q}$ 使 $\boldsymbol{P}^{-1}\boldsymbol{A}\boldsymbol{P}=\boldsymbol{B}$，$\boldsymbol{Q}^{-1}\boldsymbol{B}\boldsymbol{Q}=\boldsymbol{C}$，因此 $\boldsymbol{Q}^{-1}(\boldsymbol{P}^{-1}\boldsymbol{A}\boldsymbol{P})\boldsymbol{Q}=\boldsymbol{C}$，即 $(\boldsymbol{P}\boldsymbol{Q})^{-1}\boldsymbol{A}(\boldsymbol{P}\boldsymbol{Q})=\boldsymbol{C}$，所以，$\boldsymbol{A}$ 与 $\boldsymbol{C}$ 相似。这说明矩阵相似有传递性。

定理 5.2.1 设矩阵 $\boldsymbol{A}$ 与 $\boldsymbol{B}$ 相似，则

(1) $\boldsymbol{A}^k$ 与 $\boldsymbol{B}^k$ 相似；

(2) 若 $f(x)$ 为一元多项式，则 $f(\boldsymbol{A})$ 与 $f(\boldsymbol{B})$ 相似；

(3) $\boldsymbol{A}$ 与 $\boldsymbol{B}$ 具有相同的特征多项式和相同的特征值。

证 (1) 由 $\boldsymbol{A}$ 与 $\boldsymbol{B}$ 相似，则存在可逆矩阵 $\boldsymbol{P}$，使 $\boldsymbol{P}^{-1}\boldsymbol{A}\boldsymbol{P}=\boldsymbol{B}$，所以有 $(\boldsymbol{P}^{-1}\boldsymbol{A}\boldsymbol{P})^k=\boldsymbol{B}^k$，此式左端为

$$\underbrace{(\boldsymbol{P}^{-1}\boldsymbol{A}\boldsymbol{P})(\boldsymbol{P}^{-1}\boldsymbol{A}\boldsymbol{P})\cdots(\boldsymbol{P}^{-1}\boldsymbol{A}\boldsymbol{P})}_{k\text{个}}=\boldsymbol{P}^{-1}\boldsymbol{A}^k\boldsymbol{P},$$

从而 $\boldsymbol{P}^{-1}\boldsymbol{A}^k\boldsymbol{P}=\boldsymbol{B}^k$，故 $\boldsymbol{A}^k$ 与 $\boldsymbol{B}^k$ 相似。

(2) 设 $f(x)=a_mx^m+a_{m-1}x^{m-1}+\cdots+a_1x+a_0$，则

$$\begin{aligned}
f(\boldsymbol{B})&=a_m\boldsymbol{B}^m+a_{m-1}\boldsymbol{B}^{m-1}+\cdots+a_1\boldsymbol{B}+a_0\boldsymbol{E}\\
&=a_m\boldsymbol{P}^{-1}\boldsymbol{A}^m\boldsymbol{P}+a_{m-1}\boldsymbol{P}^{-1}\boldsymbol{A}^{m-1}\boldsymbol{P}+\cdots+a_1\boldsymbol{P}^{-1}\boldsymbol{A}\boldsymbol{P}+a_0\boldsymbol{P}^{-1}\boldsymbol{E}\boldsymbol{P}\\
&=\boldsymbol{P}^{-1}(a_m\boldsymbol{A}^m+a_{m-1}\boldsymbol{A}^{m-1}+\cdots+a_1\boldsymbol{A}+a_0\boldsymbol{E})\boldsymbol{P}\\
&=\boldsymbol{P}^{-1}f(\boldsymbol{A})\boldsymbol{P},
\end{aligned}$$

所以 $f(\boldsymbol{A})$ 与 $f(\boldsymbol{B})$ 相似。

(3) 由

$$\begin{aligned}
|\boldsymbol{B}-\lambda\boldsymbol{E}|&=|\boldsymbol{P}^{-1}\boldsymbol{A}\boldsymbol{P}-\boldsymbol{P}^{-1}\lambda\boldsymbol{E}\boldsymbol{P}|=|\boldsymbol{P}^{-1}(\boldsymbol{A}-\lambda\boldsymbol{E})\boldsymbol{P}|\\
&=|\boldsymbol{P}^{-1}||\boldsymbol{A}-\lambda\boldsymbol{E}||\boldsymbol{P}|=|\boldsymbol{A}-\lambda\boldsymbol{E}|,
\end{aligned}$$

因此 $\boldsymbol{A}$ 与 $\boldsymbol{B}$ 有相同的特征多项式，从而有相同的特征值。

由定理 5.2.1(3) 可得：

推论 若 n 阶方阵 $\boldsymbol{A}$ 与对角阵 $\boldsymbol{\Lambda}=\begin{pmatrix}\lambda_1&&&\\&\lambda_2&&\\&&\ddots&\\&&&\lambda_n\end{pmatrix}$ 相似，则 λ_1，λ_2，$\cdots$，λ_n 为

$\boldsymbol{A}$ 的特征值。

证 因为 $\lambda_1, \lambda_2, \cdots, \lambda_n$ 是 $\boldsymbol{\Lambda}$ 的特征值，又由 $\boldsymbol{A}$ 与 $\boldsymbol{\Lambda}$ 相似，所以据定理 5.2.1(3) 知 $\lambda_1, \lambda_2, \cdots, \lambda_n$ 也是 $\boldsymbol{A}$ 的特征值。

若矩阵 $\boldsymbol{A}$ 与对角阵相似，则称 $\boldsymbol{A}$ **可对角化**。

定理 5.2.2 n 阶方阵 $\boldsymbol{A}$ 可对角化的充分必要条件是 $\boldsymbol{A}$ 有 n 个线性无关的特征向量。

证 必要性 设 $\boldsymbol{A}$ 可对角化，即存在可逆矩阵 $\boldsymbol{P}$，使 $\boldsymbol{P}^{-1}\boldsymbol{AP}=\boldsymbol{\Lambda}$，$\boldsymbol{AP}=\boldsymbol{P\Lambda}$。

设 $\boldsymbol{P}=(\boldsymbol{p}_1, \boldsymbol{p}_2, \cdots, \boldsymbol{p}_n)$（$\boldsymbol{p}_1, \boldsymbol{p}_2, \cdots, \boldsymbol{p}_n$ 为 $\boldsymbol{P}$ 的列向量），

$$\boldsymbol{\Lambda}=\begin{pmatrix}\lambda_1 & & & \\ & \lambda_2 & & \\ & & \ddots & \\ & & & \lambda_n\end{pmatrix},$$

则
$$\boldsymbol{A}(\boldsymbol{p}_1, \boldsymbol{p}_2, \cdots, \boldsymbol{p}_n)=(\boldsymbol{p}_1, \boldsymbol{p}_2, \cdots, \boldsymbol{p}_n)\begin{pmatrix}\lambda_1 & & & \\ & \lambda_2 & & \\ & & \ddots & \\ & & & \lambda_n\end{pmatrix},$$

所以
$$(\boldsymbol{Ap}_1, \boldsymbol{Ap}_2, \cdots, \boldsymbol{Ap}_n)=(\lambda_1\boldsymbol{p}_1, \lambda_2\boldsymbol{p}_2, \cdots, \lambda_n\boldsymbol{p}_n),$$

从而
$$\boldsymbol{Ap}_i=\lambda_i\boldsymbol{p}_i(i=1,2,\cdots,n)。$$

因为 $\boldsymbol{P}$ 可逆，所以 $\boldsymbol{p}_i\neq\boldsymbol{0}$ $(i=1,2,\cdots,n)$ 是 $\boldsymbol{A}$ 的对应于特征值 λ_i 的特征向量，且 $\boldsymbol{p}_1, \boldsymbol{p}_2, \cdots, \boldsymbol{p}_n$ 是线性无关的，即 $\boldsymbol{p}_1, \boldsymbol{p}_2, \cdots, \boldsymbol{p}_n$ 是 $\boldsymbol{A}$ 的 n 个线性无关的特征向量。

充分性 若 $\boldsymbol{A}$ 有 n 个线性无关的特征向量 $\boldsymbol{p}_1, \boldsymbol{p}_2, \cdots, \boldsymbol{p}_n$，即

$$\boldsymbol{Ap}_i=\lambda_i\boldsymbol{p}_i(i=1,2,\cdots,n),$$

所以
$$(\boldsymbol{Ap}_1, \boldsymbol{Ap}_2, \cdots, \boldsymbol{Ap}_n)=(\lambda_1\boldsymbol{p}_1, \lambda_2\boldsymbol{p}_2, \cdots, \lambda_n\boldsymbol{p}_n),$$

即
$$\boldsymbol{A}(\boldsymbol{p}_1, \boldsymbol{p}_2, \cdots, \boldsymbol{p}_n)=(\boldsymbol{p}_1, \boldsymbol{p}_2, \cdots, \boldsymbol{p}_n)\begin{pmatrix}\lambda_1 & & & \\ & \lambda_2 & & \\ & & \ddots & \\ & & & \lambda_n\end{pmatrix}。$$

记 $\boldsymbol{P}=(\boldsymbol{p}_1, \boldsymbol{p}_2, \cdots, \boldsymbol{p}_n)$，$\boldsymbol{\Lambda}=\begin{pmatrix}\lambda_1 & & & \\ & \lambda_2 & & \\ & & \ddots & \\ & & & \lambda_n\end{pmatrix}$，则 $\boldsymbol{AP}=\boldsymbol{P\Lambda}$。

因为 $\boldsymbol{p}_1, \boldsymbol{p}_2, \cdots, \boldsymbol{p}_n$ 线性无关，所以，矩阵 $\boldsymbol{P}$ 可逆，故 $\boldsymbol{P}^{-1}\boldsymbol{AP}=\boldsymbol{\Lambda}$，即 $\boldsymbol{A}$ 可对角化。

证明过程说明，若 $\boldsymbol{A}$ 可对角化，其对角矩阵 $\boldsymbol{\Lambda}$ 是 $\boldsymbol{A}$ 的特征值为对角元素排成的矩阵，可逆矩阵 $\boldsymbol{P}$ 是按 $\boldsymbol{\Lambda}$ 中特征值顺序和特征值对应的特征向量排成的矩阵（顺序不能排错）。

例如，5.1 中的例 2：$\boldsymbol{A}=\begin{pmatrix}4&6&0\\-3&-5&0\\3&6&1\end{pmatrix}$的特征值为$\lambda_1=-2$，$\lambda_2=\lambda_3=1$，对应有三个线性无关的特征向量

$$\boldsymbol{\xi}_1=\begin{pmatrix}1\\-1\\1\end{pmatrix},\quad \boldsymbol{\xi}_2=\begin{pmatrix}-2\\1\\0\end{pmatrix},\quad \boldsymbol{\xi}_3=\begin{pmatrix}0\\0\\1\end{pmatrix},$$

若令 $\boldsymbol{P}=(\boldsymbol{\xi}_1,\boldsymbol{\xi}_2,\boldsymbol{\xi}_3)=\begin{pmatrix}1&-2&0\\-1&1&0\\1&0&1\end{pmatrix}$，则 $\boldsymbol{P}^{-1}=\begin{pmatrix}-1&-2&0\\-1&-1&0\\1&2&1\end{pmatrix}$（可不求出 $\boldsymbol{P}^{-1}$），于是可得

$$\boldsymbol{P}^{-1}\boldsymbol{AP}=\boldsymbol{\Lambda}=\begin{pmatrix}-2&&\\&1&\\&&1\end{pmatrix}。$$

定理 5.2.2 有如下推论：

推论 若 n 阶方阵 $\boldsymbol{A}$ 有 n 个互不相同的特征值 $\lambda_1,\lambda_2,\cdots,\lambda_n$，则 $\boldsymbol{A}$ 可对角化。

证 设 $\boldsymbol{p}_1,\boldsymbol{p}_2,\cdots,\boldsymbol{p}_n$ 为与 $\lambda_1,\lambda_2,\cdots,\lambda_n$ 对应的特征向量，由定理 5.1.5 知，$\boldsymbol{p}_1,\boldsymbol{p}_2,\cdots,\boldsymbol{p}_n$ 线性无关，又由定理 5.2.2 知 $\boldsymbol{A}$ 可对角化。

例 2 当 k 为何值时，矩阵 $\boldsymbol{A}=\begin{pmatrix}3&1&-1\\-2k&2&k\\4&2&-1\end{pmatrix}$ 可对角化。

解
$$|\boldsymbol{A}-\lambda\boldsymbol{E}|=\begin{vmatrix}3-\lambda&1&-1\\-2k&2-\lambda&k\\4&2&-1-\lambda\end{vmatrix}\xlongequal{c_1+2c_3}\begin{vmatrix}1-\lambda&1&-1\\0&2-\lambda&k\\2-2\lambda&2&-1-\lambda\end{vmatrix}$$

$$\xlongequal{r_3-2r_1}\begin{vmatrix}1-\lambda&1&-1\\0&2-\lambda&k\\0&0&1-\lambda\end{vmatrix}=(1-\lambda)^2(2-\lambda)=0,$$

得
$$\lambda_1=2,\quad \lambda_2=\lambda_3=1。$$

当 $\lambda_1=2$ 时，由
$$\boldsymbol{A}-2\boldsymbol{E}=\begin{pmatrix}1&1&-1\\-2k&0&k\\4&2&-3\end{pmatrix}\xrightarrow{r}\begin{pmatrix}1&0&-\frac{1}{2}\\0&1&-\frac{1}{2}\\0&0&0\end{pmatrix},$$

可知对应 $\lambda_1=2$ 的特征向量只有一个，所以要 $\boldsymbol{A}$ 可对角化，必须对应重特征根 $\lambda_2=\lambda_3$

$=1$ 有 2 个线性无关的特征向量，即方程 $(\boldsymbol{A}-\boldsymbol{E})\boldsymbol{x}=\boldsymbol{0}$ 有 2 个线性无关的解，也就是系数矩阵的秩 $R(\boldsymbol{A}-\boldsymbol{E})=1$。

由
$$\boldsymbol{A}-\boldsymbol{E}=\begin{pmatrix}2&1&-1\\-2k&1&k\\4&2&-2\end{pmatrix}\xrightarrow[r_3-2r_1]{r_2+kr_1}\begin{pmatrix}2&1&-1\\0&1+k&0\\0&0&0\end{pmatrix},$$
所以要 $R(\boldsymbol{A}-\boldsymbol{E})=1$，只要 $k=-1$，因此 $k=-1$ 时，矩阵 $\boldsymbol{A}$ 可对角化。

习题 5.2

1. 设方阵 $\boldsymbol{A}$ 与 $\boldsymbol{B}$ 相似，证明：$\boldsymbol{A}^{-1}$ 与 $\boldsymbol{B}^{-1}$ 相似。
2. 下面的值和向量是方阵 $\boldsymbol{A}$ 的全部特征值和所对应的特征向量，求方阵 $\boldsymbol{A}$。

(1) $\lambda_1=1,\lambda_2=2,\boldsymbol{\alpha}_1=\begin{pmatrix}3\\-1\end{pmatrix},\boldsymbol{\alpha}_2=\begin{pmatrix}-2\\1\end{pmatrix}$；

(2) $\lambda_1=1,\lambda_2=-1,\lambda_3=2,\boldsymbol{\alpha}_1=\begin{pmatrix}1\\0\\0\end{pmatrix},\boldsymbol{\alpha}_2=\begin{pmatrix}0\\1\\0\end{pmatrix},\boldsymbol{\alpha}_3=\begin{pmatrix}-2\\0\\1\end{pmatrix}$。

3. 下列矩阵中哪个矩阵可对角化？请把可对角化的矩阵对角化。

(1) $\begin{pmatrix}-3&1&-1\\-7&5&-1\\-6&6&-2\end{pmatrix}$；　(2) $\begin{pmatrix}1&1&-2\\4&0&4\\1&-1&4\end{pmatrix}$；　(3) $\begin{pmatrix}-4&-6&0\\3&5&0\\-3&-6&-1\end{pmatrix}$。

4. 设 $\boldsymbol{A}=\begin{pmatrix}2&-1&2\\5&x&3\\-1&y&-2\end{pmatrix}$ 有特征向量 $\boldsymbol{\alpha}=\begin{pmatrix}1\\1\\-1\end{pmatrix}$，求 x,y 的值，并求对应于 $\boldsymbol{\alpha}$ 的特征值 λ。
5. 设 $\boldsymbol{A}=\begin{pmatrix}1&-1&1\\2&4&-2\\-3&-3&5\end{pmatrix}$ 与 $\boldsymbol{B}=\begin{pmatrix}2&0&0\\0&2&0\\0&0&x\end{pmatrix}$ 相似。(1) 求 x 的值；(2) 求一个可逆矩阵 $\boldsymbol{P}$，使 $\boldsymbol{P}^{-1}\boldsymbol{A}\boldsymbol{P}=\boldsymbol{B}$。

5.3　向量的内积与正交矩阵

二维码 5-6

5.3.1　向量的内积

在解析几何中，曾定义两向量的数量积(内积)$\boldsymbol{a}\cdot\boldsymbol{b}=|\boldsymbol{a}|\cdot|\boldsymbol{b}|\cos(\widehat{(\boldsymbol{a},\boldsymbol{b})})$，并在空间直角坐标系中用坐标计算两向量的数量积为 $(x_1,y_1,z_1)\cdot(x_2,y_2,z_2)=x_1x_2+y_1y_2+z_1z_2$。本节将在 $\mathbf{R}^n$ 中引入向量的内积、长度、夹角等概念，并讨论正交向量组

二维码 5-7

和正交矩阵等内容。

定义 5.3.1 设 n 维向量 $\boldsymbol{a}=\begin{pmatrix}a_1\\a_2\\\vdots\\a_n\end{pmatrix}$，$\boldsymbol{b}=\begin{pmatrix}b_1\\b_2\\\vdots\\b_n\end{pmatrix}$，称数 $a_1b_1+a_2b_2+\cdots+a_nb_n$ 为向量 $\boldsymbol{a}$ 与 $\boldsymbol{b}$ 的**内积**，记为 $[\boldsymbol{a},\boldsymbol{b}]$，即

$$[\boldsymbol{a},\boldsymbol{b}]=a_1b_1+a_2b_2+\cdots+a_nb_n=\boldsymbol{a}^{\mathrm{T}}\boldsymbol{b}。$$

若 $\boldsymbol{a}$，$\boldsymbol{b}$，$\boldsymbol{c}$ 均为 n 维向量，则由定义 5.3.1 可得下列性质：

(1) $[\boldsymbol{a},\boldsymbol{b}]=[\boldsymbol{b},\boldsymbol{a}]$；

(2) $[\lambda\boldsymbol{a},\boldsymbol{b}]=\lambda[\boldsymbol{a},\boldsymbol{b}]$（$\lambda$ 为常数）；

(3) $[\boldsymbol{a}+\boldsymbol{b},\boldsymbol{c}]=[\boldsymbol{a},\boldsymbol{c}]+[\boldsymbol{b},\boldsymbol{c}]$；

(4) 当 $\boldsymbol{a}=\boldsymbol{0}$ 时，$[\boldsymbol{a},\boldsymbol{a}]=0$，当 $\boldsymbol{a}\neq\boldsymbol{0}$ 时，$[\boldsymbol{a},\boldsymbol{a}]>0$。

定理 5.3.1 （施瓦茨不等式）设 $\boldsymbol{a}$，$\boldsymbol{b}$ 为任意的 n 维向量，则

$$[\boldsymbol{a},\boldsymbol{b}]^2\leqslant[\boldsymbol{a},\boldsymbol{a}]\cdot[\boldsymbol{b},\boldsymbol{b}]。$$

证 作辅助向量 $\boldsymbol{x}=[\boldsymbol{b},\boldsymbol{b}]\boldsymbol{a}-[\boldsymbol{a},\boldsymbol{b}]\boldsymbol{b}$，由上述性质(4)知 $[\boldsymbol{x},\boldsymbol{x}]\geqslant0$，即

$$\begin{aligned}[\boldsymbol{x},\boldsymbol{x}]&=[[\boldsymbol{b},\boldsymbol{b}]\boldsymbol{a}-[\boldsymbol{a},\boldsymbol{b}]\boldsymbol{b},[\boldsymbol{b},\boldsymbol{b}]\boldsymbol{a}-[\boldsymbol{a},\boldsymbol{b}]\boldsymbol{b}]\\&=[\boldsymbol{b},\boldsymbol{b}]^2[\boldsymbol{a},\boldsymbol{a}]-[\boldsymbol{b},\boldsymbol{b}]\cdot[\boldsymbol{a},\boldsymbol{b}]^2-[\boldsymbol{a},\boldsymbol{b}]^2[\boldsymbol{b},\boldsymbol{b}]+[\boldsymbol{a},\boldsymbol{b}]^2[\boldsymbol{b},\boldsymbol{b}]\\&=[\boldsymbol{b},\boldsymbol{b}]^2[\boldsymbol{a},\boldsymbol{a}]-[\boldsymbol{b},\boldsymbol{b}]\cdot[\boldsymbol{a},\boldsymbol{b}]^2\geqslant0,\end{aligned}$$

所以当 $\boldsymbol{b}\neq\boldsymbol{0}$ 时，$[\boldsymbol{b},\boldsymbol{b}]>0$，则 $[\boldsymbol{a},\boldsymbol{b}]^2\leqslant[\boldsymbol{a},\boldsymbol{a}]\cdot[\boldsymbol{b},\boldsymbol{b}]$；当 $\boldsymbol{b}=\boldsymbol{0}$ 时，取等号。

定义 5.3.2 设向量 $\boldsymbol{a}=(a_1,a_2,\cdots,a_n)^{\mathrm{T}}$，称 $\sqrt{[\boldsymbol{a},\boldsymbol{a}]}$ 为向量 $\boldsymbol{a}$ 的**长度**（或**范数**），记为 $\|\boldsymbol{a}\|$，即 $\|\boldsymbol{a}\|=\sqrt{[\boldsymbol{a},\boldsymbol{a}]}=\sqrt{\boldsymbol{a}^{\mathrm{T}}\boldsymbol{a}}=\sqrt{a_1^2+a_2^2+\cdots+a_n^2}$。

向量的长度有下列性质（留给读者自己证明）：

(1) $\boldsymbol{a}\neq\boldsymbol{0}$ 时，$\|\boldsymbol{a}\|>0$，$\|\boldsymbol{a}\|=0$ 的充分必要条件是 $\boldsymbol{a}=\boldsymbol{0}$；

(2) $\|\lambda\boldsymbol{a}\|=|\lambda|\cdot\|\boldsymbol{a}\|$；

(3) $\|\boldsymbol{a}+\boldsymbol{b}\|\leqslant\|\boldsymbol{a}\|+\|\boldsymbol{b}\|$（称为**三角不等式**）。

若 $\|\boldsymbol{a}\|=1$，则称 $\boldsymbol{a}$ 为**单位向量**；一般地，若 $\boldsymbol{a}\neq\boldsymbol{0}$，则称 $\dfrac{\boldsymbol{a}}{\|\boldsymbol{a}\|}$ 为把向量 $\boldsymbol{a}$ **单位化**（或**标准化**）。

根据定理 5.3.1，$[\boldsymbol{a},\boldsymbol{b}]^2\leqslant[\boldsymbol{a},\boldsymbol{a}]\cdot[\boldsymbol{b},\boldsymbol{b}]$，即 $[\boldsymbol{a},\boldsymbol{b}]^2\leqslant\|\boldsymbol{a}\|^2\cdot\|\boldsymbol{b}\|^2$，若 $\boldsymbol{a}$，$\boldsymbol{b}$ 均为非零向量，则得 $\left|\dfrac{[\boldsymbol{a},\boldsymbol{b}]}{\|\boldsymbol{a}\|\cdot\|\boldsymbol{b}\|}\right|\leqslant1$。

5.3.2 向量组的正交化方法

下面先给出两向量夹角的定义。

定义 5.3.3 设 $\boldsymbol{a}$，$\boldsymbol{b}$ 为两个非零的 n 维向量，称 $\theta=\arccos\dfrac{[\boldsymbol{a},\boldsymbol{b}]}{\|\boldsymbol{a}\|\cdot\|\boldsymbol{b}\|}$ 为向

量 $\boldsymbol{a}$ 与 $\boldsymbol{b}$ 的**夹角**。

例 1　设 $\boldsymbol{a}=\begin{pmatrix}1\\1\\0\\2\end{pmatrix}$，$\boldsymbol{b}=\begin{pmatrix}2\\1\\1\\0\end{pmatrix}$，则$[\boldsymbol{a}, \boldsymbol{b}]=3$，$\|\boldsymbol{a}\|=\sqrt{6}$，$\|\boldsymbol{b}\|=\sqrt{6}$，所以 $\boldsymbol{a}$ 与 $\boldsymbol{b}$ 的夹角为

$$\theta=\arccos\frac{3}{\sqrt{6}\cdot\sqrt{6}}=\frac{\pi}{3}。$$

定义 5.3.4　若$[\boldsymbol{a}, \boldsymbol{b}]=0$ 时，则称向量 $\boldsymbol{a}$ 与 $\boldsymbol{b}$ **正交**。

显然，若 $\boldsymbol{a}=\mathbf{0}$，则 $\boldsymbol{a}$ 与任何向量都正交。

定义 5.3.5　由非零向量组成的两两正交的向量组称为**正交向量组**。

定理 5.3.2　若向量组 $\boldsymbol{a}_1, \boldsymbol{a}_2, \cdots, \boldsymbol{a}_r$ 是正交向量组，则 $\boldsymbol{a}_1, \boldsymbol{a}_2, \cdots, \boldsymbol{a}_r$ 线性无关。

证　设有 $k_1, k_2, \cdots, k_r$ 使

$$k_1\boldsymbol{a}_1+k_2\boldsymbol{a}_2+\cdots+k_r\boldsymbol{a}_r=\mathbf{0}。$$

把此式两边与 $\boldsymbol{a}_1$ 作内积，得

$$k_1[\boldsymbol{a}_1, \boldsymbol{a}_1]+k_2[\boldsymbol{a}_1, \boldsymbol{a}_2]+\cdots+k_r[\boldsymbol{a}_1, \boldsymbol{a}_r]=[\boldsymbol{a}_1, \mathbf{0}]=0。$$

因为 $\boldsymbol{a}_1$ 与 $\boldsymbol{a}_2, \boldsymbol{a}_3, \cdots, \boldsymbol{a}_r$ 正交，所以$[\boldsymbol{a}_1, \boldsymbol{a}_i]=0\ (i=2, \cdots, r)$，因此

$$k_1[\boldsymbol{a}_1, \boldsymbol{a}_1]=k_1\|\boldsymbol{a}_1\|^2=0,$$

又因 $\boldsymbol{a}_1\neq 0$，故得 $k_1=0$。

类似可得
$$k_2=k_3=\cdots=k_r=0。$$

所以，$\boldsymbol{a}_1, \boldsymbol{a}_2, \cdots, \boldsymbol{a}_r$ 线性无关。

定义 5.3.6　若单位向量 $\boldsymbol{e}_1, \boldsymbol{e}_2, \cdots, \boldsymbol{e}_r$ 是向量空间 $\mathbf{V}$ 的一个基，且 $\boldsymbol{e}_1, \boldsymbol{e}_2, \cdots, \boldsymbol{e}_r$ 两两正交，则称 $\boldsymbol{e}_1, \boldsymbol{e}_2, \cdots, \boldsymbol{e}_r$ 是 $\mathbf{V}$ 的一个**规范正交基**(或**单位正交基**)。

例如，$\boldsymbol{e}_1=\begin{pmatrix}1\\0\\0\\0\end{pmatrix}$，$\boldsymbol{e}_2=\begin{pmatrix}0\\1\\0\\0\end{pmatrix}$，$\boldsymbol{e}_3=\begin{pmatrix}0\\0\\1\\0\end{pmatrix}$，$\boldsymbol{e}_4=\begin{pmatrix}0\\0\\0\\1\end{pmatrix}$是 $\mathbf{R}^4$ 的一个规范正交基。

$$\boldsymbol{\varepsilon}_1=\begin{pmatrix}\frac{1}{\sqrt{2}}\\0\\\frac{1}{\sqrt{2}}\\0\end{pmatrix}, \boldsymbol{\varepsilon}_2=\begin{pmatrix}0\\\frac{1}{\sqrt{2}}\\0\\\frac{1}{\sqrt{2}}\end{pmatrix}, \boldsymbol{\varepsilon}_3=\begin{pmatrix}\frac{1}{\sqrt{2}}\\0\\-\frac{1}{\sqrt{2}}\\0\end{pmatrix}, \boldsymbol{\varepsilon}_4=\begin{pmatrix}0\\\frac{1}{\sqrt{2}}\\0\\-\frac{1}{\sqrt{2}}\end{pmatrix}\text{ 也是 }\mathbf{R}^4\text{ 的一个规范正交基。}$$

定理 5.3.3　向量空间 $\mathbf{V}$ 中任何线性无关向量组 $\boldsymbol{a}_1, \boldsymbol{a}_2, \cdots, \boldsymbol{a}_r$，都可找到一个正交向量组 $\boldsymbol{b}_1, \boldsymbol{b}_2, \cdots, \boldsymbol{b}_r$ 与之等价，其中

$$\boldsymbol{b}_1=\boldsymbol{a}_1,$$

$$\boldsymbol{b}_2=\boldsymbol{a}_2-\frac{[\boldsymbol{b}_1,\ \boldsymbol{a}_2]}{[\boldsymbol{b}_1,\ \boldsymbol{b}_1]}\boldsymbol{b}_1,$$

…………

$$\boldsymbol{b}_r=\boldsymbol{a}_r-\frac{[\boldsymbol{b}_1,\ \boldsymbol{a}_r]}{[\boldsymbol{b}_1,\ \boldsymbol{b}_1]}\boldsymbol{b}_1-\frac{[\boldsymbol{b}_2,\ \boldsymbol{a}_r]}{[\boldsymbol{b}_2,\ \boldsymbol{b}_2]}\boldsymbol{b}_2-\cdots-\frac{[\boldsymbol{b}_{r-1},\ \boldsymbol{a}_r]}{[\boldsymbol{b}_{r-1},\ \boldsymbol{b}_{r-1}]}\boldsymbol{b}_{r-1}。$$

证　用数学归纳法证明 $\boldsymbol{b}_1$，$\boldsymbol{b}_2$，…，$\boldsymbol{b}_{r-1}$ 两两正交。

由　$[\boldsymbol{b}_1,\ \boldsymbol{b}_2]=\left[\boldsymbol{b}_1,\ \boldsymbol{a}_2-\frac{[\boldsymbol{b}_1,\ \boldsymbol{a}_2]}{[\boldsymbol{b}_1,\ \boldsymbol{b}_1]}\boldsymbol{b}_1\right]=[\boldsymbol{b}_1,\ \boldsymbol{a}_2]-\frac{[\boldsymbol{b}_1,\ \boldsymbol{a}_2]}{[\boldsymbol{b}_1,\ \boldsymbol{b}_1]}[\boldsymbol{b}_1,\ \boldsymbol{b}_1]=0$，即得 $\boldsymbol{b}_1$ 与 $\boldsymbol{b}_2$ 正交。

假设 $\boldsymbol{b}_1$，$\boldsymbol{b}_2$，…，$\boldsymbol{b}_{r-1}$ 两两正交。

下面只需验证 $\boldsymbol{b}_1$，$\boldsymbol{b}_2$，…，$\boldsymbol{b}_{r-1}$ 均与 $\boldsymbol{b}_r$ 正交，即可得 $\boldsymbol{b}_1$，$\boldsymbol{b}_2$，…，$\boldsymbol{b}_{r-1}$，$\boldsymbol{b}_r$ 是正交向量组。

$$[\boldsymbol{b}_1,\ \boldsymbol{b}_r]=\left[\boldsymbol{b}_1,\ \boldsymbol{a}_r-\frac{[\boldsymbol{b}_1,\ \boldsymbol{a}_r]}{[\boldsymbol{b}_1,\ \boldsymbol{b}_1]}\boldsymbol{b}_1-\frac{[\boldsymbol{b}_2,\ \boldsymbol{a}_r]}{[\boldsymbol{b}_2,\ \boldsymbol{b}_2]}\boldsymbol{b}_2-\cdots-\frac{[\boldsymbol{b}_{r-1},\ \boldsymbol{a}_r]}{[\boldsymbol{b}_{r-1},\ \boldsymbol{b}_{r-1}]}\boldsymbol{b}_{r-1}\right],$$

由归纳假设知 $\boldsymbol{b}_1$ 分别与 $\boldsymbol{b}_2$，$\boldsymbol{b}_3$，…，$\boldsymbol{b}_{r-1}$ 正交，故

$$[\boldsymbol{b}_1,\ \boldsymbol{b}_r]=[\boldsymbol{b}_1,\ \boldsymbol{a}_r]-\frac{[\boldsymbol{b}_1,\ \boldsymbol{a}_r]}{[\boldsymbol{b}_1,\ \boldsymbol{b}_1]}[\boldsymbol{b}_1,\ \boldsymbol{b}_1]=0,$$

即 $\boldsymbol{b}_1$ 与 $\boldsymbol{b}_r$ 正交。

类似可证 $\boldsymbol{b}_2$，$\boldsymbol{b}_3$，…，$\boldsymbol{b}_{r-1}$ 均与 $\boldsymbol{b}_r$ 正交，所以 $\boldsymbol{b}_1$，$\boldsymbol{b}_2$，…，$\boldsymbol{b}_r$ 是正交向量组。

由 $\boldsymbol{b}_1$，$\boldsymbol{b}_2$，…，$\boldsymbol{b}_r$ 的表示式知，$\boldsymbol{b}_1$，$\boldsymbol{b}_2$，…，$\boldsymbol{b}_r$ 可由 $\boldsymbol{a}_1$，$\boldsymbol{a}_2$，…，$\boldsymbol{a}_r$ 线性表示，同时也可导出

$$\boldsymbol{a}_1=\boldsymbol{b}_1,$$

$$\boldsymbol{a}_2=\boldsymbol{b}_2+\frac{[\boldsymbol{b}_1,\ \boldsymbol{a}_2]}{[\boldsymbol{b}_1,\ \boldsymbol{b}_1]}\boldsymbol{b}_1,$$

…………

$$\boldsymbol{a}_r=\boldsymbol{b}_r+\frac{[\boldsymbol{b}_1,\ \boldsymbol{a}_r]}{[\boldsymbol{b}_1,\ \boldsymbol{b}_1]}\boldsymbol{b}_1+\frac{[\boldsymbol{b}_2,\ \boldsymbol{a}_r]}{[\boldsymbol{b}_2,\ \boldsymbol{b}_2]}\boldsymbol{b}_2+\cdots+\frac{[\boldsymbol{b}_{r-1},\ \boldsymbol{a}_r]}{[\boldsymbol{b}_{r-1},\ \boldsymbol{b}_{r-1}]}\boldsymbol{b}_{r-1},$$

于是得 $\boldsymbol{a}_1$，$\boldsymbol{a}_2$，…，$\boldsymbol{a}_r$ 与 $\boldsymbol{b}_1$，$\boldsymbol{b}_2$，…，$\boldsymbol{b}_r$ 等价。

若再将 $\boldsymbol{b}_1$，$\boldsymbol{b}_2$，…，$\boldsymbol{b}_r$ 单位化，并记为

$$\boldsymbol{p}_i=\frac{\boldsymbol{b}_i}{\|\boldsymbol{b}_i\|}\ (i=1,\ 2,\ \cdots,\ r),$$

则又可得 $\boldsymbol{a}_1$，$\boldsymbol{a}_2$，…，$\boldsymbol{a}_r$ 与 $\boldsymbol{p}_1$，$\boldsymbol{p}_2$，…，$\boldsymbol{p}_r$ 等价。

定理 5.3.3 中，由线性无关组 $\boldsymbol{a}_1$，$\boldsymbol{a}_2$，…，$\boldsymbol{a}_r$ 确定正交向量组 $\boldsymbol{b}_1$，$\boldsymbol{b}_2$，…，$\boldsymbol{b}_r$ 的方法，称为**施密特**(Schmidt) **正交化方法**。

定理 5.3.3 还告诉我们向量空间 $\mathbf{V}$ 的任何一个基均可用施密特正交化方法把它正交化，再将其单位化而得向量空间 $\mathbf{V}$ 的一个规范正交基。

例 2 已知 $\boldsymbol{a}_1=\begin{pmatrix}-1\\0\\1\end{pmatrix}$，$\boldsymbol{a}_2=\begin{pmatrix}2\\1\\0\end{pmatrix}$，$\boldsymbol{a}_3=\begin{pmatrix}1\\-1\\0\end{pmatrix}$是 $\mathbf{R}^3$ 的一个基，求 $\mathbf{R}^3$ 的一个规范正交基。

解 先正交化。令

$$\boldsymbol{b}_1=\boldsymbol{a}_1=\begin{pmatrix}-1\\0\\1\end{pmatrix},$$

$$\boldsymbol{b}_2=\boldsymbol{a}_2-\frac{[\boldsymbol{b}_1,\boldsymbol{a}_2]}{[\boldsymbol{b}_1,\boldsymbol{b}_1]}\boldsymbol{b}_1=\begin{pmatrix}2\\1\\0\end{pmatrix}-\frac{-2}{2}\begin{pmatrix}-1\\0\\1\end{pmatrix}=\begin{pmatrix}1\\1\\1\end{pmatrix},$$

$$\boldsymbol{b}_3=\boldsymbol{a}_3-\frac{[\boldsymbol{b}_1,\boldsymbol{a}_3]}{[\boldsymbol{b}_1,\boldsymbol{b}_1]}\boldsymbol{b}_1-\frac{[\boldsymbol{b}_2,\boldsymbol{a}_3]}{[\boldsymbol{b}_2,\boldsymbol{b}_2]}\boldsymbol{b}_2=\begin{pmatrix}1\\-1\\0\end{pmatrix}-\frac{-1}{2}\begin{pmatrix}-1\\0\\1\end{pmatrix}-\frac{0}{3}\begin{pmatrix}1\\1\\1\end{pmatrix}=\begin{pmatrix}\frac{1}{2}\\-1\\\frac{1}{2}\end{pmatrix}。$$

再单位化。记

$$\boldsymbol{p}_1=\frac{\boldsymbol{b}_1}{\|\boldsymbol{b}_1\|}=\frac{1}{\sqrt{2}}\begin{pmatrix}-1\\0\\1\end{pmatrix},\ \boldsymbol{p}_2=\frac{\boldsymbol{b}_2}{\|\boldsymbol{b}_2\|}=\frac{1}{\sqrt{3}}\begin{pmatrix}1\\1\\1\end{pmatrix},\ \boldsymbol{p}_3=\frac{\boldsymbol{b}_3}{\|\boldsymbol{b}_3\|}=\frac{1}{\sqrt{6}}\begin{pmatrix}1\\-2\\1\end{pmatrix},$$

则 $\boldsymbol{p}_1$，$\boldsymbol{p}_2$，$\boldsymbol{p}_3$ 为所求 $\mathbf{R}^3$ 的一个规范正交基。

例 3 设 $\boldsymbol{a}_1=\begin{pmatrix}1\\-1\\1\\-1\end{pmatrix}$，$\boldsymbol{a}_2=\begin{pmatrix}1\\0\\0\\1\end{pmatrix}$，求 $\boldsymbol{a}_3$，$\boldsymbol{a}_4$ 使 $\boldsymbol{a}_1$，$\boldsymbol{a}_2$，$\boldsymbol{a}_3$，$\boldsymbol{a}_4$ 为正交向量组。

解 由$[\boldsymbol{a}_1,\boldsymbol{a}_2]=0$ 知，$\boldsymbol{a}_1$ 与 $\boldsymbol{a}_2$ 正交，设 $\boldsymbol{x}=\begin{pmatrix}x_1\\x_2\\x_3\\x_4\end{pmatrix}$ 与 $\boldsymbol{a}_1$，$\boldsymbol{a}_2$ 正交，则有

$$[\boldsymbol{x},\boldsymbol{a}_1]=0,\quad [\boldsymbol{x},\boldsymbol{a}_2]=0,$$

也即

$$\begin{cases}x_1-x_2+x_3-x_4=0,\\x_1\qquad\qquad\quad+x_4=0,\end{cases}$$

所以欲求的 $\boldsymbol{a}_3$，$\boldsymbol{a}_4$ 应是该方程组的解，而方程组的基础解系为

$$\boldsymbol{\xi}_1=\begin{pmatrix}0\\1\\1\\0\end{pmatrix},\quad \boldsymbol{\xi}_2=\begin{pmatrix}-1\\-2\\0\\1\end{pmatrix}。$$

将 $\boldsymbol{\xi}_1$ 与 $\boldsymbol{\xi}_2$ 正交化,得

$$\boldsymbol{a}_3=\boldsymbol{\xi}_1=\begin{pmatrix}0\\1\\1\\0\end{pmatrix},\quad \boldsymbol{a}_4=\boldsymbol{\xi}_2-\frac{[\boldsymbol{a}_3,\boldsymbol{\xi}_2]}{[\boldsymbol{a}_3,\boldsymbol{a}_3]}\boldsymbol{a}_3=\begin{pmatrix}-1\\-2\\0\\1\end{pmatrix}-\frac{-2}{2}\begin{pmatrix}0\\1\\1\\0\end{pmatrix}=\begin{pmatrix}-1\\-1\\1\\1\end{pmatrix}。$$

因为 $\boldsymbol{a}_3,\boldsymbol{a}_4$ 与 $\boldsymbol{\xi}_1,\boldsymbol{\xi}_2$ 等价,所以 $\boldsymbol{a}_3,\boldsymbol{a}_4$ 是上述方程组的解,且都与 $\boldsymbol{a}_1,\boldsymbol{a}_2$ 正交,故 $\boldsymbol{a}_1,\boldsymbol{a}_2,\boldsymbol{a}_3,\boldsymbol{a}_4$ 为正交向量组。

5.3.3 正交矩阵

定义 5.3.7 若 n 阶方阵 $\boldsymbol{A}$ 满足 $\boldsymbol{A}^{\mathrm{T}}\boldsymbol{A}=\boldsymbol{E}$(或 $\boldsymbol{A}^{-1}=\boldsymbol{A}^{\mathrm{T}}$),则称 $\boldsymbol{A}$ 为**正交矩阵**,简称**正交阵**。

例如,$\boldsymbol{A}=\begin{pmatrix}\frac{1}{\sqrt{2}}&-\frac{1}{\sqrt{2}}\\\frac{1}{\sqrt{2}}&\frac{1}{\sqrt{2}}\end{pmatrix}$,有 $\boldsymbol{A}^{\mathrm{T}}\boldsymbol{A}=\begin{pmatrix}\frac{1}{\sqrt{2}}&\frac{1}{\sqrt{2}}\\-\frac{1}{\sqrt{2}}&\frac{1}{\sqrt{2}}\end{pmatrix}\begin{pmatrix}\frac{1}{\sqrt{2}}&-\frac{1}{\sqrt{2}}\\\frac{1}{\sqrt{2}}&\frac{1}{\sqrt{2}}\end{pmatrix}=\begin{pmatrix}1&0\\0&1\end{pmatrix}=\boldsymbol{E}$,
所以 $\boldsymbol{A}$ 为正交阵。

定理 5.3.4 正交阵具有下列性质:

(1) 若 $\boldsymbol{A}$ 为正交阵,则 $\boldsymbol{A}^{-1}$, $\boldsymbol{A}^{\mathrm{T}}$ 也都为正交阵;

(2) 若 $\boldsymbol{A}$, $\boldsymbol{B}$ 都为正交阵, $\boldsymbol{AB}$ 也为正交阵;

(3) 若 $\boldsymbol{A}$ 为正交阵,则 $|\boldsymbol{A}|=1$ 或 -1;

(4) 若 $\boldsymbol{A}$ 为正交阵,则 $\boldsymbol{A}$ 的列(行) 向量都是单位向量,且两两正交,反之也成立。

证 (1)(2) 由读者自己完成。

(3) 由 $\boldsymbol{A}$ 为正交阵,于是 $\boldsymbol{A}^{\mathrm{T}}\boldsymbol{A}=\boldsymbol{E}$, 故有 $|\boldsymbol{A}^{\mathrm{T}}\boldsymbol{A}|=|\boldsymbol{A}^{\mathrm{T}}|\cdot|\boldsymbol{A}|=|\boldsymbol{A}|^2=1$,所以 $|\boldsymbol{A}|=\pm 1$。

(4) 将矩阵 $\boldsymbol{A}$ 用列向量表示为 $\boldsymbol{A}=(\boldsymbol{a}_1,\boldsymbol{a}_2,\cdots,\boldsymbol{a}_n)$,则

$$\boldsymbol{A}^{\mathrm{T}}\boldsymbol{A}=\begin{pmatrix}\boldsymbol{a}_1^{\mathrm{T}}\\\boldsymbol{a}_2^{\mathrm{T}}\\\vdots\\\boldsymbol{a}_n^{\mathrm{T}}\end{pmatrix}(\boldsymbol{a}_1,\boldsymbol{a}_2,\cdots,\boldsymbol{a}_n)=\boldsymbol{E},$$

也就是

$$\boldsymbol{a}_i^{\mathrm{T}}\boldsymbol{a}_j=[\boldsymbol{a}_i,\boldsymbol{a}_j]=(\delta_{ij})=\begin{cases}1, & i=j,\\0, & i\neq j\end{cases}\quad(i,j=1,2,\cdots,n),$$

所以,$\boldsymbol{a}_1,\boldsymbol{a}_2,\cdots,\boldsymbol{a}_n$ 都是单位向量,且两两正交。反之,若 $\boldsymbol{A}$ 的列向量都是单位向量,且两两正交,即

$$\boldsymbol{a}_i^{\mathrm{T}}\boldsymbol{a}_j=[\boldsymbol{a}_i,\boldsymbol{a}_j]=(\delta_{ij})=\begin{cases}1, & i=j,\\0, & i\neq j\end{cases}\quad(i,j=1,2,\cdots,n),$$

所以

$$\begin{pmatrix} \boldsymbol{a}_1^{\mathrm{T}} \\ \boldsymbol{a}_2^{\mathrm{T}} \\ \vdots \\ \boldsymbol{a}_n^{\mathrm{T}} \end{pmatrix} (\boldsymbol{a}_1, \boldsymbol{a}_2, \cdots, \boldsymbol{a}_n) = \begin{pmatrix} 1 & 0 & \cdots & 0 \\ 0 & 1 & \cdots & 0 \\ \vdots & \vdots & & \vdots \\ 0 & 0 & \cdots & 1 \end{pmatrix} = \boldsymbol{E},$$

即 $\boldsymbol{A}^{\mathrm{T}}\boldsymbol{A} = \boldsymbol{E}$，所以 $\boldsymbol{A}$ 为正交阵。

可类似地证明对 $\boldsymbol{A}$ 的行向量也成立。

例如，$\boldsymbol{A} = \begin{pmatrix} \frac{1}{\sqrt{2}} & -\frac{1}{\sqrt{2}} & 0 \\ \frac{1}{\sqrt{2}} & \frac{1}{\sqrt{2}} & 0 \\ 0 & 0 & 1 \end{pmatrix}$的列(行)向量都是单位向量，且两两正交，所以是正交阵。

定义 5.3.8　若 $\boldsymbol{P}$ 为正交阵，则称线性变换 $\boldsymbol{y} = \boldsymbol{P}\boldsymbol{x}$ 为**正交变换**。

正交变换具有保持向量长度不变的特性。事实上，若 $\boldsymbol{y} = \boldsymbol{P}\boldsymbol{x}$ 为正交变换，则

$$\| \boldsymbol{y} \| = \sqrt{\boldsymbol{y}^{\mathrm{T}}\boldsymbol{y}} = \sqrt{\boldsymbol{x}^{\mathrm{T}}\boldsymbol{P}^{\mathrm{T}}\boldsymbol{P}\boldsymbol{x}} = \sqrt{\boldsymbol{x}^{\mathrm{T}}\boldsymbol{x}} = \| \boldsymbol{x} \|。$$

习题 5.3

1. 设向量 $\boldsymbol{a} = \begin{pmatrix} 1 \\ 0 \\ 2 \\ -2 \end{pmatrix}, \boldsymbol{b} = \begin{pmatrix} 1 \\ -2 \\ 0 \\ 1 \end{pmatrix}, \boldsymbol{c} = \begin{pmatrix} -1 \\ 1 \\ 3 \\ 0 \end{pmatrix}$，求：(1) $[\boldsymbol{a}, 2\boldsymbol{b}]$，$[\boldsymbol{a}+\boldsymbol{b}, \boldsymbol{c}]$；(2) $\|\boldsymbol{a}\|$，$\|\boldsymbol{b}\|$，$\|\boldsymbol{c}\|$。

2. 解答下列各题：

(1) 求与向量 $\boldsymbol{a}_1 = (1,0,1)^{\mathrm{T}}$，$\boldsymbol{a}_2 = (1,-1,2)^{\mathrm{T}}$ 都正交的单位向量；

(2) 求与向量 $\boldsymbol{a}_1 = (1,1,-1,1)^{\mathrm{T}}$，$\boldsymbol{a}_2 = (1,-1,1,1)^{\mathrm{T}}$，$\boldsymbol{a}_3 = (1,1,1,1)^{\mathrm{T}}$ 都正交的单位向量。

3. 把下列向量组正交化：

(1) $\boldsymbol{a}_1 = \begin{pmatrix} 1 \\ 1 \\ 1 \end{pmatrix}, \boldsymbol{a}_2 = \begin{pmatrix} 1 \\ 2 \\ 3 \end{pmatrix}, \boldsymbol{a}_3 = \begin{pmatrix} 1 \\ 4 \\ 9 \end{pmatrix}$；

(2) $\boldsymbol{a}_1 = \begin{pmatrix} 1 \\ 1 \\ 0 \end{pmatrix}, \boldsymbol{a}_2 = \begin{pmatrix} 2 \\ 0 \\ 1 \end{pmatrix}, \boldsymbol{a}_3 = \begin{pmatrix} 1 \\ 1 \\ -1 \end{pmatrix}$；

(3) $\boldsymbol{a}_1 = \begin{pmatrix} 1 \\ 0 \\ -1 \\ 1 \end{pmatrix}$, $\boldsymbol{a}_2 = \begin{pmatrix} 1 \\ -1 \\ 0 \\ 1 \end{pmatrix}$, $\boldsymbol{a}_3 = \begin{pmatrix} -1 \\ 1 \\ 1 \\ 0 \end{pmatrix}$;

(4) $\boldsymbol{a}_1 = \begin{pmatrix} 1 \\ 1 \\ 0 \\ 1 \end{pmatrix}$, $\boldsymbol{a}_2 = \begin{pmatrix} 1 \\ 0 \\ 1 \\ 2 \end{pmatrix}$, $\boldsymbol{a}_3 = \begin{pmatrix} 2 \\ 0 \\ -1 \\ 4 \end{pmatrix}$。

4. 设 $\boldsymbol{A},\boldsymbol{B},\boldsymbol{A}+\boldsymbol{B}$ 都为 n 阶正交矩阵,证明下列各题:

(1) $\boldsymbol{AB}$ 是正交矩阵; (2) $\begin{pmatrix} \boldsymbol{A} & \boldsymbol{O} \\ \boldsymbol{O} & \boldsymbol{B} \end{pmatrix}$ 是正交矩阵; (3) $(\boldsymbol{A}+\boldsymbol{B})^{-1} = \boldsymbol{A}^{-1} + \boldsymbol{B}^{-1}$。

5.4　实对称矩阵的对角化

在 5.2 中我们知道一个 n 阶方阵可对角化的充分必要条件是,它有 n 个线性无关的特征向量。怎样知道一个 n 阶方阵是否有 n 个线性无关的特征向量,这是比较复杂的问题。但实对称矩阵(简称**实对称阵**)总可以对角化。

定理 5.4.1　实对称阵的特征值为实数。

证　设 λ 为实对称阵 $\boldsymbol{A}$ 的特征值,要证 λ 为实数,假设 λ 为复数,复向量 $\boldsymbol{a} = (a_1, a_2, \cdots, a_n)$ 为对应于 λ 的特征向量,则有 $\boldsymbol{Aa} = \lambda\boldsymbol{a}$。

用 $\bar{\lambda}$ 表示 λ 的共轭复数, $\bar{\boldsymbol{a}}$ 表示 $\boldsymbol{a}$ 的共轭向量,由 $\boldsymbol{A}$ 为实矩阵,则 $\overline{\boldsymbol{A}} = \boldsymbol{A}$, 所以 $\boldsymbol{A}\bar{\boldsymbol{a}} = \overline{\boldsymbol{A}}\bar{\boldsymbol{a}} = \overline{\boldsymbol{A}\boldsymbol{a}} = \overline{\lambda\boldsymbol{a}} = \bar{\lambda}\bar{\boldsymbol{a}}$, 两边转置得 $\bar{\boldsymbol{a}}^{\mathrm{T}}\boldsymbol{A}^{\mathrm{T}} = \bar{\lambda}\bar{\boldsymbol{a}}^{\mathrm{T}}$, 又由 $\boldsymbol{A}^{\mathrm{T}} = \boldsymbol{A}$, 故 $\bar{\boldsymbol{a}}^{\mathrm{T}}\boldsymbol{A} = \bar{\lambda}\bar{\boldsymbol{a}}^{\mathrm{T}}$。再将此式两端 右乘以 $\boldsymbol{a}$ 得 $\bar{\boldsymbol{a}}^{\mathrm{T}}\boldsymbol{A}\boldsymbol{a} = \bar{\lambda}\bar{\boldsymbol{a}}^{\mathrm{T}}\boldsymbol{a}$, 即 $\lambda\bar{\boldsymbol{a}}^{\mathrm{T}}\boldsymbol{a} = \bar{\lambda}\bar{\boldsymbol{a}}^{\mathrm{T}}\boldsymbol{a}$, 于是

$$(\lambda - \bar{\lambda})\bar{\boldsymbol{a}}^{\mathrm{T}}\boldsymbol{a} = \boldsymbol{0}。$$

因为 $\boldsymbol{a} \neq \boldsymbol{0}$, 所以

$$\bar{\boldsymbol{a}}^{\mathrm{T}}\boldsymbol{a} = \bar{a}_1 a_1 + \cdots + \bar{a}_n a_n = |a_1|^2 + \cdots + |a_n|^2 \neq 0,$$

因此 $\lambda - \bar{\lambda} = 0$, 即 $\lambda - \bar{\lambda}$, 所以 λ 为实数。

定理 5.4.2　设 $\boldsymbol{A}$ 为实对称阵,则 $\boldsymbol{A}$ 的对应于不同特征值的特征向量彼此正交。

证　设 λ_1, λ_2 为实对称阵 $\boldsymbol{A}$ 的两个不同的特征值($\lambda_1 \neq \lambda_2$), $\boldsymbol{p}_1, \boldsymbol{p}_2$ 是与 λ_1, λ_2 对应的特征向量,则有

$$\boldsymbol{A}\boldsymbol{p}_1 = \lambda_1\boldsymbol{p}_1, \quad \boldsymbol{A}\boldsymbol{p}_2 = \lambda_2\boldsymbol{p}_2,$$

将 $\lambda_1\boldsymbol{p}_1 = \boldsymbol{A}\boldsymbol{p}_1$ 转置后再右乘以 $\boldsymbol{p}_2$ 得

$$\lambda_1\boldsymbol{p}_1^{\mathrm{T}}\boldsymbol{p}_2 = \boldsymbol{p}_1^{\mathrm{T}}\boldsymbol{A}\boldsymbol{p}_2 = \lambda_2\boldsymbol{p}_1^{\mathrm{T}}\boldsymbol{p}_2,$$

于是

$$(\lambda_1 - \lambda_2)\boldsymbol{p}_1^{\mathrm{T}}\boldsymbol{p}_2 = 0。$$

因为 $(\lambda_1 - \lambda_2) \neq 0$, 所以 $\boldsymbol{p}_1^{\mathrm{T}}\boldsymbol{p}_2 = [\boldsymbol{p}_1, \boldsymbol{p}_2] = 0$, 即 $\boldsymbol{p}_1$ 与 $\boldsymbol{p}_2$ 正交。

定理 5.4.3　设 $\boldsymbol{A}$ 为实对称阵, λ 是 $\boldsymbol{A}$ 的特征方程的 k 重根,若恰有 k 个与 λ 对应

的线性无关的特征向量，从而 $\boldsymbol{A}$ 恰有 n 个线性无关的特征向量，所以实对称阵 $\boldsymbol{A}$ 一定可对角化。

这个定理证明从略。

若将实对称阵 $\boldsymbol{A}$ 的对应于重根的特征向量正交化，再与对应于单根的特征向量一起组成向量组，由定理 5.3.3、定理 5.4.2 知这个向量组所含的 n 个向量是与 $\boldsymbol{A}$ 的 n 个线性无关的特征向量等价的正交向量组，再将其单位化后作矩阵的列向量，便得相应的正交阵 $\boldsymbol{P}$，也是使 $\boldsymbol{A}$ 对角化的正交阵，于是得如下定理：

定理 5.4.4　设 $\boldsymbol{A}$ 为 n 阶实对称阵，则必存在正交阵 $\boldsymbol{P}$ 使

$$\boldsymbol{P}^{-1}\boldsymbol{A}\boldsymbol{P} = \boldsymbol{P}^{\mathrm{T}}\boldsymbol{A}\boldsymbol{P} = \boldsymbol{\Lambda} = \begin{pmatrix} \lambda_1 & & & \\ & \lambda_2 & & \\ & & \ddots & \\ & & & \lambda_n \end{pmatrix},$$

其中 $\lambda_1, \lambda_2, \cdots, \lambda_n$ 为 $\boldsymbol{A}$ 的特征值。

用正交阵把实对称阵 $\boldsymbol{A}$ 对角化的步骤如下：

(1) 由 $|\boldsymbol{A}-\lambda\boldsymbol{E}|=0$ 求 $\boldsymbol{A}$ 的全部特征值 $\lambda_1, \lambda_2, \cdots, \lambda_n$；

(2) 对每一个 λ_i 求出方程 $(\boldsymbol{A}-\lambda_i\boldsymbol{E})\boldsymbol{x}=\boldsymbol{0}$ 的基础解系，即为对应于 λ_i 的特征向量；

(3) 把每一个 λ_i 的特征向量正交化、单位化，然后放在一起构成正交阵 $\boldsymbol{P}$，便有 $\boldsymbol{P}^{-1}\boldsymbol{A}\boldsymbol{P}=\boldsymbol{\Lambda}$，其中 $\boldsymbol{\Lambda}$ 的对角元素的顺序与 $\boldsymbol{P}$ 中列向量的排列顺序相对应。

例 1　设 $\boldsymbol{A}=\begin{pmatrix} 1 & 2 & 2 \\ 2 & 1 & 2 \\ 2 & 2 & 1 \end{pmatrix}$，求一个正交阵 $\boldsymbol{P}$，使 $\boldsymbol{P}^{-1}\boldsymbol{A}\boldsymbol{P}=\boldsymbol{\Lambda}$ 为对角阵。

解　由

$$|\boldsymbol{A}-\lambda\boldsymbol{E}| = \begin{vmatrix} 1-\lambda & 2 & 2 \\ 2 & 1-\lambda & 2 \\ 2 & 2 & 1-\lambda \end{vmatrix} = \begin{vmatrix} 5-\lambda & 2 & 2 \\ 5-\lambda & 1-\lambda & 2 \\ 5-\lambda & 2 & 1-\lambda \end{vmatrix}$$

$$= \begin{vmatrix} 5-\lambda & 2 & 2 \\ 0 & -1-\lambda & 0 \\ 0 & 0 & -1-\lambda \end{vmatrix} = (5-\lambda)(1+\lambda)^2 = 0$$

得 $\boldsymbol{A}$ 的特征值：$\lambda_1=5$，$\lambda_2=\lambda_3=-1$。

当 $\lambda_1=5$ 时，解方程组 $(\boldsymbol{A}-5\boldsymbol{E})\boldsymbol{x}=\boldsymbol{0}$。由

$$\boldsymbol{A}-5\boldsymbol{E} = \begin{pmatrix} -4 & 2 & 2 \\ 2 & -4 & 2 \\ 2 & 2 & -4 \end{pmatrix} \xrightarrow{r} \begin{pmatrix} 1 & 0 & -1 \\ 0 & 1 & -1 \\ 0 & 0 & 0 \end{pmatrix},$$

得 $\lambda_1=5$ 的特征向量 $\boldsymbol{\xi}_1=\begin{pmatrix} 1 \\ 1 \\ 1 \end{pmatrix}$，单位化得 $\boldsymbol{p}_1=\dfrac{1}{\sqrt{3}}\begin{pmatrix} 1 \\ 1 \\ 1 \end{pmatrix}$。

当 $\lambda_2=\lambda_3=-1$ 时,解方程组 $(\boldsymbol{A}+\boldsymbol{E})\boldsymbol{x}=\boldsymbol{0}$。由

$$\boldsymbol{A}+\boldsymbol{E}=\begin{pmatrix}2&2&2\\2&2&2\\2&2&2\end{pmatrix}\xrightarrow{r}\begin{pmatrix}1&1&1\\0&0&0\\0&0&0\end{pmatrix},$$

得相应的特征向量 $$\boldsymbol{\xi}_2=\begin{pmatrix}-1\\1\\0\end{pmatrix},\quad \boldsymbol{\xi}_3=\begin{pmatrix}-1\\0\\1\end{pmatrix}。$$

将其正交化,得 $$\boldsymbol{\eta}_2=\boldsymbol{\xi}_2=\begin{pmatrix}-1\\1\\0\end{pmatrix},$$

$$\boldsymbol{\eta}_3=\boldsymbol{\xi}_3-\frac{[\boldsymbol{\eta}_2,\boldsymbol{\xi}_3]}{[\boldsymbol{\eta}_2,\boldsymbol{\eta}_2]}\boldsymbol{\eta}_2=\begin{pmatrix}-1\\0\\1\end{pmatrix}-\frac{1}{2}\begin{pmatrix}-1\\1\\0\end{pmatrix}=\begin{pmatrix}-\frac{1}{2}\\-\frac{1}{2}\\1\end{pmatrix}。$$

再将 $\boldsymbol{\eta}_2,\boldsymbol{\eta}_3$ 单位化,得

$$\boldsymbol{p}_2=\begin{pmatrix}-\frac{1}{\sqrt{2}}\\\frac{1}{\sqrt{2}}\\0\end{pmatrix},\quad \boldsymbol{p}_3=\begin{pmatrix}-\frac{1}{\sqrt{6}}\\-\frac{1}{\sqrt{6}}\\\frac{2}{\sqrt{6}}\end{pmatrix}。$$

令 $$\boldsymbol{P}=(\boldsymbol{p}_1,\boldsymbol{p}_2,\boldsymbol{p}_3)=\begin{pmatrix}\frac{1}{\sqrt{3}}&-\frac{1}{\sqrt{2}}&-\frac{1}{\sqrt{6}}\\\frac{1}{\sqrt{3}}&\frac{1}{\sqrt{2}}&-\frac{1}{\sqrt{6}}\\\frac{1}{\sqrt{3}}&0&\frac{2}{\sqrt{6}}\end{pmatrix},$$

则有 $$\boldsymbol{P}^{-1}\boldsymbol{A}\boldsymbol{P}=\boldsymbol{P}^{\mathrm{T}}\boldsymbol{A}\boldsymbol{P}=\begin{pmatrix}5&&\\&-1&\\&&-1\end{pmatrix}=\boldsymbol{\Lambda}。$$

例 2 设 $\boldsymbol{A}=\begin{pmatrix}1&2&2\\2&1&2\\2&2&1\end{pmatrix}$,利用例 1 的结果求 $\boldsymbol{A}^{10}$。

解 由例 1 知 $\boldsymbol{A}$ 可对角化为

$$\boldsymbol{P}^{-1}\boldsymbol{A}\boldsymbol{P}=\boldsymbol{\Lambda},\ \boldsymbol{A}=\boldsymbol{P}\boldsymbol{\Lambda}\boldsymbol{P}^{-1}=\boldsymbol{P}\boldsymbol{\Lambda}\boldsymbol{P}^{\mathrm{T}},$$

$$\boldsymbol{A}^{10}=(\boldsymbol{P}\boldsymbol{\Lambda}\boldsymbol{P}^{-1})^{10}=\boldsymbol{P}\boldsymbol{\Lambda}^{10}\boldsymbol{P}^{\mathrm{T}},$$

这里
$$\boldsymbol{\Lambda}^{10}=\begin{pmatrix}5^{10}&&\\&(-1)^{10}&\\&&(-1)^{10}\end{pmatrix}=\begin{pmatrix}5^{10}&&\\&1&\\&&1\end{pmatrix},$$

将例 1 中所得 $\boldsymbol{P}$ 及 $\boldsymbol{\Lambda}^{10}$ 代入上式得

$$\boldsymbol{A}^{10}=\begin{pmatrix}\frac{1}{\sqrt{3}}&-\frac{1}{\sqrt{2}}&-\frac{1}{\sqrt{6}}\\\frac{1}{\sqrt{3}}&\frac{1}{\sqrt{2}}&-\frac{1}{\sqrt{6}}\\\frac{1}{\sqrt{3}}&0&\frac{2}{\sqrt{6}}\end{pmatrix}\begin{pmatrix}5^{10}&0&0\\0&1&0\\0&0&1\end{pmatrix}\begin{pmatrix}\frac{1}{\sqrt{3}}&\frac{1}{\sqrt{3}}&\frac{1}{\sqrt{3}}\\-\frac{1}{\sqrt{2}}&\frac{1}{\sqrt{2}}&0\\-\frac{1}{\sqrt{6}}&-\frac{1}{\sqrt{6}}&\frac{2}{\sqrt{6}}\end{pmatrix}$$

$$=\begin{pmatrix}\frac{5^{10}}{\sqrt{3}}&-\frac{1}{\sqrt{2}}&-\frac{1}{\sqrt{6}}\\\frac{5^{10}}{\sqrt{3}}&\frac{1}{\sqrt{2}}&-\frac{1}{\sqrt{6}}\\\frac{5^{10}}{\sqrt{3}}&0&\frac{2}{\sqrt{6}}\end{pmatrix}\begin{pmatrix}\frac{1}{\sqrt{3}}&\frac{1}{\sqrt{3}}&\frac{1}{\sqrt{3}}\\-\frac{1}{\sqrt{2}}&\frac{1}{\sqrt{2}}&0\\-\frac{1}{\sqrt{6}}&-\frac{1}{\sqrt{6}}&\frac{2}{\sqrt{6}}\end{pmatrix}$$

$$=\frac{1}{3}\begin{pmatrix}5^{10}+2&5^{10}-1&5^{10}-1\\5^{10}-1&5^{10}+2&5^{10}-1\\5^{10}-1&5^{10}-1&5^{10}+2\end{pmatrix}。$$

习题 5.4

1. 求一个正交矩阵，将下列实对称矩阵化为对角矩阵：

(1) $\boldsymbol{A}=\begin{pmatrix}1&0&-1\\0&1&0\\-1&0&1\end{pmatrix}$；(2) $\boldsymbol{A}=\begin{pmatrix}2&1&1\\1&2&1\\1&1&2\end{pmatrix}$；(3) $\boldsymbol{A}=\begin{pmatrix}-1&0&2\\0&1&2\\2&2&0\end{pmatrix}$。

2. 设 3 阶实对称矩阵 $\boldsymbol{A}$ 的特征值为 $\lambda_1=-1,\lambda_{2,3}=1$，$\boldsymbol{A}$ 的属于 λ_1 的特征向量为 $\boldsymbol{a}_1=\begin{pmatrix}0\\1\\1\end{pmatrix}$。

(1) 求 $\boldsymbol{A}$ 的属于 $\lambda_{2,3}=1$ 的特征向量；(2) 求实对称矩阵 $\boldsymbol{A}$。

3. 已知 3 阶实对称阵 $\boldsymbol{A}$ 的特征值为 $\lambda_1=-2,\lambda_2=1,\lambda_3=4$，向量 $\boldsymbol{p}_1=(0,1,1)^{\mathrm{T}}$，$\boldsymbol{p}_2=(1,-1,1)^{\mathrm{T}}$ 分别是对应于 $\lambda_1=-2,\lambda_2=1$ 的特征向量，试求出 $\boldsymbol{A}$。

4. 设 $\boldsymbol{A}$ 为 3 阶实对称矩阵，$\boldsymbol{A}$ 的每行元素之和为 2，且 $R(\boldsymbol{A})=1$。(1) 求 $\boldsymbol{A}$ 的全部特征值和特征向量；(2) 求可逆矩阵 $\boldsymbol{P}$ 使 $\boldsymbol{A}$ 对角化。

5. (1) 设 $\boldsymbol{A}=\begin{pmatrix}2&3\\3&2\end{pmatrix}$，求 $\boldsymbol{A}^{10}$；　(2) 设 $\boldsymbol{A}=\begin{pmatrix}1&4&2\\0&-3&4\\0&4&3\end{pmatrix}$，求 $\boldsymbol{A}^{100}$。

本章小结

一、特征值、特征向量

1. 有关概念：

方阵$\boldsymbol{A}$的特征值λ、特征向量$\boldsymbol{x}\neq\boldsymbol{0}$是对式子$\boldsymbol{A}\boldsymbol{x}=\lambda\boldsymbol{x}$成立而言，特征方程$|\boldsymbol{A}-\lambda\boldsymbol{E}|=0$是求特征值$\lambda$的方程。

$\boldsymbol{A}$的对应于λ的特征向量是齐次方程组$(\boldsymbol{A}-\lambda\boldsymbol{E})\boldsymbol{x}=\boldsymbol{0}$的基础解系；$\boldsymbol{A}$的对应于$\lambda$的全部的特征向量是这个基础解系的线性组合(线性组合系数不全为零)。

2. 方阵$\boldsymbol{A}$的不同特征值对应的特征向量线性无关。

3. 若λ是$\boldsymbol{A}$的特征值，$f(x)$是多项式，则$f(\lambda)$是$f(\boldsymbol{A})$的特征值。

4. 方阵$\boldsymbol{A}$的全部特征值之和等于$\boldsymbol{A}$的主对角线上元素之和；全部特征值之积等于$|\boldsymbol{A}|$的值。

二、相似矩阵（以下矩阵$\boldsymbol{A}$，$\boldsymbol{B}$均为n阶方阵）

1. 有关概念：

(1) 矩阵$\boldsymbol{B}$与$\boldsymbol{A}$相似：指存在可逆矩阵$\boldsymbol{P}$使$\boldsymbol{P}^{-1}\boldsymbol{A}\boldsymbol{P}=\boldsymbol{B}$成立，若$\boldsymbol{B}$与$\boldsymbol{A}$相似，则$\boldsymbol{A}$也与$\boldsymbol{B}$相似；

(2) $\boldsymbol{A}$可对角化：指$\boldsymbol{A}$与对角阵相似。

2. 主要结论：

(1) 若$\boldsymbol{A}$与$\boldsymbol{B}$相似，$f(x)$是多项式，则$\boldsymbol{A}^k$与$\boldsymbol{B}^k$相似；$f(\boldsymbol{A})$与$f(\boldsymbol{B})$相似，相似矩阵有相同的特征值；

(2) 若$\boldsymbol{A}$与对角阵相似，则$\boldsymbol{A}$的特征值就是对角阵的对角元；

(3) $\boldsymbol{A}$与对角阵相似的充分必要条件是$\boldsymbol{A}$有n个线性无关的特征向量；

(4) 若$\boldsymbol{A}$有n个互不相同的特征值，则$\boldsymbol{A}$必可对角化。

三、向量的内积，正交矩阵

1. 有关概念：

(1) 两向量的内积：指两向量对应分量乘积之和，即，若$\boldsymbol{a}=(a_1, a_2, \cdots, a_n)^{\mathrm{T}}$，$\boldsymbol{b}=(b_1, b_2, \cdots, b_n)^{\mathrm{T}}$，则$[\boldsymbol{a}, \boldsymbol{b}]=\boldsymbol{a}^{\mathrm{T}}\boldsymbol{b}=a_1b_1+a_2b_2+\cdots+a_nb_n$，向量的内积是几何中向量的数量积概念的扩充；

(2) 向量的长度：$\|\boldsymbol{a}\|=\sqrt{[\boldsymbol{a}, \boldsymbol{a}]}=\sqrt{\boldsymbol{a}^{\mathrm{T}}\boldsymbol{a}}=\sqrt{a_1^2+a_2^2+\cdots+a_n^2}$，或$[\boldsymbol{a}, \boldsymbol{a}]=\|\boldsymbol{a}\|^2$；单位向量是$\|\boldsymbol{a}\|=1$的向量；

(3) 两向量$\boldsymbol{a}$与$\boldsymbol{b}$的夹角θ：$\theta=\arccos\dfrac{[\boldsymbol{a}, \boldsymbol{b}]}{\|\boldsymbol{a}\|\cdot\|\boldsymbol{b}\|}$；

(4) 向量$\boldsymbol{a}$与$\boldsymbol{b}$正交：指$[\boldsymbol{a}, \boldsymbol{b}]=0$；

(5) 正交向量组：指不含零向量，且任意两个向量都正交的向量组；

(6) 规范正交基：指向量空间$\boldsymbol{V}$的基中的向量是单位向量，且两两正交；

(7) 正交阵：指矩阵 $\boldsymbol{A}^{\mathrm{T}}\boldsymbol{A}=\boldsymbol{E}$，或 $\boldsymbol{A}^{-1}=\boldsymbol{A}^{\mathrm{T}}$，其列(行)向量是两两正交的单位向量。

2. 主要结论：

(1) 正交向量组线性无关；

(2) 任何线性无关向量组 $\boldsymbol{a}_1,\boldsymbol{a}_2,\cdots,\boldsymbol{a}_r$ 都有一个正交向量组 $\boldsymbol{b}_1,\boldsymbol{b}_2,\cdots,\boldsymbol{b}_r$ 与之等价，其中

$$\boldsymbol{b}_1=\boldsymbol{a}_1,$$

$$\boldsymbol{b}_2=\boldsymbol{a}_2-\frac{[\boldsymbol{b}_1,\boldsymbol{a}_2]}{[\boldsymbol{b}_1,\boldsymbol{b}_1]}\boldsymbol{b}_1,$$

…………

$$\boldsymbol{b}_r=\boldsymbol{a}_r-\frac{[\boldsymbol{b}_1,\boldsymbol{a}_r]}{[\boldsymbol{b}_1,\boldsymbol{b}_1]}\boldsymbol{b}_1-\frac{[\boldsymbol{b}_2,\boldsymbol{a}_r]}{[\boldsymbol{b}_2,\boldsymbol{b}_2]}\boldsymbol{b}_2-\cdots-\frac{[\boldsymbol{b}_{r-1},\boldsymbol{a}_r]}{[\boldsymbol{b}_{r-1},\boldsymbol{b}_{r-1}]}\boldsymbol{b}_{r-1};$$

这一组式子就是把向量组 $\boldsymbol{a}_1,\boldsymbol{a}_2,\cdots,\boldsymbol{a}_r$ 正交化的公式，又称为施密特正交化方法；

(3) 正交阵的性质(见定理 5.3.4)。

四、实对称阵的对角化

1. 主要结论($\boldsymbol{A},\boldsymbol{\Lambda}$ 均为 n 阶矩阵)：

(1) 实对称阵的特征值为实数；

(2) 对应于不同特征值的特征向量彼此正交；

(3) 若 λ 是实对称阵 $\boldsymbol{A}$ 的特征方程的 k 重根，则恰有 k 个与 λ 对应的线性无关的特征向量；

(4) 若 $\boldsymbol{A}$ 为实对称阵，则必存在正交阵 $\boldsymbol{P}$，使 $\boldsymbol{P}^{-1}\boldsymbol{A}\boldsymbol{P}=\boldsymbol{\Lambda}=\begin{pmatrix}\lambda_1&&&\\&\lambda_2&&\\&&\ddots&\\&&&\lambda_n\end{pmatrix}$，其中 $\lambda_1,\lambda_2,\cdots,\lambda_n$ 是 $\boldsymbol{A}$ 的 n 个特征值。

2. 把实对称阵 $\boldsymbol{A}$ 对角化的步骤：

(1) 求特征值；

(2) 求对应于特征值的特征向量；

(3) 把特征向量正交化、单位化；

(4) 排正交阵 $\boldsymbol{P}$，写 $\boldsymbol{P}^{-1}\boldsymbol{A}\boldsymbol{P}=\boldsymbol{\Lambda}$。

总习题 5

1. 填空题：

(1) 设 3 阶方阵 $\boldsymbol{A}$ 的特征值为 $-1,1,2$，且 $\boldsymbol{B}=\boldsymbol{A}^2+2\boldsymbol{E}$，则 $\boldsymbol{B}$ 的特征值为________；

(2) 设 $\boldsymbol{A}=\begin{pmatrix}1 & 4 & 0\\ 1 & -2 & 0\\ 0 & 0 & 5\end{pmatrix}$ 与 $\boldsymbol{B}=\begin{pmatrix}2 & 0 & 0\\ 0 & t & 0\\ 0 & 0 & 5\end{pmatrix}$ 相似，则 $t=$ ________；

(3) 设 3 阶矩阵 $\boldsymbol{A}$ 与 $\boldsymbol{B}$ 相似，若 $\boldsymbol{A}$ 的特征值为 1,2,3，则 $|\boldsymbol{B}^{-1}|=$ ________；

(4) 设 3 阶矩阵 $\boldsymbol{A}$ 的秩为 2，则 $\boldsymbol{A}$ 的全部特征值之积为________。

2. 求矩阵 $\boldsymbol{A}=\begin{pmatrix}1 & -1 & 1\\ 1 & 3 & -1\\ 1 & 1 & 1\end{pmatrix}$ 的特征值和特征向量。

3. 设 $\boldsymbol{A}=\begin{pmatrix}3 & 1\\ 0 & 2\end{pmatrix}$，求 $\boldsymbol{B}=\boldsymbol{A}^2+2\boldsymbol{A}-3\boldsymbol{E}$ 的全部特征值。

4. 设 2 是方阵 $\boldsymbol{A}$ 的特征值，$|\boldsymbol{A}|=6$，证明：3 是 $\boldsymbol{A}^*$（为 $\boldsymbol{A}$ 的伴随矩阵）的特征值。

5. 已知 3 阶矩阵 $\boldsymbol{A}$ 的特征值为 $\lambda_1=1,\lambda_2=2,\lambda_3=3$，求 $|\boldsymbol{A}^3-5\boldsymbol{A}^2+7\boldsymbol{A}|$。

6. 设 $\boldsymbol{A}=\begin{pmatrix}1 & a & 1\\ a & 1 & b\\ 1 & b & 1\end{pmatrix}$，$\boldsymbol{B}=\begin{pmatrix}0 & 0 & 0\\ 0 & 1 & 0\\ 0 & 0 & 2\end{pmatrix}$，当 a,b 满足什么条件时 $\boldsymbol{A}$ 与 $\boldsymbol{B}$ 相似？

7. 设 $\boldsymbol{A}$ 是非奇异的，证明：$\boldsymbol{AB}$ 与 $\boldsymbol{BA}$ 相似。

8. 下列矩阵中哪个矩阵可对角化？请把可对角化的矩阵对角化。

(1) $\begin{pmatrix}1 & -2 & 2\\ -2 & -2 & 4\\ 2 & 4 & -2\end{pmatrix}$；　　(2) $\begin{pmatrix}-1 & 1 & 0\\ -4 & 3 & 0\\ 1 & 0 & 2\end{pmatrix}$。

9. 试求 k 的值，使矩阵 $\boldsymbol{A}=\begin{pmatrix}2 & 0 & 1\\ 3 & 1 & k\\ 4 & 0 & 5\end{pmatrix}$ 可对角化。

10. 将下列各组向量正交化、单位化：

(1) $\boldsymbol{a}_1=\begin{pmatrix}1\\1\\1\end{pmatrix}$，$\boldsymbol{a}_2=\begin{pmatrix}0\\1\\1\end{pmatrix}$，$\boldsymbol{a}_3=\begin{pmatrix}0\\0\\1\end{pmatrix}$；　　(2) $\boldsymbol{a}_1=\begin{pmatrix}1\\1\\0\\0\end{pmatrix}$，$\boldsymbol{a}_2=\begin{pmatrix}0\\1\\1\\0\end{pmatrix}$，$\boldsymbol{a}_3=\begin{pmatrix}1\\0\\1\\1\end{pmatrix}$；

(3) $\boldsymbol{a}_1=\begin{pmatrix}1\\2\\2\\-1\end{pmatrix}$，$\boldsymbol{a}_2=\begin{pmatrix}1\\1\\-5\\3\end{pmatrix}$，$\boldsymbol{a}_3=\begin{pmatrix}3\\2\\8\\-7\end{pmatrix}$。

11. 求方程组 $\begin{cases}x_1-x_2+x_3=0,\\ -x_1+x_2-x_3=0\end{cases}$ 的解空间的一个规范正交基。

12. 设 $\boldsymbol{a}_1=\begin{pmatrix}1\\2\\-1\end{pmatrix}$,求非零向量 $\boldsymbol{a}_2,\boldsymbol{a}_3$ 使 $\boldsymbol{a}_1,\boldsymbol{a}_2,\boldsymbol{a}_3$ 两两正交。

13. 将矩阵 $\boldsymbol{A}=\begin{pmatrix}-1&0&2\\0&1&2\\2&2&0\end{pmatrix}$ 用两种方法对角化。

(1) 求可逆矩阵 $\boldsymbol{P}$,使 $\boldsymbol{P}^{-1}\boldsymbol{A}\boldsymbol{P}=\boldsymbol{\Lambda}$;(2) 求正交阵 $\boldsymbol{Q}$,使 $\boldsymbol{Q}^{-1}\boldsymbol{A}\boldsymbol{Q}=\boldsymbol{\Lambda}$。

14. 求一个正交阵,将下列实对称阵化为对角阵:

(1) $\boldsymbol{A}=\begin{pmatrix}2&2&-2\\2&5&-4\\-2&-4&5\end{pmatrix}$; (2) $\boldsymbol{A}=\begin{pmatrix}1&2&4\\2&-2&2\\4&2&1\end{pmatrix}$;

(3) $\boldsymbol{A}=\begin{pmatrix}2&-2&0\\-2&1&-2\\0&-2&0\end{pmatrix}$。

15. 设矩阵 $\boldsymbol{A}=\begin{pmatrix}1&-2&-4\\-2&x&-2\\-4&-2&1\end{pmatrix}$ 与 $\boldsymbol{\Lambda}=\begin{pmatrix}5&&\\&-4&\\&&y\end{pmatrix}$ 相似,求 x,y;并求一个正交阵 $\boldsymbol{P}$ 使 $\boldsymbol{P}^{-1}\boldsymbol{A}\boldsymbol{P}=\boldsymbol{\Lambda}$。

16. 已知 3 阶实对称阵 $\boldsymbol{A}$ 的特征值为 $\lambda_1=2,\lambda_2=-2,\lambda_3=1$,对应的特征向量分别为 $\boldsymbol{p}_1=\begin{pmatrix}0\\1\\1\end{pmatrix},\boldsymbol{p}_2=\begin{pmatrix}1\\1\\1\end{pmatrix},\boldsymbol{p}_3=\begin{pmatrix}1\\1\\0\end{pmatrix}$,求 $\boldsymbol{A}$。

17. 已知 3 阶实对称阵 $\boldsymbol{A}$ 的特征值为 $\lambda_1=1,\lambda_2=-1,\lambda_3=0$,向量 $\boldsymbol{p}_1=(1,1,1)^{\mathrm{T}}$,$\boldsymbol{p}_2=(1,1,-2)^{\mathrm{T}}$,分别是对应于 $\lambda_1=1,\lambda_2=-1$ 的特征向量,试求出 $\boldsymbol{A}$。

18. 设 $\boldsymbol{A}=\begin{pmatrix}2&1&2\\1&2&2\\2&2&1\end{pmatrix}$,求 $\boldsymbol{A}^{10}-6\boldsymbol{A}^9+5\boldsymbol{A}^8$。

19. 设矩阵 $\boldsymbol{A}=\begin{pmatrix}-2&-2&1\\2&x&-2\\0&0&-2\end{pmatrix}$ 与 $\boldsymbol{B}=\begin{pmatrix}2&1&0\\0&-1&0\\0&0&y\end{pmatrix}$ 相似。(1) 求 x,y 的值;(2) 证明:矩阵 $\boldsymbol{A}$ 可对角化。

第6章 二 次 型

本章主要介绍与对称阵有密切关系的二次型及其标准性和正定性等问题。

6.1 二次型及其标准形

在平面解析几何里，中心在坐标原点的有心二次曲线的一般方程为

$$ax^2+2bxy+cy^2=d。\tag{1}$$

将坐标轴做旋转角为 θ 的旋转变换，即令

$$\begin{cases}x=x'\cos\theta-y'\sin\theta,\\ y=x'\sin\theta+y'\cos\theta,\end{cases}\tag{2}$$

代入(1) 式，把曲线方程化为标准形

$$a'x'^2+b'y'^2=d。\tag{3}$$

从代数的观点看，(1)式左端是未知量 x,y 的一个二次齐次多项式，标准形(3) 是通过(2)式的变换使乘积 $x'y'$ 项(简称交叉项) 的系数变为零，从而使它只含未知量 x',y' 的平方项。

在许多理论和应用方面，都要求我们把上述问题扩充到 n 个未知量的情形，并讨论如何化为标准形问题。

6.1.1 二次型的基本概念

定义 6.1.1 含有 n 个变量 $x_1,x_2,\cdots,x_n$ 的二次齐次多项式

$$\begin{aligned}f(x_1,x_2,\cdots,x_n)=&a_{11}x_1^2+a_{22}x_2^2+\cdots+a_{nn}x_n^2\\&+2a_{12}x_1x_2+2a_{13}x_1x_3+\cdots+2a_{n-1,n}x_{n-1}x_n\end{aligned}\tag{4}$$

称为一个 n **元二次型**，简称**二次型**，也简记为 f。

若其中系数 a_{ij} 为复数，则称 f 为**复二次型**；若 a_{ij} 均为实数，则称 f 为**实二次型**。本章仅讨论实二次型，也简称为**二次型**。

为了用矩阵表示二次型，令 $a_{ij}=a_{ji}$，则 $2a_{ij}x_iy_j=a_{ij}x_ix_j+a_{ji}x_jx_i$，于是(4) 式可写成

$$\begin{aligned}f=&\sum_{i,j=1}^{n}a_{ij}x_ix_j\\=&a_{11}x_1^2+a_{12}x_1x_2+\cdots+a_{1n}x_1x_n+\\&a_{21}x_2x_1+a_{22}x_2^2+\cdots+a_{2n}x_2x_n+\end{aligned}$$

$$\begin{aligned}
&\cdots\cdots\cdots\cdots \\
&+a_{n1}x_nx_1+a_{n2}x_nx_2+\cdots+a_{nn}x_n^2 \\
=&\ x_1(a_{11}x_1+a_{12}x_2+\cdots+a_{1n}x_n)+ \\
&x_2(a_{21}x_1+a_{22}x_2+\cdots+a_{2n}x_n)+ \\
&\cdots\cdots\cdots\cdots \\
&+x_n(a_{n1}x_1+a_{n2}x_2+\cdots+a_{nn}x_n) \\
=&\ (x_1,x_2,\cdots,x_n)\begin{pmatrix} a_{11}x_1+a_{12}x_2+\cdots+a_{1n}x_n \\ a_{21}x_1+a_{22}x_2+\cdots+a_{2n}x_n \\ \cdots\cdots\cdots\cdots \\ a_{n1}x_1+a_{n2}x_2+\cdots+a_{nn}x_n \end{pmatrix} \\
=&\ (x_1,x_2,\cdots,x_n)\begin{pmatrix} a_{11} & a_{12} & \cdots & a_{1n} \\ a_{21} & a_{22} & \cdots & a_{2n} \\ \vdots & \vdots & & \vdots \\ a_{n1} & a_{n2} & \cdots & a_{nn} \end{pmatrix}\begin{pmatrix} x_1 \\ x_2 \\ \vdots \\ x_n \end{pmatrix}。
\end{aligned}$$

若记
$$\boldsymbol{x}=\begin{pmatrix} x_1 \\ x_2 \\ \vdots \\ x_n \end{pmatrix},\quad \boldsymbol{A}=\begin{pmatrix} a_{11} & a_{12} & \cdots & a_{1n} \\ a_{21} & a_{22} & \cdots & a_{2n} \\ \vdots & \vdots & & \vdots \\ a_{n1} & a_{n2} & \cdots & a_{nn} \end{pmatrix},$$

则
$$f=\boldsymbol{x}^{\mathrm{T}}\boldsymbol{A}\boldsymbol{x}。\tag{5}$$

称(5)式为二次型的矩阵记号,显然其中 $\boldsymbol{A}$ 为对称阵。

由上述讨论知,对任给一个二次型,就能唯一地确定一个对称阵;反之,任给一个对称阵,也可唯一地确定一个二次型,这样,二次型与对称阵之间存在一一对应关系。我们称(5)式中对称阵 $\boldsymbol{A}$ 为**二次型 f 的矩阵**,称 f 为**对称阵 $\boldsymbol{A}$ 的二次型**,称对称阵 $\boldsymbol{A}$ 的秩为**二次型 f 的秩**。

例 1 设二次型 $f=x_1^2-2x_2^2+6x_3^2-4x_1x_2+2x_1x_3$,求二次型的矩阵和秩,并用矩阵记号写出 f。

解 二次型的矩阵为

$$\boldsymbol{A}=\begin{pmatrix} 1 & -2 & 1 \\ -2 & -2 & 0 \\ 1 & 0 & 6 \end{pmatrix},$$

所以
$$f=(x_1,x_2,x_3)\begin{pmatrix} 1 & -2 & 1 \\ -2 & -2 & 0 \\ 1 & 0 & 6 \end{pmatrix}\begin{pmatrix} x_1 \\ x_2 \\ x_3 \end{pmatrix}。$$

由
$$\boldsymbol{A}=\begin{pmatrix} 1 & -2 & 1 \\ -2 & -2 & 0 \\ 1 & 0 & 6 \end{pmatrix}\xrightarrow[\text{再 } r_2\leftrightarrow r_3]{\substack{r_2+2r_1 \\ r_3-r_1 \\ \text{再 } r_2+3r_3}}\begin{pmatrix} 1 & -2 & 1 \\ 0 & 2 & 5 \\ 0 & 0 & 17 \end{pmatrix},$$

得 $R(\boldsymbol{A})=3$,所以二次型 f 的秩为 3。

6.1.2 可逆变换

设由 $y_1,y_2,\cdots,y_n$ 到 $x_1,x_2,\cdots,x_n$ 的线性变换为

$$\begin{cases} x_1 = c_{11}y_1 + c_{12}y_2 + \cdots + c_{1n}y_n, \\ x_2 = c_{21}y_1 + c_{22}y_2 + \cdots + c_{2n}y_n, \\ \cdots\cdots\cdots\cdots \\ x_n = c_{n1}y_1 + c_{n2}y_2 + \cdots + c_{nn}y_n。 \end{cases} \tag{6}$$

若记

$$\boldsymbol{C} = \begin{pmatrix} c_{11} & c_{12} & \cdots & c_{1n} \\ c_{21} & c_{22} & \cdots & c_{2n} \\ \vdots & \vdots & & \vdots \\ c_{n1} & c_{n2} & \cdots & c_{nn} \end{pmatrix}, \quad \boldsymbol{y} = \begin{pmatrix} y_1 \\ y_2 \\ \vdots \\ y_n \end{pmatrix},$$

则(6)式可简记为

$$\boldsymbol{x}=\boldsymbol{C}\boldsymbol{y}。$$

若 $\boldsymbol{C}$ 是可逆矩阵,则称变换 $\boldsymbol{x}=\boldsymbol{C}\boldsymbol{y}$ 为**可逆线性变换**,简称**可逆变换**。若 $\boldsymbol{C}$ 为正交阵,则称变换 $\boldsymbol{x}=\boldsymbol{C}\boldsymbol{y}$ 为**正交变换**。

例如本节前面的(2)式就是可逆变换,也是正交变换,因为系数矩阵 $\boldsymbol{A}=\begin{pmatrix} \cos\theta & -\sin\theta \\ \sin\theta & \cos\theta \end{pmatrix}$ 是可逆矩阵,且为正交阵。

若(5)式经变换 $\boldsymbol{x}=\boldsymbol{C}\boldsymbol{y}$,则有

$$f=\boldsymbol{x}^{\mathrm{T}}\boldsymbol{A}\boldsymbol{x}=(\boldsymbol{C}\boldsymbol{y})^{\mathrm{T}}\boldsymbol{A}\boldsymbol{C}\boldsymbol{y}=\boldsymbol{y}^{\mathrm{T}}(\boldsymbol{C}^{\mathrm{T}}\boldsymbol{A}\boldsymbol{C})\boldsymbol{y}。$$

若记

$$\boldsymbol{B}=\boldsymbol{C}^{\mathrm{T}}\boldsymbol{A}\boldsymbol{C},$$

可得

$$\boldsymbol{B}^{\mathrm{T}}=(\boldsymbol{C}^{\mathrm{T}}\boldsymbol{A}\boldsymbol{C})^{\mathrm{T}}=\boldsymbol{C}^{\mathrm{T}}\boldsymbol{A}\boldsymbol{C}=\boldsymbol{B},$$

故

$$\boldsymbol{B}=\boldsymbol{C}^{\mathrm{T}}\boldsymbol{A}\boldsymbol{C},$$

也为对称阵。

由此可见,二次型 $f(x_1,x_2,\cdots,x_n)$ 在可逆变换 $\boldsymbol{x}=\boldsymbol{C}\boldsymbol{y}$ 下,变为一个关于变量 $y_1,y_2,\cdots,y_n$ 的二次型。

定义 6.1.2 设 $\boldsymbol{A}$ 和 $\boldsymbol{B}$ 是 n 阶矩阵,若存在可逆矩阵 $\boldsymbol{C}$,使 $\boldsymbol{B}=\boldsymbol{C}^{\mathrm{T}}\boldsymbol{A}\boldsymbol{C}$,则称矩阵 $\boldsymbol{A}$ 与 $\boldsymbol{B}$ **合同**。

因为 $\boldsymbol{C}$ 可逆,可得 $\boldsymbol{A}=(\boldsymbol{C}^{-1})^{\mathrm{T}}\boldsymbol{B}\boldsymbol{C}^{-1}$,所以两个矩阵合同是相互的。

合同的矩阵具有以下性质:

定理 6.1.1 (1) 设 $\boldsymbol{A}$ 为对称阵,若 $\boldsymbol{A}$ 与 $\boldsymbol{B}$ 合同,则 $\boldsymbol{B}$ 也为对称阵;

(2) 若 $\boldsymbol{A}$ 与 $\boldsymbol{B}$ 合同,则 $R(\boldsymbol{B})=R(\boldsymbol{A})$;

(3) 若 $\boldsymbol{A}$ 与 $\boldsymbol{B}$ 合同,$\boldsymbol{B}$ 与 $\boldsymbol{C}$ 合同,则 $\boldsymbol{A}$ 与 $\boldsymbol{C}$ 合同。

证 (1) 由 $\boldsymbol{A}$ 与 $\boldsymbol{B}$ 合同,即存在可逆矩阵 $\boldsymbol{P}$,使 $\boldsymbol{B}=\boldsymbol{P}^{\mathrm{T}}\boldsymbol{A}\boldsymbol{P}$,又由 $\boldsymbol{A}$ 为对称阵,于是

$\boldsymbol{B}^{\mathrm{T}}=(\boldsymbol{P}^{\mathrm{T}}\boldsymbol{A}\boldsymbol{P})^{\mathrm{T}}=\boldsymbol{P}^{\mathrm{T}}\boldsymbol{A}\boldsymbol{P}=\boldsymbol{B}$，所以 $\boldsymbol{B}$ 为对称阵。

(2) 由 $\boldsymbol{A}$ 与 $\boldsymbol{B}$ 合同，则存在可逆矩阵 $\boldsymbol{P}$ 使 $\boldsymbol{B}=\boldsymbol{P}^{\mathrm{T}}\boldsymbol{A}\boldsymbol{P}$，因为 $\boldsymbol{P}$ 可逆，所以 $\boldsymbol{P}^{\mathrm{T}}$ 可逆，于是，由定理 3.2.1 的推论，得 $R(\boldsymbol{B})=R(\boldsymbol{A})$。

(3) 由 $\boldsymbol{A}$ 与 $\boldsymbol{B}$ 合同，$\boldsymbol{B}$ 与 $\boldsymbol{C}$ 合同，便知存在可逆矩阵 $\boldsymbol{P},\boldsymbol{Q}$，使得 $\boldsymbol{B}=\boldsymbol{P}^{\mathrm{T}}\boldsymbol{A}\boldsymbol{P}$，$\boldsymbol{C}=\boldsymbol{Q}^{\mathrm{T}}\boldsymbol{B}\boldsymbol{Q}$，从而 $\boldsymbol{C}=\boldsymbol{Q}^{\mathrm{T}}(\boldsymbol{P}^{\mathrm{T}}\boldsymbol{A}\boldsymbol{P})\boldsymbol{Q}=(\boldsymbol{P}\boldsymbol{Q})^{\mathrm{T}}\boldsymbol{A}(\boldsymbol{P}\boldsymbol{Q})$，即 $\boldsymbol{A}$ 与 $\boldsymbol{C}$ 合同。

6.1.3　二次型的标准形

定义 6.1.3　如果二次型 $f(x_1,x_2,\cdots,x_n)$ 经可逆变换 $\boldsymbol{x}=\boldsymbol{C}\boldsymbol{y}$ 变为 $b_1y_1^2+b_2y_2^2+\cdots+b_ny_n^2$，那么称这种只含平方项的二次型为**二次型** $f(x_1,x_2,\cdots,x_n)$ **的标准形**。

由上面讨论，二次型 $f=\boldsymbol{x}^{\mathrm{T}}\boldsymbol{A}\boldsymbol{x}$ 在线性变换 $\boldsymbol{x}=\boldsymbol{C}\boldsymbol{y}$ 下，变成 $\boldsymbol{y}^{\mathrm{T}}(\boldsymbol{C}^{\mathrm{T}}\boldsymbol{A}\boldsymbol{C})\boldsymbol{y}$。

若要变为标准形，即要使

$$\boldsymbol{y}^{\mathrm{T}}(\boldsymbol{C}^{\mathrm{T}}\boldsymbol{A}\boldsymbol{C})\boldsymbol{y}=b_1y_1^2+b_2y_2^2+\cdots+b_ny_n^2$$

$$=(y_1,y_2,\cdots,y_n)\begin{pmatrix}b_1&&&\\&b_2&&\\&&\ddots&\\&&&b_n\end{pmatrix}\begin{pmatrix}y_1\\y_2\\\vdots\\y_n\end{pmatrix}。$$

可见 $\boldsymbol{C}^{\mathrm{T}}\boldsymbol{A}\boldsymbol{C}$ 应为对角阵。因此，把二次型化为标准形问题归结为 $\boldsymbol{A}$ 能否合同于一对角阵的问题。

因为二次型的矩阵 $\boldsymbol{A}$ 为对称阵，所以由定理 5.4.4 即可得：

定理 6.1.2　对任何二次型 $f=\boldsymbol{x}^{\mathrm{T}}\boldsymbol{A}\boldsymbol{x}$，一定存在可逆变换 $\boldsymbol{x}=\boldsymbol{P}\boldsymbol{y}$，使其化为标准形。即 $f=\boldsymbol{y}^{\mathrm{T}}\boldsymbol{P}^{\mathrm{T}}\boldsymbol{A}\boldsymbol{P}\boldsymbol{y}=\boldsymbol{y}^{\mathrm{T}}\boldsymbol{B}\boldsymbol{y}$，其中 $\boldsymbol{B}=\boldsymbol{P}^{\mathrm{T}}\boldsymbol{A}\boldsymbol{P}$ 为对角阵。

当 $\boldsymbol{P}$ 为正交阵时，由定理 5.4.4 应有 $\boldsymbol{P}^{\mathrm{T}}\boldsymbol{A}\boldsymbol{P}=\boldsymbol{\Lambda}=\begin{pmatrix}\lambda_1&&&\\&\lambda_2&&\\&&\ddots&\\&&&\lambda_n\end{pmatrix}$，使二次型化为

$$f=\lambda_1y_1^2+\lambda_2y_2^2+\cdots+\lambda_ny_n^2,$$

其中 $\lambda_1,\lambda_2,\cdots,\lambda_n$ 为 $\boldsymbol{A}$ 的特征值。

由此可知，任何二次型，一定存在正交变换，使其化为标准形。

例 2　求一个正交变换 $\boldsymbol{x}=\boldsymbol{P}\boldsymbol{y}$，把二次型 $f=x_1^2-2x_2^2+x_3^2+2x_1x_2-4x_1x_3+2x_2x_3$ 化为标准形。

解　二次型的矩阵为 $\boldsymbol{A}=\begin{pmatrix}1&1&-2\\1&-2&1\\-2&1&1\end{pmatrix}$，由

$$|\boldsymbol{A}-\lambda\boldsymbol{E}|=\begin{vmatrix}1-\lambda&1&-2\\1&-2-\lambda&1\\-2&1&1-\lambda\end{vmatrix}\xlongequal{c_1+c_2+c_3}\begin{vmatrix}-\lambda&1&-2\\-\lambda&-2-\lambda&1\\-\lambda&1&1-\lambda\end{vmatrix}$$

$$=-\lambda\begin{vmatrix}1 & 1 & -2\\ 1 & -2-\lambda & 1\\ 1 & 1 & 1-\lambda\end{vmatrix}=-\lambda\begin{vmatrix}1 & 1 & -2\\ 0 & -3-\lambda & 3\\ 0 & 0 & 3-\lambda\end{vmatrix}$$

$$=\lambda(3-\lambda)(3+\lambda)=0,$$

所以 $\boldsymbol{A}$ 的特征值为 $\lambda_1=0,\lambda_2=3,\lambda_3=-3$。

当 $\lambda=0$ 时，解方程组 $(\boldsymbol{A}-\boldsymbol{0})\boldsymbol{x}=\boldsymbol{0}$。由

$$\boldsymbol{A}-\boldsymbol{0}=\begin{pmatrix}1 & 1 & -2\\ 1 & -2 & 1\\ -2 & 1 & 1\end{pmatrix}\xrightarrow[r_3+2r_1]{r_2-r_1}\begin{pmatrix}1 & 1 & -2\\ 0 & -3 & 3\\ 0 & 3 & -3\end{pmatrix}$$

$$\xrightarrow[\text{再 } r_2\div(-3)]{r_3+r_2}\begin{pmatrix}1 & 1 & -2\\ 0 & 1 & -1\\ 0 & 0 & 0\end{pmatrix}\xrightarrow{r_1-r_2}\begin{pmatrix}1 & 0 & -1\\ 0 & 1 & -1\\ 0 & 0 & 0\end{pmatrix}$$

得对应的特征向量 $$\boldsymbol{\xi}_1=\begin{pmatrix}1\\1\\1\end{pmatrix}。$$

当 $\lambda=3$ 时，解方程组 $(\boldsymbol{A}-3\boldsymbol{E})\boldsymbol{x}=\boldsymbol{0}$。由

$$\boldsymbol{A}-3\boldsymbol{E}=\begin{pmatrix}-2 & 1 & -2\\ 1 & -5 & 1\\ -2 & 1 & -2\end{pmatrix}\xrightarrow{r}\begin{pmatrix}1 & 0 & 1\\ 0 & 1 & 0\\ 0 & 0 & 0\end{pmatrix}$$

得对应的特征向量 $$\boldsymbol{\xi}_2=\begin{pmatrix}1\\0\\-1\end{pmatrix}。$$

当 $\lambda_3=-3$ 时，解方程组 $(\boldsymbol{A}+3\boldsymbol{E})\boldsymbol{x}=\boldsymbol{0}$。由

$$\boldsymbol{A}+3\boldsymbol{E}=\begin{pmatrix}4 & 1 & -2\\ 1 & 1 & 1\\ -2 & 1 & 4\end{pmatrix}\xrightarrow{r}\begin{pmatrix}1 & 0 & -1\\ 0 & 1 & 2\\ 0 & 0 & 0\end{pmatrix}$$

得对应的特征向量 $$\boldsymbol{\xi}_3=\begin{pmatrix}1\\-2\\1\end{pmatrix}。$$

因为每一个特征值只有一个相应的特征向量，所以 $\boldsymbol{\xi}_1,\boldsymbol{\xi}_2,\boldsymbol{\xi}_3$ 是两两正交的，故只需要把它们单位化，且化为

$$\boldsymbol{p}_1=\frac{1}{\sqrt{3}}\begin{pmatrix}1\\1\\1\end{pmatrix},\quad \boldsymbol{p}_2=\frac{1}{\sqrt{2}}\begin{pmatrix}1\\0\\-1\end{pmatrix},\quad \boldsymbol{p}_3=\frac{1}{\sqrt{6}}\begin{pmatrix}1\\-2\\1\end{pmatrix},$$

所以得正交阵

$$p=\begin{pmatrix}\frac{1}{\sqrt{3}} & \frac{1}{\sqrt{2}} & \frac{1}{\sqrt{6}}\\ \frac{1}{\sqrt{3}} & 0 & -\frac{2}{\sqrt{6}}\\ \frac{1}{\sqrt{3}} & -\frac{1}{\sqrt{2}} & \frac{1}{\sqrt{6}}\end{pmatrix},$$

使

$$\boldsymbol{P}^{\mathrm{T}}\boldsymbol{AP}=\begin{pmatrix}0 & & \\ & 3 & \\ & & -3\end{pmatrix},$$

于是,所求正交变换为 $\boldsymbol{x}=\boldsymbol{Py}$,所化二次型的标准形为

$$f=0y_1^2+3y_2^2-3y_3^2。$$

正交变换具有下列性质:

定理 6.1.3　(1) 正交变换保持两向量内积不变;

(2) 正交变换保持向量的长度不变;

(3) 正交变换保持向量的夹角不变;

(4) 正交变换把标准正交基仍变成标准正交基。

证　设 $\boldsymbol{P}$ 为正交阵,对向量 $\boldsymbol{x},\boldsymbol{y}$ 作变换 $\boldsymbol{Px},\boldsymbol{Py}$,则

(1) $[\boldsymbol{Px},\boldsymbol{Py}]=(\boldsymbol{Px})^{\mathrm{T}}\boldsymbol{Py}=\boldsymbol{x}^{\mathrm{T}}(\boldsymbol{P}^{\mathrm{T}}\boldsymbol{P})\boldsymbol{y}=\boldsymbol{x}^{\mathrm{T}}\boldsymbol{y}=[\boldsymbol{x},\boldsymbol{y}]$;

(2) $\|\boldsymbol{Px}\|^2=[\boldsymbol{Px},\boldsymbol{Px}]=[\boldsymbol{x},\boldsymbol{x}]=\|\boldsymbol{x}\|^2$,故 $\|\boldsymbol{Px}\|=\|\boldsymbol{x}\|$;

(3) 由两向量夹角定义及(1)(2) 得

$$\cos(\widehat{\boldsymbol{Px},\boldsymbol{Py}})=\frac{[\boldsymbol{Px},\boldsymbol{Py}]}{\|\boldsymbol{Px}\|\cdot\|\boldsymbol{Py}\|}=\frac{[\boldsymbol{x},\boldsymbol{y}]}{\|\boldsymbol{x}\|\cdot\|\boldsymbol{y}\|}=\cos(\widehat{\boldsymbol{x},\boldsymbol{y}});$$

(4) 设 $\boldsymbol{e}_1,\boldsymbol{e}_2,\cdots,\boldsymbol{e}_n$ 为任意标准正交基,经正交变换得 $\boldsymbol{Pe}_1,\boldsymbol{Pe}_2,\cdots,\boldsymbol{Pe}_n$,由(2) 知 $\boldsymbol{Pe}_i(i=1,2,\cdots,n)$ 为单位向量。因为任意的 $\boldsymbol{e}_i$ 与 $\boldsymbol{e}_j(i\neq j)$ 正交,则由(3) 得 $\boldsymbol{Pe}_i$ 与 $\boldsymbol{Pe}_j$ 也正交,所以由标准正交基的定义知,$\boldsymbol{Pe}_1,\boldsymbol{Pe}_2,\cdots,\boldsymbol{Pe}_n$ 为标准正交基。

例 3　设以原点为中心的有心二次曲面方程为

$$a_{11}x_1^2+a_{22}x_2^2+a_{33}x_3^2+2a_{12}x_1x_2+2a_{13}x_1x_3+2a_{23}x_2x_3=d\ (d\geqslant 0),$$

试讨论其曲面的类型。

解　令方程的左端为二次型 f,则二次曲面方程为

$$f=d,$$

二次型 f 的矩阵为

$$\boldsymbol{A}=\begin{pmatrix}a_{11} & a_{12} & a_{13}\\ a_{21} & a_{22} & a_{23}\\ a_{31} & a_{32} & a_{33}\end{pmatrix},$$

由定理 6.1.2 知必存在一个正交阵 $\boldsymbol{P}$,使

$$\boldsymbol{P}^{\mathrm{T}}\boldsymbol{A}\boldsymbol{P}=\begin{pmatrix}\lambda_1 & & \\ & \lambda_2 & \\ & & \lambda_3\end{pmatrix},$$

即存在正交变换 $\boldsymbol{x}=\boldsymbol{P}\boldsymbol{y}$，把 f 变为

$$f=\lambda_1 y_1^2+\lambda_2 y_2^2+\lambda_3 y_3^2。$$

故二次曲面 $f=d$ 经正交变换 $\boldsymbol{x}=\boldsymbol{P}\boldsymbol{y}$ 后，在新坐标系下方程为

$$\lambda_1 y_1^2+\lambda_2 y_2^2+\lambda_3 y_3^2=d。$$

由此可得新二次曲面的以下几种类型：

(1) $\lambda_1>0,\lambda_2>0,\lambda_3>0$，曲面方程可化为$\dfrac{y_1^2}{a^2}+\dfrac{y_2^2}{b^2}+\dfrac{y_3^2}{c^2}=1$，表示椭球面；

(2) $\lambda_1>0,\lambda_2>0,\lambda_3<0$，得$\dfrac{y_1^2}{a^2}+\dfrac{y_2^2}{b^2}-\dfrac{y_3^2}{c^2}=1$，表示单叶双曲面；

(3) $\lambda_1>0,\lambda_2<0,\lambda_3<0$，得$\dfrac{y_1^2}{a^2}-\dfrac{y_2^2}{b^2}-\dfrac{y_3^2}{c^2}=1$，表示双叶双曲面；

(4) $\lambda_1,\lambda_2,\lambda_3$ 中有一个或两个为零，且不为零的 λ_i 中至少有一个大于零，则方程表示柱面；

(5) 若 $\lambda_1\leqslant 0,\lambda_2\leqslant 0,\lambda_3\leqslant 0,d>0$，则方程表示虚曲面(无轨迹)；

(6) $\lambda_1=\lambda_2=\lambda_3=d=0$，方程表示一点。

习题 6.1

1. 写出下列二次型的矩阵，并将二次型用矩阵记号表示：

(1) $f=x_1^2+2x_2^2+5x_3^2+2x_1x_2+2x_1x_3+6x_2x_3$；

(2) $f=x^2+4y^2+z^2+4xy+2xz+4yz$。

2. 写出下列各对称阵所对应的二次型：

(1) $\boldsymbol{A}=\begin{pmatrix}a & b\\ b & c\end{pmatrix}$；　　(2) $\boldsymbol{A}=\begin{pmatrix}1 & 2 & 0\\ 2 & -1 & 1\\ 0 & 1 & 0\end{pmatrix}$。

3. 写出下列二次型的矩阵：

(1) $f=\boldsymbol{x}^{\mathrm{T}}\begin{pmatrix}2 & 1\\ 3 & 1\end{pmatrix}\boldsymbol{x}$；　　(2) $f=\boldsymbol{x}^{\mathrm{T}}\begin{pmatrix}1 & 0 & 2\\ 2 & 2 & 0\\ 0 & 4 & 1\end{pmatrix}\boldsymbol{x}$。

4. 求一个正交变换化下列二次型为标准形：

(1) $f=x_1^2+2x_2^2+3x_3^2+4x_1x_2-4x_2x_3$；

(2) $f=2x_1^2+3x_2^2+3x_3^2+4x_2x_3$；

(3) $f=2x_1x_2-2x_3x_4$。

6.2 用配方法及初等变换法化二次型为标准形

6.2.1 配方法化二次型为标准形

用配方法化二次型为标准形，也是一种常用的方法，它类似于初等数学中的配完全平方。下面通过例题介绍配方法。

例 1 用配方法化二次型 $f=x_1^2-2x_2^2+x_3^2+2x_1x_2-4x_1x_3+2x_2x_3$ 为标准形，并求所用的可逆变换。

解 在二次型里有平方项，如 x_1^2，就把所有含 x_1 的项放到一起进行配方，

$$\begin{aligned} f &= (x_1^2+2x_1x_2-4x_1x_3)-2x_2^2+x_3^2+2x_2x_3 \\ &= [x_1^2+x_2^2+(-2x_3)^2+2x_1x_2+2x_1(-2x_3)+2x_2(-2x_3)] \\ &\quad -x_2^2-4x_3^2+4x_2x_3-2x_2^2+x_3^2+2x_2x_3 \\ &= (x_1+x_2-2x_3)^2-3x_2^2+6x_2x_3-3x_3^2 \\ &= (x_1+x_2-2x_3)^2-3(x_2-x_3)^2。\end{aligned}$$

令 $\begin{cases} y_1=x_1+x_2-2x_3, \\ y_2=x_2-x_3, \\ y_3=x_3, \end{cases}$ 即 $\begin{cases} x_1=y_1-y_2+y_3, \\ x_2=y_2+y_3, \\ x_3=y_3, \end{cases}$

或
$$\begin{pmatrix} x_1 \\ x_2 \\ x_3 \end{pmatrix}=\begin{pmatrix} 1 & -1 & 1 \\ 0 & 1 & 1 \\ 0 & 0 & 1 \end{pmatrix}\begin{pmatrix} y_1 \\ y_2 \\ y_3 \end{pmatrix}, \tag{1}$$

所以得标准形 $$f=y_1^2-3y_2^2+0y_3^2。$$

由于 $\begin{vmatrix} 1 & -1 & 1 \\ 0 & 1 & 1 \\ 0 & 0 & 1 \end{vmatrix}=1\neq 0$，所以(1)式就是所求的可逆变换。

例 2 将二次型 $f=x_1x_2-3x_1x_3+x_2x_3$ 化为标准形。

解 式中无 x_1 的平方项，为利用配方法，可先作可逆变换

$$\begin{cases} x_1=y_1+y_2, \\ x_2=y_1-y_2, \\ x_3=y_3, \end{cases} \quad 或 \quad \begin{pmatrix} x_1 \\ x_2 \\ x_3 \end{pmatrix}=\begin{pmatrix} 1 & 1 & 0 \\ 1 & -1 & 0 \\ 0 & 0 & 1 \end{pmatrix}\begin{pmatrix} y_1 \\ y_2 \\ y_3 \end{pmatrix},$$

得 $$f=y_1^2-y_2^2-2y_1y_3-4y_2y_3。$$

再用以上例 1 方法，对 y_1,y_2,y_3 施行配方，得

$$\begin{aligned} f &= (y_1-y_3)^2-y_2^2-4y_2y_3-y_3^2 \\ &= (y_1-y_3)^2-(y_2+2y_3)^2+3y_3^2。\end{aligned}$$

令 $\begin{cases} z_1 = y_1 - y_3, \\ z_2 = y_2 + 2y_3, \\ z_3 = y_3, \end{cases}$ 或 $\begin{pmatrix} y_1 \\ y_2 \\ y_3 \end{pmatrix} = \begin{pmatrix} 1 & 0 & 1 \\ 0 & 1 & -2 \\ 0 & 0 & 1 \end{pmatrix} \begin{pmatrix} z_1 \\ z_2 \\ z_3 \end{pmatrix}$,

得
$$f = z_1^2 - z_2^2 + 3z_3^2。$$

此例实际经过了两次可逆变换，即经变换

$$\begin{pmatrix} x_1 \\ x_2 \\ x_3 \end{pmatrix} = \begin{pmatrix} 1 & 1 & 0 \\ 1 & -1 & 0 \\ 0 & 0 & 1 \end{pmatrix} \begin{pmatrix} y_1 \\ y_2 \\ y_3 \end{pmatrix} = \begin{pmatrix} 1 & 1 & 0 \\ 1 & -1 & 0 \\ 0 & 0 & 1 \end{pmatrix} \begin{pmatrix} 1 & 0 & 1 \\ 0 & 1 & -2 \\ 0 & 0 & 1 \end{pmatrix} \begin{pmatrix} z_1 \\ z_2 \\ z_3 \end{pmatrix} = \begin{pmatrix} 1 & 1 & -1 \\ 1 & -1 & 3 \\ 0 & 0 & 1 \end{pmatrix} \begin{pmatrix} z_1 \\ z_2 \\ z_3 \end{pmatrix}$$

把二次型化为标准形。

此例还说明，若 f 中没有平方项，但有交叉项 $x_i x_j (i \neq j)$，可令 $x_i = y_i + y_j$，$x_j = y_i - y_j$，其余 $x_k = y_k (k \neq i, j)$，在此变换下 $f(\boldsymbol{x}) = g(\boldsymbol{y})$，使 $g(\boldsymbol{y})$ 中含有 y_i^2 项，再用例 1 的配方法，即可化为标准形。

*6.2.2　用初等变换法化二次型为标准形

在前面已介绍了两种化二次型为标准形的方法。下面介绍利用矩阵的初等变换法化二次型为标准形的方法。

二次型 $f = \boldsymbol{x}^{\mathrm{T}} \boldsymbol{A} \boldsymbol{x}$ 化为标准形问题，实质上就是找一个可逆矩阵 $\boldsymbol{P}$，使 $\boldsymbol{A}$ 合同于对角阵 $\boldsymbol{B}$，为此有下面定理：

定理 6.2.1　对任何实对称阵 $\boldsymbol{A}$，一定存在初等矩阵 $\boldsymbol{P}_1, \boldsymbol{P}_2, \cdots, \boldsymbol{P}_s$ 使 $\boldsymbol{P}_s^{\mathrm{T}} \cdots \boldsymbol{P}_2^{\mathrm{T}} \boldsymbol{P}_1^{\mathrm{T}} \boldsymbol{A} \boldsymbol{P}_1 \boldsymbol{P}_2 \cdots \boldsymbol{P}_s = \boldsymbol{B}$，其中 $\boldsymbol{B}$ 为对角阵。

证　因为 $\boldsymbol{A}$ 是对称阵，对二次型 $\boldsymbol{x}^{\mathrm{T}} \boldsymbol{A} \boldsymbol{x}$，由定理 6.1.2，一定存在可逆变换 $\boldsymbol{x} = \boldsymbol{P} \boldsymbol{y}$，使 $\boldsymbol{x}^{\mathrm{T}} \boldsymbol{A} \boldsymbol{x} = \boldsymbol{y}^{\mathrm{T}} \boldsymbol{P}^{\mathrm{T}} \boldsymbol{A} \boldsymbol{P} \boldsymbol{y} = \boldsymbol{y}^{\mathrm{T}} \boldsymbol{B} \boldsymbol{y}$，其中 $\boldsymbol{B} = \boldsymbol{P}^{\mathrm{T}} \boldsymbol{A} \boldsymbol{P}$ 为对角阵。因为 $\boldsymbol{P}$ 为可逆矩阵，所以 $\boldsymbol{P}$ 能写成一些初等矩阵 $\boldsymbol{P}_1, \boldsymbol{P}_2, \cdots, \boldsymbol{P}_s$ 的乘积 $\boldsymbol{P} = \boldsymbol{P}_1 \boldsymbol{P}_2 \cdots \boldsymbol{P}_s$。所以

$$\begin{aligned} \boldsymbol{P}^{\mathrm{T}} \boldsymbol{A} \boldsymbol{P} &= (\boldsymbol{P}_1 \boldsymbol{P}_2 \cdots \boldsymbol{P}_s)^{\mathrm{T}} \boldsymbol{A} \boldsymbol{P}_1 \boldsymbol{P}_2 \cdots \boldsymbol{P}_s = \boldsymbol{P}_s^{\mathrm{T}} \cdots \boldsymbol{P}_2^{\mathrm{T}} \boldsymbol{P}_1^{\mathrm{T}} \boldsymbol{A} \boldsymbol{P}_1 \boldsymbol{P}_2 \cdots \boldsymbol{P}_s \\ &= \boldsymbol{P}_s^{\mathrm{T}} (\cdots (\boldsymbol{P}_2^{\mathrm{T}} (\boldsymbol{P}_1^{\mathrm{T}} \boldsymbol{A} \boldsymbol{P}_1) \boldsymbol{P}_2) \cdots) \boldsymbol{P}_s = \boldsymbol{B}。\end{aligned}$$

由于初等矩阵 $\boldsymbol{P}_i^{\mathrm{T}}$ 与 $\boldsymbol{P}_i$ 是同一类型的初等矩阵，比如 $\boldsymbol{P}_i = \boldsymbol{E}_n(i, j) = \boldsymbol{P}_i^{\mathrm{T}}$，这时 $\boldsymbol{P}_i^{\mathrm{T}} \boldsymbol{A} \boldsymbol{P}_i$ 就表示交换 $\boldsymbol{A}$ 的第 i, j 两行，再交换 $\boldsymbol{A}$ 的第 i, j 两列。一般地，$\boldsymbol{P}_i^{\mathrm{T}} \boldsymbol{A} \boldsymbol{P}_i$ 表示对矩阵 $\boldsymbol{A}$ 的行与列作相应的初等变换。定理 6.2.1 的证明中 $\boldsymbol{P}_s^{\mathrm{T}} (\cdots (\boldsymbol{P}_2^{\mathrm{T}} (\boldsymbol{P}_1^{\mathrm{T}} \boldsymbol{A} \boldsymbol{P}_1) \boldsymbol{P}_2) \cdots) \boldsymbol{P}_s = \boldsymbol{B}$，可理解为对 $\boldsymbol{A}$ 每作一次初等行变换，接着对 $\boldsymbol{A}$ 作相应的初等列变换，经过若干次这样的双变换就可把 $\boldsymbol{A}$ 变成对角阵 $\boldsymbol{B}$，从而二次型可通过此种初等变换方法化为标准形。

为了在初等变换过程中获得可逆矩阵 $\boldsymbol{P}$，应构造一个 $n \times 2n$ 矩阵 $(\boldsymbol{A} \vdots \boldsymbol{E})$，$\boldsymbol{E}$ 为 n 阶单位矩阵，然后对 $(\boldsymbol{A} \vdots \boldsymbol{E})$ 作初等行变换，接着对 $\boldsymbol{A}$ 作相同的初等列变换，经过若干次这样的初等变换把 $\boldsymbol{A}$ 变成对角阵 $\boldsymbol{B}$ 时，$\boldsymbol{E}$ 就变成了使 $\boldsymbol{A}$ 化成对角阵的可逆矩阵 $\boldsymbol{P}^{\mathrm{T}}$，即 $(\boldsymbol{A} \vdots \boldsymbol{E}) \xrightarrow[\text{的初等变换}]{\text{把行与列作相应}} (\boldsymbol{B} \vdots \boldsymbol{P}^{\mathrm{T}})$，由此得 $\boldsymbol{P} = (\boldsymbol{P}^{\mathrm{T}})^{\mathrm{T}}$。

下面以具体例题来应用这种方法。

例 3　用初等变换法化二次型 $f = x_1^2 - 2x_2^2 + x_3^2 + 2x_1x_2 - 4x_1x_3 + 2x_2x_3$ 为标准形，并求相应的可逆变换。

解　$\boldsymbol{A} = \begin{pmatrix} 1 & 1 & -2 \\ 1 & -2 & 1 \\ -2 & 1 & 1 \end{pmatrix}$,

由
$$(\boldsymbol{A} \vdots \boldsymbol{E}) = \left(\begin{array}{ccc:ccc} 1 & 1 & -2 & 1 & 0 & 0 \\ 1 & -2 & 1 & 0 & 1 & 0 \\ -2 & 1 & 1 & 0 & 0 & 1 \end{array}\right) \xrightarrow[r_3 + 2r_1]{r_2 - r_1} \left(\begin{array}{ccc:ccc} 1 & 1 & -2 & 1 & 0 & 0 \\ 0 & -3 & 3 & -1 & 1 & 0 \\ 0 & 3 & -3 & 2 & 0 & 1 \end{array}\right)$$
$$\xrightarrow[c_3 + 2c_1]{c_2 - c_1} \left(\begin{array}{ccc:ccc} 1 & 0 & 0 & 1 & 0 & 0 \\ 0 & -3 & 3 & -1 & 1 & 0 \\ 0 & 3 & -3 & 2 & 0 & 1 \end{array}\right) \xrightarrow{r_3 + r_2} \left(\begin{array}{ccc:ccc} 1 & 0 & 0 & 1 & 0 & 0 \\ 0 & -3 & 3 & -1 & 1 & 0 \\ 0 & 0 & 0 & 1 & 1 & 1 \end{array}\right)$$
$$\xrightarrow{c_3 + c_2} \left(\begin{array}{ccc:ccc} 1 & 0 & 0 & 1 & 0 & 0 \\ 0 & -3 & 0 & -1 & 1 & 0 \\ 0 & 0 & 0 & 1 & 1 & 1 \end{array}\right),$$

得
$$\boldsymbol{P}^{\mathrm{T}} = \begin{pmatrix} 1 & 0 & 0 \\ -1 & 1 & 0 \\ 1 & 1 & 1 \end{pmatrix}, \quad \boldsymbol{P} = \begin{pmatrix} 1 & -1 & 1 \\ 0 & 1 & 1 \\ 0 & 0 & 1 \end{pmatrix},$$

所用可逆变换为
$$\boldsymbol{x} = \begin{pmatrix} 1 & -1 & 1 \\ 0 & 1 & 1 \\ 0 & 0 & 1 \end{pmatrix} \boldsymbol{y},$$

所得标准形为
$$f = y_1^2 - 3y_2^2。$$

同理，也可按 $\begin{pmatrix} \boldsymbol{A} \\ \cdots \\ \boldsymbol{E} \end{pmatrix} \xrightarrow[\text{的初等变换}]{\text{把行与列作相应}} \begin{pmatrix} \boldsymbol{B} \\ \cdots \\ \boldsymbol{P} \end{pmatrix}$ 来进行，由读者自己练习。

习题 6.2

1. 用配方法化下列二次型为标准形，并写出所用变换的矩阵：
   (1) $f = x_1^2 + 4x_1x_2 - 3x_2x_3$；　　(2) $f = x_1^2 + 2x_2^2 + 2x_1x_2 - 2x_1x_3$；
   (3) $f = 2x_1x_2 + 2x_1x_3 - 6x_2x_3$。
2. 用初等变换化下列二次型为标准形，并写出所用可逆变换：
   (1) $f = x_1^2 + 2x_2^2 + 5x_3^2 + 2x_1x_2 + 2x_1x_3 + 6x_2x_3$；
   (2) $f = x_1x_2 + x_1x_3 + 5x_2x_3$。

6.3　惯性定理

从前两节看到，二次型 $f = x_1^2 - 2x_2^2 + x_3^2 + 2x_1x_2 - 4x_1x_3 + 2x_2x_3$ 经过正交变换

$$x = \begin{pmatrix} \frac{1}{\sqrt{3}} & \frac{1}{\sqrt{2}} & \frac{1}{\sqrt{6}} \\ \frac{1}{\sqrt{3}} & 0 & -\frac{2}{\sqrt{6}} \\ \frac{1}{\sqrt{3}} & -\frac{1}{\sqrt{2}} & \frac{1}{\sqrt{6}} \end{pmatrix} y,$$

得标准形 $$f = 0y_1^2 + 3y_2^2 - 3y_3^2,$$

经过可逆变换 $$x = \begin{pmatrix} 1 & -1 & 1 \\ 0 & 1 & 1 \\ 0 & 0 & 1 \end{pmatrix} y,$$

得另一个标准形 $$f = y_1^2 - 3y_2^2 + 0y_3^2。$$

这说明二次型的标准形与所作的可逆变换有关，但在一个二次型的标准形中，所含系数不为零的平方项的个数是唯一的，于是可得：

定理 6.3.1 若二次型的秩为 r，则二次型的任一标准形中所含非零项的项数为 r。

证 设 $f = \boldsymbol{x}^{\mathrm{T}}\boldsymbol{A}\boldsymbol{x}$ 的秩为 r，则 $R(\boldsymbol{A}) = r$，设二次型由可逆变换 $\boldsymbol{x} = \boldsymbol{P}\boldsymbol{y}$ 化成标准形

$$f = b_1 y_1^2 + b_2 y_2^2 + \cdots + b_n y_n^2,$$

则有 $$\boldsymbol{P}^{\mathrm{T}}\boldsymbol{A}\boldsymbol{P} = \boldsymbol{B} = \begin{pmatrix} b_1 & & & \\ & b_2 & & \\ & & \ddots & \\ & & & b_n \end{pmatrix}。$$

由定理 6.1.1(2)，合同的矩阵有相同的秩。所以 $R(\boldsymbol{B}) = R(\boldsymbol{A}) = r$，而 $\boldsymbol{B}$ 为对角阵，其秩为对角线上非零元素的个数，因此 $b_1, b_2, \cdots, b_n$ 中恰好有 r 个是非零的。所以标准形中恰含有 r 个非零的项。

对二次型 $f = \boldsymbol{x}^{\mathrm{T}}\boldsymbol{A}\boldsymbol{x}$，经过某一个可逆变换后，再把系数的符号按先正后负适当排列字母的次序，得标准形为

$$f = d_1 y_1^2 + \cdots + d_p y_p^2 - d_{p+1} y_{p+1}^2 - \cdots - d_r y_r^2, \tag{1}$$

其中，$d_i > 0\ (i = 1, 2, \cdots, r)$，$r$ 是 f 的秩。

把(1) 式再作可逆变换

$$\begin{cases} y_1 = \frac{1}{\sqrt{d_1}} z_1, \\ \cdots\cdots\cdots\cdots \\ y_r = \frac{1}{\sqrt{d_r}} z_r, \\ y_{r+1} = z_{r+1}, \\ \cdots\cdots\cdots\cdots \\ y_n = z_n \end{cases}$$

化 f 为
$$f = z_1^2 + z_2^2 + \cdots + z_p^2 - z_{p+1}^2 - \cdots - z_r^2。 \tag{2}$$

称(2) 式为二次型的**规范形**。

二次型的规范形有如下定理：

定理 6.3.2 （惯性定理）任意二次型 $f = \boldsymbol{x}^{\mathrm{T}}\boldsymbol{A}\boldsymbol{x}$ 都可经可逆变换化为规范形：$f = z_1^2 + z_2^2 + \cdots + z_p^2 - z_{p+1}^2 - \cdots - z_r^2$，且规范形是唯一的。

定理的前一半在上述的讨论中已经证明了。限于篇幅，对定理的后一半，即规范形的唯一性的证明从略。

由规范形的唯一性知，二次型的任意两个标准形中所含正项的个数相等(进而负项的个数也相等)。这是因为，若二次型的两个标准形中所含正项的个数不相等，则它们化为规范形后所含正项的个数也不相等，这与规范形是唯一的相矛盾。

定义 6.3.1 二次型 $f = \boldsymbol{x}^{\mathrm{T}}\boldsymbol{A}\boldsymbol{x}$ 的标准形中的正项的个数 p 称为其**正惯性指数**，负项的个数 $r-p$ 称为其**负惯性指数**(r 为二次型的秩)。

因此，二次型的规范形也可由正、负惯性指数 p、$r-p$ 唯一确定。即
$$f = z_1^2 + z_2^2 + \cdots + z_p^2 - z_{p+1}^2 - \cdots - z_r^2。$$

由定义 6.3.1 知正惯性指数就是矩阵 $\boldsymbol{A}$ 的正特征值的个数。

例 1 化二次型 $f = x_1^2 - 2x_2^2 + x_3^2 + 2x_1x_2 - 4x_1x_3 + 2x_2x_3$ 为规范形，并求其正惯性指数。

解 由 6.1 节例 2 知，f 经线性变换
$$\boldsymbol{x} = \begin{pmatrix} \frac{1}{\sqrt{3}} & \frac{1}{\sqrt{2}} & \frac{1}{\sqrt{6}} \\ \frac{1}{\sqrt{3}} & 0 & -\frac{2}{\sqrt{6}} \\ \frac{1}{\sqrt{3}} & -\frac{1}{\sqrt{2}} & \frac{1}{\sqrt{6}} \end{pmatrix} \boldsymbol{y}$$

化为标准形
$$f = 3y_2^2 - 3y_3^2。$$

又可作可逆变换
$$\begin{cases} y_1 = u_3, \\ y_2 = u_1, \\ y_3 = u_2, \end{cases} \quad 即 \quad \boldsymbol{y} = \begin{pmatrix} 0 & 0 & 1 \\ 1 & 0 & 0 \\ 0 & 1 & 0 \end{pmatrix} \boldsymbol{u},$$

得
$$f = 3u_1^2 - 3u_2^2。$$

再作可逆变换
$$\begin{cases} u_1 = \frac{1}{\sqrt{3}} z_1, \\ u_2 = \frac{1}{\sqrt{3}} z_2, \\ u_3 = z_3, \end{cases} \quad 即 \quad \boldsymbol{u} = \begin{pmatrix} \frac{1}{\sqrt{3}} & & \\ & \frac{1}{\sqrt{3}} & \\ & & 1 \end{pmatrix} \boldsymbol{z},$$

则 f 化成规范形 $$f=z_1^2-z_2^2,$$
其正惯性指数为 1。

把 f 化成规范形所用的线性变换综合为

$$\boldsymbol{x}=\begin{pmatrix}\frac{1}{\sqrt{3}} & \frac{1}{\sqrt{2}} & \frac{1}{\sqrt{6}}\\ \frac{1}{\sqrt{3}} & 0 & -\frac{2}{\sqrt{6}}\\ \frac{1}{\sqrt{3}} & -\frac{1}{\sqrt{2}} & \frac{1}{\sqrt{6}}\end{pmatrix}\begin{pmatrix}0&0&1\\1&0&0\\0&1&0\end{pmatrix}\begin{pmatrix}\frac{1}{\sqrt{3}} & & \\ & \frac{1}{\sqrt{3}} & \\ & & 1\end{pmatrix}\boldsymbol{z}=\begin{pmatrix}\frac{1}{\sqrt{6}} & \frac{1}{3\sqrt{2}} & \frac{1}{\sqrt{3}}\\ 0 & -\frac{2}{3\sqrt{2}} & \frac{1}{\sqrt{3}}\\ -\frac{1}{\sqrt{6}} & \frac{1}{3\sqrt{2}} & \frac{1}{\sqrt{3}}\end{pmatrix}\boldsymbol{z}。$$

习题 6.3

将下列二次型化为规范形,并指出其正惯性指数:

1. $f=x_1^2-x_3^2+2x_1x_2+2x_2x_3$;
2. $f=x_1^2+5x_2^2-4x_3^2+2x_1x_2-4x_1x_3$;
3. $f=x_1^2+2x_2^2-x_3^2-4x_1x_2+4x_1x_3-2x_2x_3$。

6.4 正定二次型

在科学技术中用得较多的是正定二次型或负定二次型,本节先给出正定的定义,再讨论其判别方法。

定义 6.4.1 设二次型 $f=\boldsymbol{x}^{\mathrm{T}}\boldsymbol{A}\boldsymbol{x}$,若对任何 $\boldsymbol{x}\neq\boldsymbol{0}$ 都有 $f>0$,则称 f 为**正定二次型**,并称对称阵 $\boldsymbol{A}$ 为**正定矩阵(或正定的)**;若对任何 $\boldsymbol{x}\neq\boldsymbol{0}$ 都有 $f<0$,则称 f 为**负定二次型**,并称对称阵 $\boldsymbol{A}$ 为**负定矩阵(或负定的)**。

例 1 $f=2x_1^2+3x_2^2+5x_3^2$,由于对任何 $\boldsymbol{x}\neq\boldsymbol{0}$,总有 $f>0$,所以 f 为正定二次型,相应的矩阵 $\begin{pmatrix}2&0&0\\0&3&0\\0&0&5\end{pmatrix}$ 是正定的。

定理 6.4.1 二次型经过可逆变换,其正定性不变。

证 设 $f=\boldsymbol{x}^{\mathrm{T}}\boldsymbol{A}\boldsymbol{x}$ 经过可逆变换 $\boldsymbol{x}=\boldsymbol{P}\boldsymbol{y}$,化 $\boldsymbol{x}^{\mathrm{T}}\boldsymbol{A}\boldsymbol{x}=\boldsymbol{y}^{\mathrm{T}}\boldsymbol{P}^{\mathrm{T}}\boldsymbol{A}\boldsymbol{P}\boldsymbol{y}=\boldsymbol{y}^{\mathrm{T}}\boldsymbol{B}\boldsymbol{y}$。若 $\boldsymbol{x}^{\mathrm{T}}\boldsymbol{A}\boldsymbol{x}$ 为正定的,对任意 $\boldsymbol{y}_0\neq\boldsymbol{0}$,由 $\boldsymbol{P}$ 可逆,所以 $\boldsymbol{x}_0=\boldsymbol{P}\boldsymbol{y}_0\neq\boldsymbol{0}$。又由 $\boldsymbol{x}^{\mathrm{T}}\boldsymbol{A}\boldsymbol{x}$ 是正定的,故 $\boldsymbol{y}_0^{\mathrm{T}}\boldsymbol{B}\boldsymbol{y}_0=(\boldsymbol{P}\boldsymbol{y}_0)^{\mathrm{T}}\boldsymbol{A}(\boldsymbol{P}\boldsymbol{y}_0)=\boldsymbol{x}_0^{\mathrm{T}}\boldsymbol{A}\boldsymbol{x}_0>0$。反之,若 $\boldsymbol{y}^{\mathrm{T}}\boldsymbol{B}\boldsymbol{y}$ 正定,对任意 $\boldsymbol{x}_0\neq\boldsymbol{0}$,令 $\boldsymbol{y}_0=\boldsymbol{P}^{-1}\boldsymbol{x}_0$,则 $\boldsymbol{y}_0\neq 0$。可得 $\boldsymbol{x}_0^{\mathrm{T}}\boldsymbol{A}\boldsymbol{x}_0=\boldsymbol{y}_0^{\mathrm{T}}\boldsymbol{B}\boldsymbol{y}_0>0$。因此得证。

由二次型经可逆变换保持正定性不变,于是可根据二次型的标准形来判定其正定性。

定理 6.4.2 二次型 $f=\boldsymbol{x}^{\mathrm{T}}\boldsymbol{A}\boldsymbol{x}$ 为正定的充分必要条件是:它的标准形的 n 个系数全为正,即它的正惯性指数等于 n。

证　设可逆变换 $\boldsymbol{x}=\boldsymbol{P}\boldsymbol{y}$，化 f 为标准形

$$\boldsymbol{x}^{\mathrm{T}}\boldsymbol{A}\boldsymbol{x}=\boldsymbol{y}^{\mathrm{T}}\boldsymbol{B}\boldsymbol{y}=k_1y_1^2+k_2y_2^2+\cdots+k_ny_n^2。\tag{1}$$

先证充分性。设 $k_i>0\ (i=1,2,\cdots,n)$，任何 $\boldsymbol{x}\neq\boldsymbol{0}$，则 $\boldsymbol{y}=\boldsymbol{P}^{-1}\boldsymbol{x}\neq\boldsymbol{0}$，所以有

$$f=\boldsymbol{x}^{\mathrm{T}}\boldsymbol{A}\boldsymbol{x}=k_1y_1^2+k_2y_2^2+\cdots+k_ny_n^2>0。$$

再证必要性(用反证法)。设 f 为正定的，假设(1) 式中有 $k_i\leqslant 0$，取向量

$$\boldsymbol{y}=\boldsymbol{e}_i=(0,\cdots,0,1,0,\cdots,0)^{\mathrm{T}}\neq\boldsymbol{0},$$

代入(1) 式得　$k_1\cdot 0^2+\cdots+k_i\cdot 1^2+\cdots+k_n\cdot 0^2=k_i\leqslant 0$，

这与 f 正定矛盾，所以　$k_i>0\ (i=1,2,\cdots,n)$。

推论 1　二次型 $f=\boldsymbol{x}^{\mathrm{T}}\boldsymbol{A}\boldsymbol{x}$ 正定的充分必要条件是它的矩阵 $\boldsymbol{A}$ 的特征值均为正数。

推论 2　实对称阵 $\boldsymbol{A}$ 正定的充分必要条件是它的特征值都为正数。

如例 1 $f=2x_1^2+3x_2^2+5x_3^2$ 为正定的，其矩阵 $\boldsymbol{A}=\begin{pmatrix}2&0&0\\0&3&0\\0&0&5\end{pmatrix}$ 的特征值 2,3,5 都为正数，而 $\boldsymbol{A}$ 也是正定的。

推论 3　正定矩阵的主对角线上元素都为正数。

定义 6.4.2　设矩阵 $\boldsymbol{A}=(a_{ij})_{n\times n}$，$\boldsymbol{A}$ 的子式

$$D_1=|a_{11}|,\quad D_2=\begin{vmatrix}a_{11}&a_{12}\\a_{21}&a_{22}\end{vmatrix},\quad\cdots,\quad D_n=\begin{vmatrix}a_{11}&\cdots&a_{1n}\\\vdots&&\vdots\\a_{n1}&\cdots&a_{nn}\end{vmatrix},$$

分别称为 $\boldsymbol{A}$ 的一阶、二阶、…、n 阶**主子式**，也称为 $\boldsymbol{A}$ 的**顺序主子式**。

由定义知，顺序主子式就是 $\boldsymbol{A}$ 的左上角任一方块的元素构成的行列式。

定理 6.4.3　二次型 $f=\boldsymbol{x}^{\mathrm{T}}\boldsymbol{A}\boldsymbol{x}$ 为正定的充分必要条件是矩阵 $\boldsymbol{A}$ 的各阶主子式都为正。

证明从略。

例 2　判定矩阵 $\boldsymbol{A}=\begin{pmatrix}2&3&0\\-2&0&5\\4&2&-2\end{pmatrix}$ 的正定性。

解　由于

$$D_1=2>0,\quad D_2=\begin{vmatrix}2&3\\-2&0\end{vmatrix}=6>0,\quad D_3=\begin{vmatrix}2&3&0\\-2&0&5\\4&2&-2\end{vmatrix}=28>0,$$

所以 $\boldsymbol{A}$ 是正定的。

例 3　判定二次型 $f=x_1^2-2x_2^2+x_3^2+2x_1x_2-4x_1x_3+2x_2x_3$ 的正定性。

解　f 的矩阵为

$$\boldsymbol{A}=\begin{pmatrix}1&1&-2\\1&-2&1\\-2&1&1\end{pmatrix},\quad D_1=1>0,\quad D_2=\begin{vmatrix}1&1\\1&-2\end{vmatrix}=-3<0,$$

所以 f 不是正定的。

定理 6.4.4 二次型 $f=\boldsymbol{x}^{\mathrm{T}}\boldsymbol{A}\boldsymbol{x}$ 为负定的充分必要条件是 $\boldsymbol{A}$ 的奇数阶主子式为负，偶数阶主子式为正。即

$$(-1)^i\begin{vmatrix}a_{11}&\cdots&a_{1i}\\\vdots&&\vdots\\a_{i1}&\cdots&a_{ii}\end{vmatrix}=(-1)^iD_i>0\ (i=1,2,\cdots,n)。$$

证 由 f 为负定的，则 $-f$ 为正定的，而 $-f=-\boldsymbol{x}^{\mathrm{T}}\boldsymbol{A}\boldsymbol{x}=\boldsymbol{x}^{\mathrm{T}}(-\boldsymbol{A})\boldsymbol{x}$，则

$$\begin{vmatrix}-a_{11}&\cdots&-a_{1i}\\\vdots&&\vdots\\-a_{i1}&\cdots&-a_{ii}\end{vmatrix}=(-1)^iD_i>0\ (i=1,2,\cdots,n),$$

所以，i 为奇数时 $D_i<0$，i 为偶数时 $D_i>0$，反之亦然。

例 4 判定二次型 $f=-3x_1^2-2x_2^2-5x_3^2+4x_1x_2+4x_1x_3$ 的正定性。

解 f 的矩阵为

$$\boldsymbol{A}=\begin{pmatrix}-3&2&2\\2&-2&0\\2&0&-5\end{pmatrix},$$

$$D_1=-3<0,\quad D_2=\begin{vmatrix}-3&2\\2&-2\end{vmatrix}=2>0,\quad D_3=|\boldsymbol{A}|=-2<0,$$

由定理 6.4.4 知 f 为负定的。

定义 6.4.3 设二次型 $f=\boldsymbol{x}^{\mathrm{T}}\boldsymbol{A}\boldsymbol{x}$，若对任意 $\boldsymbol{x}\neq\boldsymbol{0}$，都有 $\boldsymbol{x}^{\mathrm{T}}\boldsymbol{A}\boldsymbol{x}\geqslant 0$，则称 f 为**半正定的**；若对任意 $\boldsymbol{x}\neq\boldsymbol{0}$ 都有 $\boldsymbol{x}^{\mathrm{T}}\boldsymbol{A}\boldsymbol{x}\leqslant 0$，则称 f 为**半负定的**；若存在 $\boldsymbol{\alpha}\neq\boldsymbol{0}$，$\boldsymbol{\beta}\neq\boldsymbol{0}$ 使 $\boldsymbol{\alpha}^{\mathrm{T}}\boldsymbol{A}\boldsymbol{\alpha}>0$，$\boldsymbol{\beta}^{\mathrm{T}}\boldsymbol{A}\boldsymbol{\beta}<0$，则称 f 为**不定的**。

半正定的、半负定的和不定的二次型的相应矩阵也分别称为半正定的、半负定的和不定的。

例 5 二次型

$$f=x_1^2+x_2^2+4x_3^2+2x_1x_2-4x_1x_3-4x_2x_3=(x_1+x_2-2x_3)^2\geqslant 0,$$

当 $x_1+x_2-2x_3=0$ 时，$f=0$，因此 f 是半正定的，其相对应的矩阵

$$\boldsymbol{A}=\begin{pmatrix}1&1&-2\\1&1&-2\\-2&-2&4\end{pmatrix}$$ 是半正定矩阵。

例 6 二次型

$$f(x_1,x_2,x_3)=x_1^2+3x_2^2-x_3^2+4x_1x_2-2x_2x_3,$$

因为 $f(1,1,0)=8>0$，$f(0,1,2)=-5<0$，说明 $f(x_1,x_2,x_3)$ 的符号有时正有时负，

所以 $f(x_1,x_2,x_3)$ 为不定的，其相对应的矩阵 $\boldsymbol{A}=\begin{pmatrix}1 & 2 & 0\\ 2 & 3 & -1\\ 0 & -1 & -1\end{pmatrix}$ 是不定的。

例 7　设 $\boldsymbol{A}$ 为正定的矩阵，试证明 $\boldsymbol{A}^{-1}$ 也是正定的矩阵。

证　因为 $\boldsymbol{A}$ 为正定的，则对任意 $\boldsymbol{x}\neq\boldsymbol{0}$，有 $\boldsymbol{x}^{\mathrm{T}}\boldsymbol{A}\boldsymbol{x}>0$，对 $\boldsymbol{x}^{\mathrm{T}}\boldsymbol{A}^{-1}\boldsymbol{x}$ 作可逆变换 $\boldsymbol{x}=\boldsymbol{A}\boldsymbol{y}$，由 $\boldsymbol{x}\neq\boldsymbol{0}$ 得 $\boldsymbol{y}\neq\boldsymbol{0}$，所以

$$\boldsymbol{x}^{\mathrm{T}}\boldsymbol{A}^{-1}\boldsymbol{x}=(\boldsymbol{A}\boldsymbol{y})^{\mathrm{T}}\boldsymbol{A}^{-1}(\boldsymbol{A}\boldsymbol{y})=\boldsymbol{y}^{\mathrm{T}}\boldsymbol{A}^{\mathrm{T}}\boldsymbol{A}^{-1}\boldsymbol{A}\boldsymbol{y}=\boldsymbol{y}^{\mathrm{T}}\boldsymbol{A}^{\mathrm{T}}\boldsymbol{y}=\boldsymbol{y}^{\mathrm{T}}\boldsymbol{A}\boldsymbol{y}>0,$$

即 $\boldsymbol{A}^{-1}$ 为正定的矩阵。

习题 6.4

1. 判定下列矩阵的正定性：

(1) $\boldsymbol{A}=\begin{pmatrix}3 & 0 & 2\\ 0 & 4 & -2\\ 2 & -2 & 5\end{pmatrix}$；　　(2) $\boldsymbol{A}=\begin{pmatrix}-7 & 2 & 2\\ 2 & -9 & 4\\ 2 & 4 & -9\end{pmatrix}$。

2. 判定下列二次型的正定性：

(1) $f=3x_1^2+3x_2^2+5x_3^2-4x_1x_2+4x_1x_3$；

(2) $f=-x_1^2-6x_2^2-4x_3^2+2x_1x_2+2x_1x_3$。

3. 当 k 取何值时二次型 $f=x_1^2+2x_2^2+kx_3^2+2x_1x_2+4x_1x_3+6x_2x_3$ 为正定的。

4. 证明：二次型 $f=\boldsymbol{x}^{\mathrm{T}}\boldsymbol{A}\boldsymbol{x}$ 正定的充分必要条件是存在可逆矩阵 $\boldsymbol{C}$ 使 $\boldsymbol{A}=\boldsymbol{C}^{\mathrm{T}}\boldsymbol{C}$。

5. 设 $\boldsymbol{A},\boldsymbol{B}$ 均为同阶正定矩阵，证明：$\boldsymbol{A}+\boldsymbol{B}$ 也为正定的矩阵。

本章小结

一、二次型及标准形

1. 二次型定义及表示形式：

$$f=\sum_{i,j=1}^{n}a_{ij}x_ix_j=(x_1,x_2,\cdots,x_n)\begin{pmatrix}a_{11} & \cdots & a_{1n}\\ \vdots & & \vdots\\ a_{n1} & \cdots & a_{nn}\end{pmatrix}\begin{pmatrix}x_1\\ \vdots\\ x_n\end{pmatrix}=\boldsymbol{x}^{\mathrm{T}}\boldsymbol{A}\boldsymbol{x},$$

其中 $\boldsymbol{A}$ 为对称阵。

2. 二次型 $f=\boldsymbol{x}^{\mathrm{T}}\boldsymbol{A}\boldsymbol{x}$ 与对称阵 $\boldsymbol{A}$ 是一一对应的。$\boldsymbol{A}$ 为二次型 f 的矩阵，$\boldsymbol{A}$ 的秩称为 f 的秩。

3. 二次型的标准形指二次型 $f=\boldsymbol{x}^{\mathrm{T}}\boldsymbol{A}\boldsymbol{x}$ 经可逆变换 $\boldsymbol{x}=\boldsymbol{P}\boldsymbol{y}$，化为

$$f=\boldsymbol{x}^{\mathrm{T}}\boldsymbol{A}\boldsymbol{x}=b_1y_1^2+b_2y_2^2+\cdots+b_ny_n^2=\boldsymbol{y}^{\mathrm{T}}\boldsymbol{B}\boldsymbol{y},$$

其中 $\boldsymbol{B}$ 为对角阵。

4. 矩阵 $\boldsymbol{A}$ 与 $\boldsymbol{B}$ 合同，指存在可逆矩阵 $\boldsymbol{C}$ 使 $\boldsymbol{C}^{\mathrm{T}}\boldsymbol{A}\boldsymbol{C}=\boldsymbol{B}$。

二、化二次型为标准形

1. 定理：任意二次型 $f=(x_1,x_2,\cdots,x_n)$ 都可经可逆变换化为标准形 $b_{11}y_1^2+b_{22}y_2^2+\cdots+b_{nn}y_n^2$。

2. 具体化法：可逆变换法(正交变换法)、配方法、初等变换法。

三、规范形及惯性定理

1. 规范形：指 $f=y_1^2+y_2^2+\cdots+y_p^2-y_{p+1}^2-\cdots-y_r^2$，其中 p 为正惯性指数，$r-p$ 为负惯性指数，r 为 f 的秩。

2. 任何二次型 f 都可经可逆变换 $\boldsymbol{x}=\boldsymbol{C}\boldsymbol{y}$ 化为规范形，且规范形是唯一的。

3. 规范形由二次型的正惯性指数及秩唯一确定。

四、正定二次型

1. 定义：设 $f=\boldsymbol{x}^{\mathrm{T}}\boldsymbol{A}\boldsymbol{x}$，对任意 $\boldsymbol{x}\neq 0$，若总有 $f>0$，则 f 为正定的；若总有 $f<0$，则 f 为负定的；若 $f\geqslant 0$，则 f 为半正定的；若 $f\leqslant 0$，则 f 为半负定的；与 f 相对应的有正定、负定、半正(负)定矩阵。

2. $\boldsymbol{A}$ 的顺序主子式：$D_i=\begin{vmatrix} a_{11} & \cdots & a_{1i} \\ \vdots & & \vdots \\ a_{i1} & \cdots & a_{ii}\end{vmatrix}$ $(i=1,2,\cdots,n)$。

3. 判别法：

(1) $\boldsymbol{A}$ 正定的充分必要条件是 $D_i>0\ (i=1,2,\cdots,n)$；

(2) $\boldsymbol{A}$ 负定的充分必要条件是 $D_i\begin{cases}>0, & i=2k,\\ <0, & i=2k-1\end{cases}$ $(i=1,2,\cdots,n)$；

(3) $f=\boldsymbol{x}^{\mathrm{T}}\boldsymbol{A}\boldsymbol{x}$ 正定的充分必要条件是 f 的标准形的 n 个系数全为正；

(4) $f=\boldsymbol{x}^{\mathrm{T}}\boldsymbol{A}\boldsymbol{x}$ 正定的充分必要条件是 $\boldsymbol{A}$ 的 n 个特征值全为正；

(5) $f=\boldsymbol{x}^{\mathrm{T}}\boldsymbol{A}\boldsymbol{x}$ 正定(负)的充分必要条件是 $\boldsymbol{A}$ 是正(负)定的。

总习题 6

1. 填空题：

(1) 二次型 $f(x_1,x_2)=2x_1^2-6x_1x_2+3x_2^2$ 的规范形为________；

(2) 二次型 $f(x_1,x_2,x_3)=\boldsymbol{x}^{\mathrm{T}}\boldsymbol{A}\boldsymbol{x}$ 的矩阵 $\boldsymbol{A}$ 的特征值为 $1,-2,4$，则二次型 f 在正交变换下的标准形为________；

(3) 若实二次型 $f(x_1,x_2,x_3)=x_1^2+2x_2^2+3x_3^2+2tx_1x_2$ 正定，则 t 的取值范围是________。

2. 写出下列二次型的矩阵，并将二次型用矩阵记号表示：

(1) $f=2x_1x_2-4x_3x_4$；

(2) $f=x_1^2+x_2^2+x_3^2+x_4^2-2x_1x_2+4x_1x_3-2x_1x_4+6x_2x_4$。

3. 写出下列各对称阵所对应的二次型：

(1) $\boldsymbol{A}=\begin{pmatrix}1 & 1 & -\frac{3}{2}\\ 1 & 2 & 2\\ -\frac{3}{2} & 2 & 3\end{pmatrix}$； (2) $\boldsymbol{A}=\begin{pmatrix}1 & -1 & 2 & -1\\ -1 & 1 & 3 & -2\\ 2 & 3 & 1 & 0\\ -1 & -2 & 0 & 1\end{pmatrix}$。

4. 用正交变换化下列二次型为标准形：

(1) $f(x_1,x_2,x_3)=2x_1^2-4x_1x_2-4x_2x_3+x_2^2$；

(2) $f(x_1,x_2,x_3)=2x_1^2+5x_2^2+5x_3^2+4x_1x_2-4x_1x_3-8x_2x_3$。

5. 已知 $f=5x_1^2+5x_2^2+cx_3^2-2x_1x_2+6x_1x_3-6x_2x_3$ 的秩为 2，求 c，并用正交变换将其化为标准形。

6. 用正交变换把二次曲面方程 $2x^2+5y^2+5z^2+4xy-4xz-8yz=1$ 化为标准方程，并指出为何种曲面。

7. 分别用配方法和初等变换化下列二次型为标准形，并写出所用变换的矩阵：

(1) $f=x_1x_2+x_1x_3-3x_2x_3$；

(2) $f=2x_1^2+5x_2^2+4x_3^2+4x_1x_2-4x_1x_3-8x_2x_3$。

8. 判定下列二次型的正定性：

(1) $f=6x_1^2+5x_2^2+7x_3^2-4x_1x_2+4x_2x_3$；

(2) $f=-x_1^2-2x_2^2-2x_3^2-x_4^2+2x_1x_2+2x_1x_3-2x_2x_3$。

9. 当 k 取何值时二次型 $f=x_1^2+x_2^2+5x_3^2-2kx_1x_2-2x_1x_3+4x_2x_3$ 为正定的？

10. 设 $\boldsymbol{A}$ 为正定的矩阵，试证：$\boldsymbol{A}^*$ 也为正定的矩阵。

11. 设 $\boldsymbol{A}$ 是三阶实对称矩阵，$\boldsymbol{E}$ 是三阶单位矩阵，若 $\boldsymbol{A}^2+\boldsymbol{A}=2\boldsymbol{E}$，且 $|\boldsymbol{A}|=6$，求二次型 $\boldsymbol{x}^{\mathrm{T}}\boldsymbol{A}\boldsymbol{x}$ 的规范形。

习题参考答案

第 1 章

习题 1.1

1. (1) 5； (2) 8； (3) 10； (4) $\frac{n(n+1)}{2}$。

2. (1) -1； (2) 1； (3) 8； (4) 9。

习题 1.2

1. (1) -24； (2) 1； (3) 0； (4) $2b^3$； (5) -45； (6) 37； (7) -24； (8) $abcd$；(9) $-abcd$。

2. (1) $x_1=-1, x_2=2$； (2) $x_1=2, x_2=3$。

3. $-a_{13}a_{22}a_{31}a_{44}$，$-a_{14}a_{23}a_{31}a_{42}$，$-a_{12}a_{24}a_{31}a_{43}$。

4. $18x^4$，$-128x^3$。 **5.** 提示:用反证法。

习题 1.3

1. (1) -2； (2) -197； (3) -192； (4) -4； (5) 0；
(6) $[x+(n-1)a](x-a)^{n-1}$； (7) $(-1)^n a_1a_2\cdots a_n(n+1)$。

2. (1) 6； (2) $24(m+n)$。

3. (1) $\lambda_{1,2}=2, \lambda_3=1$； (2) $\lambda_1=4, \lambda_2=1, \lambda_3=-1$。

4. 略。

习题 1.4

1. (1) -12； (2) -10； (3) a^4； (4) $a^n+(-1)^{n+1}b^n$； (5) $(-1)^{1+n}n!$。

2. (1) -2； (2) -21。

3. (1) 略； (2) 略； (3) 按第一列展开。

习题 1.5

1. (1) $x_1=0, x_2=3, x_3=-1$； (2) $x_1=-a, x_2=b, x_3=c$。

2. (1) $\lambda=0$ 或 $\lambda=2$； (2) $\lambda=2$ 或 $\lambda=-1$。

总习题 1

1. (1) -4； (2) 5。

2. (1) 0； (2) 16； (3) $-(ad-bc)^2$；
(4) $(a+b+c-x)(b-a-c-x)(c-a-b-x)(a-b-c-x)$。

3. (1) 略； (2) 提示:用归纳法。

4. (1) $(-3)^{n-1}(4n-3)$； (2) $n!\prod\limits_{1\leqslant j<i\leqslant n}(i^2-j^2)$(提示:各列提公因数)；

(3) 1(提示:第二行起各行加其上一行); (4) $\prod_{i=1}^{n}(a_id_i-b_ic_i)$(提示:用定理1.4.3);

(5) $(a_2-x)(a_3-x)\cdots(a_n-x)\left[a_1+(a_1-x)\sum_{i=2}^{i}\frac{1}{a_i-x}\right]$(提示:从第一列起,每列减其后一列,再从第 n 行起每行减其上一行,再按第 n 列展开)。

5. (1) $x_1=10, x_2=-5, x_3=-6, x_4=3$; (2) $x_1=-1, x_2=-2, x_3=1, x_4=2$。

6. (1) $\lambda=-3$ 或 $\lambda=-2$ 或 $\lambda=4$; (2) $\mu=0$ 或 $\lambda=1$。

第2章

习题2.1

1. (1) $\begin{pmatrix}-1&2&-1&1\\2&-3&1&-2\end{pmatrix}$; (2) $\begin{pmatrix}1&2&-1&1&2\\2&1&1&-1&5\\1&-3&1&-3&0\end{pmatrix}$。

2. (B),(D)。

习题2.2

1. (1) $\begin{pmatrix}-5&0&-3\\2&-3&2\\2&1&-1\end{pmatrix}$; (2) $\begin{pmatrix}-3&2&6\\4&-5&3\\-1&6&-3\end{pmatrix}$;

(3) $\begin{pmatrix}-2-\lambda&1&-1\\1&-2-\lambda&2\\2&1&-1-\lambda\end{pmatrix}$; (4) $\begin{pmatrix}\lambda-1&-2&-1\\0&\lambda+1&-2\\-2&-1&\lambda+1\end{pmatrix}$。

2. (1) $\begin{pmatrix}1&2&-1\\2&1&3\\1&-3&-2\end{pmatrix}$; (2) $\begin{pmatrix}x_1\\x_2\\x_3\end{pmatrix}$。

3. (1) $\begin{pmatrix}1&2&3\\1&0&2\end{pmatrix}$; (2) 无意义; (3) $\begin{pmatrix}1&1\\2&0\\3&2\end{pmatrix}$。

4. (1) $\begin{pmatrix}0&0\\0&0\end{pmatrix}$; (2) $\begin{pmatrix}8&-1\\3&3\\8&0\end{pmatrix}$; (3) $\begin{pmatrix}3&1&-1\\-6&-2&2\\9&3&-3\end{pmatrix}$; (4) -2。

5. $\begin{cases}x_1=z_1-z_2+z_3,\\x_2=3z_1+2z_2+8z_3,\\x_3=2z_1-z_2+3z_3。\end{cases}$ **6.** $\begin{pmatrix}8&0\\0&8\end{pmatrix}$。

7. (1) $2^{n-1}\begin{pmatrix}1&1\\1&1\end{pmatrix}$; (2) $\begin{pmatrix}2^n&0&0\\0&(-1)^n&0\\0&0&3^n\end{pmatrix}$。

8. (1) $\begin{pmatrix}3&4\\-1&2\\-1&-1\end{pmatrix}$; (2) $\begin{pmatrix}3&-1&-1\\4&2&-1\end{pmatrix}$; (3) $\begin{pmatrix}-1&1&5\\-5&6&11\end{pmatrix}$。

9. 10。　**10.** 4。　**11.** 略。

习题 2.3

1. (1) $\frac{1}{2}\begin{pmatrix} 7 & -4 \\ -3 & 2 \end{pmatrix}$； (2) $\begin{pmatrix} \sin\theta & -\cos\theta \\ \cos\theta & \sin\theta \end{pmatrix}$； (3) $\begin{pmatrix} 0 & -2 & 1 \\ -3 & 3 & 1 \\ -2 & -1 & -1 \end{pmatrix}$；

(4) $\frac{1}{2}\begin{pmatrix} 1 & -1 & -3 \\ -1 & -3 & -3 \\ -1 & -1 & 1 \end{pmatrix}$。

2. (1) $\begin{pmatrix} 3 & -5 \\ 1 & 0 \\ 5 & -9 \end{pmatrix}$； (2) $\begin{pmatrix} 3 & -2 & 1 \\ 4 & 8 & 1 \\ -4 & -5 & -1 \end{pmatrix}$。

3. (1) $x_1=-2, x_2=1$； (2) $x_1=4, x_2=1, x_3=3$。

4. (1) $\frac{1}{7}(\boldsymbol{A}+5\boldsymbol{E})$； (2) $-\frac{1}{17}(\boldsymbol{A}+8\boldsymbol{E})$。　**5～6.** 略。

习题 2.4

1. (1) $|\boldsymbol{A}^7|=-10^7, \boldsymbol{A}^{-1}=\frac{1}{10}\begin{pmatrix} 20 & -15 & 0 & 0 \\ -10 & 10 & 0 & 0 \\ 0 & 0 & -2 & 12 \\ 0 & 0 & 4 & 14 \end{pmatrix}$；

(2) $|\boldsymbol{A}|=-1, \boldsymbol{A}^{-1}=\begin{pmatrix} 2 & -1 & 3 & -8 \\ -5 & 3 & -8 & 21 \\ 0 & 0 & -1 & 3 \\ 0 & 0 & 1 & -2 \end{pmatrix}$。

2. 提示:用定理 2.3.3 的推论。

3. (1) $\begin{pmatrix} 0 & 0 & -1 & 4 \\ 0 & 0 & 2 & -7 \\ 3 & -1 & 0 & 0 \\ -5 & 2 & 0 & 0 \end{pmatrix}$； (2) $\begin{pmatrix} -3 & 2 & 0 & 0 \\ 2 & -1 & 0 & 0 \\ -21 & 13 & 5 & -3 \\ 13 & -8 & -3 & 2 \end{pmatrix}$。

总习题 2

1. (1) $\frac{1}{6}\begin{pmatrix} 3 & 1 \\ 4 & 2 \end{pmatrix}$； (2) 9。

2. (1) $\begin{pmatrix} -4 \\ -3 \\ 8 \end{pmatrix}$； (2) $\begin{pmatrix} 5 & 0 & -5 \\ 8 & 6 & 4 \\ 7 & 7 & 7 \end{pmatrix}$；

(3) $a_{11}x_1^2+a_{22}x_2^2+a_{33}x_3^2+2a_{12}x_1x_2+2a_{13}x_1x_3+2a_{23}x_2x_3$。

3. $\begin{pmatrix} -1 & -1 \\ -2 & 0 \end{pmatrix}$。　**4.** $\boldsymbol{BA}=\boldsymbol{AB}$。

5. (1) n 为偶数时，$\begin{pmatrix}1&0\\0&1\end{pmatrix}$，$n$ 为奇数时，$\begin{pmatrix}2&-1\\3&-2\end{pmatrix}$；(2) $\begin{pmatrix}1&n&\frac{n(n-1)}{2}\\0&1&n\\0&0&1\end{pmatrix}$；

(3) $10^{n-1}\begin{pmatrix}3&2&1\\6&4&2\\9&6&3\end{pmatrix}$。

6. 略。 **7.** 2。

8. (1) $\frac{1}{6}\begin{pmatrix}-24&12&18\\12&-6&-10\\9&3&6\end{pmatrix}$；(2) $\begin{pmatrix}1&-2&1&0\\0&1&-2&1\\0&0&1&-2\\0&0&0&1\end{pmatrix}$。

9. (1) $\begin{pmatrix}-2&4&5\\1&3&2\\0&6&-3\end{pmatrix}$；(2) $\begin{pmatrix}1&1&0\\-1&1&0\\0&0&2\end{pmatrix}$。

10. $x_1=4, x_2=-4, x_3=1$。 **11.** 8。

12. $(\boldsymbol{E}-\boldsymbol{A})^{-1}=\boldsymbol{E}-\boldsymbol{B}$。 **13～14.** 略。

15. (1) $\begin{pmatrix}2&0&0\\-4&4&4\\4&-2&-2\end{pmatrix}$；(2) $\begin{pmatrix}-5&0&0\\0&-5&0\\0&0&-2\end{pmatrix}$。 **16.** $\begin{pmatrix}514&-513\\1026&-1025\end{pmatrix}$。

第3章

习题3.1

1. (1) $\begin{pmatrix}4&5&8\\1&2&7\\3&3&1\end{pmatrix}$；(2) $\begin{pmatrix}3&-2&7\\0&2&5\\2&3&1\end{pmatrix}$。

2. (1) $\begin{pmatrix}4&1&7\\5&2&8\\2&2&2\end{pmatrix}$；(2) $\begin{pmatrix}1&1&-1\\1&3&2\\2&1&1\end{pmatrix}$。

3. (1) $\frac{1}{3}\begin{pmatrix}-8&3&2\\-2&3&-1\\7&-3&-1\end{pmatrix}$；(2) $\begin{pmatrix}19&-3&-4\\-13&2&3\\8&-1&-2\end{pmatrix}$。

4. (1) $\begin{pmatrix}-9&13\\2&-4\\6&-6\end{pmatrix}$；(2) $\begin{pmatrix}0&0&2\\1&1&0\end{pmatrix}$。

5. (1) $\begin{pmatrix}1&0&-2\\0&-1&-2\\2&0&3\end{pmatrix}$；(2) $\begin{pmatrix}-1&-1&0\\0&0&-1\\1&0&-1\end{pmatrix}$。

习题 3.2

1. (1) $\begin{pmatrix}1&1&0&-4\\0&0&1&1\\0&0&0&0\\0&0&0&0\end{pmatrix}$； (2) $\begin{pmatrix}1&0&0&-3\\0&1&0&0\\0&0&1&2\\0&0&0&0\end{pmatrix}$。

2. (1) 3； (2) 2； (3) 4。

3. $R(\mathbf{A})=1$时，$k=2$；$R(\mathbf{A})=3$时，$k=-6$。 **4.** 2。

习题 3.3

1. (1) $\begin{pmatrix}x_1\\x_2\\x_3\\x_4\end{pmatrix}=\begin{pmatrix}-5\\-3\\0\\-1\end{pmatrix}$； (2) $\begin{pmatrix}x_1\\x_2\\x_3\\x_4\end{pmatrix}=c\begin{pmatrix}-7\\8\\-2\\1\end{pmatrix}+\begin{pmatrix}5\\-7\\3\\0\end{pmatrix}(c\in\mathbf{R})$； (3) 无解；

(4) $\begin{pmatrix}x_1\\x_2\\x_3\\x_4\end{pmatrix}=c_1\begin{pmatrix}0\\-2\\1\\0\end{pmatrix}+c_2\begin{pmatrix}1\\1\\0\\1\end{pmatrix}+\begin{pmatrix}-1\\-2\\0\\0\end{pmatrix}(c_1,c_2\in\mathbf{R})$。

2. (1) $\begin{pmatrix}x_1\\x_2\\x_3\\x_4\end{pmatrix}=c\begin{pmatrix}5\\-7\\1\\1\end{pmatrix}(c\in\mathbf{R})$； (2) $\begin{pmatrix}x_1\\x_2\\x_3\\x_4\end{pmatrix}=c_1\begin{pmatrix}-2\\1\\1\\0\end{pmatrix}+c_2\begin{pmatrix}2\\1\\0\\1\end{pmatrix}(c_1,c_2\in\mathbf{R})$；

(3) $\begin{pmatrix}x_1\\x_2\\x_3\\x_4\\x_5\end{pmatrix}=c_1\begin{pmatrix}-1\\3\\-2\\1\\0\end{pmatrix}+c_2\begin{pmatrix}-5\\8\\-3\\0\\1\end{pmatrix}(c_1,c_2\in\mathbf{R})$。

习题 3.4

1. (1) 总有解； (2) $\lambda\neq1$； (3) $\lambda=1$。

2. (1) $k\neq6$； (2) $k=6$，$\begin{pmatrix}x_1\\x_2\\x_3\\x_4\end{pmatrix}=c_1\begin{pmatrix}1\\-2\\1\\0\end{pmatrix}+c_2\begin{pmatrix}-2\\0\\0\\1\end{pmatrix}+\begin{pmatrix}-1\\3\\0\\0\end{pmatrix}(c_1,c_2\in\mathbf{R})$。

3. (1) $\lambda\neq3$； (2) $\lambda=3$，$\begin{pmatrix}x_1\\x_2\\x_3\end{pmatrix}=c\begin{pmatrix}-3\\0\\1\end{pmatrix}(c\in\mathbf{R})$。

4. (1) $\lambda\neq1$ 且 $\lambda\neq-2$； (2) $\lambda=1$ 或 $\lambda=-2$。

总习题 3

1. (1) 3； (2) $R(\mathbf{A})=R(\mathbf{A},\boldsymbol{b})<n$。

2. (1) $\frac{1}{2}\begin{pmatrix}0&2&1\\2&-6&-4\\2&-6&-3\end{pmatrix}$； (2) $\begin{pmatrix}20&-5&9&-6\\-14&3&-7&5\\5&-1&3&-2\\2&0&1&-1\end{pmatrix}$。

3. (1) $\begin{pmatrix}3&-3&7\\-2&3&-5\\1&-1&1\end{pmatrix}$； (2) $\begin{pmatrix}-6&5\\3&-2\\-4&-3\end{pmatrix}$。

4. (1) $\begin{pmatrix}-1&2&10\\2&1&0\\2&1&-1\end{pmatrix}$； (2) $\begin{pmatrix}-1&-1&-2\\5&-2&-3\\-7&3&0\end{pmatrix}$。

5. 当 $a\neq-1$ 且 $b\neq1$ 时,$R(\mathbf{A})=4$;当 $a\neq-1$ 且 $b=1$ 或 $a=-1$ 且 $b\neq1$ 时,$R(\mathbf{A})=3$;当 $a=-1$ 且 $b=1$ 时,$R(\mathbf{A})=2$。

6. 应用 $\mathbf{A}^2=\mathbf{A}\mathbf{A}^{\mathrm{T}}$。

7. (1) 无解； (2) $\begin{pmatrix}x_1\\x_2\\x_3\\x_4\\x_5\end{pmatrix}=c_1\begin{pmatrix}-1\\-1\\2\\1\\0\end{pmatrix}+c_2\begin{pmatrix}1\\1\\0\\0\\1\end{pmatrix}+\begin{pmatrix}-2\\-4\\5\\0\\0\end{pmatrix}(c_1,c_2\in\mathbf{R})$；

(3) $\begin{pmatrix}x_1\\x_2\\x_3\\x_4\end{pmatrix}=c_1\begin{pmatrix}2\\1\\0\\0\end{pmatrix}+c_2\begin{pmatrix}4\\0\\-1\\2\end{pmatrix}+\begin{pmatrix}-1\\0\\1\\0\end{pmatrix}(c_1,c_2\in\mathbf{R})$。

8. (1) 只有零解； (2) $\begin{pmatrix}x_1\\x_2\\x_3\\x_4\\x_5\end{pmatrix}=c_1\begin{pmatrix}12\\-3\\-2\\1\\0\end{pmatrix}+c_2\begin{pmatrix}11\\-4\\-2\\0\\1\end{pmatrix}(c_1,c_2\in\mathbf{R})$。

9. $\begin{cases}x_1-3x_3+2x_4=0,\\x_2+4x_3-5x_4=0。\end{cases}$

10. (1) $\lambda\neq0$ 且 $\lambda\neq1$； (2) $\lambda=1$ 或 $\lambda=0$。

11. (1) $\lambda=-1$； (2) $\lambda\neq-1$ 且 $\lambda\neq3$；

(3) $\lambda=3$，$\begin{pmatrix}x_1\\x_2\\x_3\end{pmatrix}=c_1\begin{pmatrix}-3\\1\\0\end{pmatrix}+c_2\begin{pmatrix}-1\\0\\1\end{pmatrix}+\begin{pmatrix}1\\0\\0\end{pmatrix}(c_1,c_2\in\mathbf{R})$。

12. (1) $a=0$ 且 $b\neq-5$； (2) $a\neq0$；

(3) $a=0$ 且 $b=-5$，$\begin{pmatrix}x_1\\x_2\\x_3\\x_4\end{pmatrix}=c_1\begin{pmatrix}2\\-3\\1\\0\end{pmatrix}+c_2\begin{pmatrix}2\\-3\\0\\1\end{pmatrix}+\begin{pmatrix}1\\2\\0\\0\end{pmatrix}(c_1,c_2\in\mathbf{R})$。

13. 略。

第 4 章

习题 4.1

1. $(-3,7,-2,-1)^{\mathrm{T}}$。 **2.** $\boldsymbol{c}=(-9,-6,5)^{\mathrm{T}}$。

3. $\boldsymbol{a}=(3,-1,4)^{\mathrm{T}},\boldsymbol{b}=(1,0,-1)^{\mathrm{T}}$。

4. (1) 不能； (2) 能，$\boldsymbol{b}=2\boldsymbol{a}_1-\boldsymbol{a}_2+3\boldsymbol{a}_3$。 **5～6.** 略。

7. (1) 线性无关； (2) 线性相关； (3) 线性无关； (4) 线性无关； (5) 线性相关。

8. (1) $k=-2$ 或 $k=3$； (2) $k\neq-2$ 且 $k\neq3$。 **9.** 略。

习题 4.2

1. (1) $2,\boldsymbol{a}_1,\boldsymbol{a}_2$； (2) $2,\boldsymbol{a}_1,\boldsymbol{a}_2$。

2. (1) $\boldsymbol{a}_1,\boldsymbol{a}_2$；$\boldsymbol{a}_3=-11\boldsymbol{a}_1+5\boldsymbol{a}_2$，$\boldsymbol{a}_4=17\boldsymbol{a}_1-7\boldsymbol{a}_2$；

(2) $\boldsymbol{a}_1,\boldsymbol{a}_2,\boldsymbol{a}_4$；$\boldsymbol{a}_3=3\boldsymbol{a}_1+\boldsymbol{a}_2+0\boldsymbol{a}_4,\boldsymbol{a}_5=2\boldsymbol{a}_1+\boldsymbol{a}_2-3\boldsymbol{a}_4$。

3. 略。

习题 4.3

1. 证线性无关。

2. 证明略。$\boldsymbol{b}_1=\frac{1}{11}\boldsymbol{a}_1-\frac{5}{11}\boldsymbol{a}_2-\frac{6}{11}\boldsymbol{a}_3,\boldsymbol{b}_2=\frac{8}{11}\boldsymbol{a}_1+\frac{1}{11}\boldsymbol{a}_2+\frac{7}{11}\boldsymbol{a}_3$。

3. $t\neq-5$。

习题 4.4

1. (1) $\begin{pmatrix}x_1\\x_2\\x_3\\x_4\end{pmatrix}=c_1\begin{pmatrix}8\\-6\\1\\0\end{pmatrix}+c_2\begin{pmatrix}-7\\5\\0\\1\end{pmatrix}(c_1,c_2\in\mathbf{R})$； (2) $\begin{pmatrix}x_1\\x_2\\x_3\\x_4\end{pmatrix}=c\begin{pmatrix}1\\-2\\1\\1\end{pmatrix}(c\in\mathbf{R})$；

(3) $\begin{pmatrix}x_1\\x_2\\x_3\\x_4\end{pmatrix}=c\begin{pmatrix}1/2\\1\\0\\0\end{pmatrix}(c\in\mathbf{R})$。

2. (1) $\begin{cases}x_1-x_3-3x_4=0,\\x_2-2x_3+x_4=0;\end{cases}$ (2) $\begin{cases}x_1+x_3-2x_4=0,\\x_2-x_3+3x_4=0。\end{cases}$

3. (1) $\begin{pmatrix}x_1\\x_2\\x_3\\x_4\end{pmatrix}=c\begin{pmatrix}-8\\-9\\-2\\1\end{pmatrix}+\begin{pmatrix}7\\5\\2\\0\end{pmatrix}(c\in\mathbf{R})$； (2) $\begin{pmatrix}x_1\\x_2\\x_3\\x_4\end{pmatrix}=c_1\begin{pmatrix}1\\-2\\1\\0\end{pmatrix}+c_2\begin{pmatrix}1\\-2\\0\\1\end{pmatrix}+\begin{pmatrix}-1\\1\\0\\0\end{pmatrix}(c_1,c_2\in\mathbf{R})$。

4. $\boldsymbol{\eta}=c\begin{pmatrix}3\\4\\-5\end{pmatrix}+\begin{pmatrix}2\\1\\-1\end{pmatrix}(c\in\mathbf{R})$。

5. $\boldsymbol{x}=c_1\begin{pmatrix}1\\2\\0\\-4\end{pmatrix}+c_2\begin{pmatrix}1\\3\\-2\\-3\end{pmatrix}+\begin{pmatrix}1\\4\\3\\2\end{pmatrix}(c_1,c_2\in\mathbf{R})$。

6. 证线性无关。　**7.** 代入 $\mathbf{A}\boldsymbol{x}=\boldsymbol{b}$。

总习题 4

1. (1) $m\leqslant n$；(2) 2；(3) 2。

2. (1) 不正确；(2) 不正确；(3) 正确；(4) 不正确。

3. (1) 线性相关；(2) 线性无关。　**4.** $k_1=1$ 或 $k_2=-2$。

5. $k=-4$ 或 $k=\frac{3}{2}$ 时线性相关；$k\neq-4$ 且 $k\neq\frac{3}{2}$ 时线性无关。　**6～7.** 略。

8. (1) $\boldsymbol{a}_1,\boldsymbol{a}_2,\boldsymbol{a}_3$；(2) $\boldsymbol{a}_1,\boldsymbol{a}_2,\boldsymbol{a}_3$；$\boldsymbol{a}_4=-\boldsymbol{a}_1-9\boldsymbol{a}_2-3\boldsymbol{a}_3$；

(3) $\boldsymbol{a}_1,\boldsymbol{a}_2,\boldsymbol{a}_3$；$\boldsymbol{a}_4=2\boldsymbol{a}_1+0\boldsymbol{a}_2-\boldsymbol{a}_3,\boldsymbol{a}_5=2\boldsymbol{a}_1+\boldsymbol{a}_2+\boldsymbol{a}_3$。

9. (1) $\boldsymbol{a}_1,\boldsymbol{a}_2$；$\boldsymbol{a}_3=\boldsymbol{a}_1+\frac{1}{2}\boldsymbol{a}_2$；(2) $\boldsymbol{a}_1,\boldsymbol{a}_2,\boldsymbol{a}_3$；$\boldsymbol{a}_4=2\boldsymbol{a}_1-\boldsymbol{a}_2-2\boldsymbol{a}_3,\boldsymbol{a}_5=-\boldsymbol{a}_1+\boldsymbol{a}_2+\boldsymbol{a}_3$。

10～11. 略。

12. (1) $\begin{pmatrix}x_1\\x_2\\x_3\\x_4\\x_5\end{pmatrix}=c_1\begin{pmatrix}-4\\7\\1\\0\\0\end{pmatrix}+c_2\begin{pmatrix}3\\-1\\0\\1\\0\end{pmatrix}+c_3\begin{pmatrix}2\\-2\\0\\0\\1\end{pmatrix}(c_1,c_2,c_3\in\mathbf{R})$；

(2) $\begin{pmatrix}x_1\\x_2\\x_3\\x_4\\x_5\end{pmatrix}=c_1\begin{pmatrix}-2\\1\\0\\0\\0\end{pmatrix}+c_2\begin{pmatrix}3/2\\0\\1\\0\\0\end{pmatrix}+c_3\begin{pmatrix}-1/2\\0\\0\\1\\0\end{pmatrix}+c_4\begin{pmatrix}1\\0\\0\\0\\1\end{pmatrix}(c_1,c_2,c_3,c_4\in\mathbf{R})$。

13. $\begin{pmatrix}x_1\\x_2\\x_3\\x_4\end{pmatrix}=c_1\begin{pmatrix}2\\-1\\1\\0\end{pmatrix}+c_2\begin{pmatrix}-3\\1\\0\\1\end{pmatrix}(c_1,c_2\in\mathbf{R})$。

14. (1) $\begin{cases}x_1-x_3+3x_4=0,\\x_2+x_3-2x_4=0;\end{cases}$ (2) $\begin{cases}x_1+2x_3-3x_4=0,\\x_2-x_3-x_4=0。\end{cases}$

15. (1) 不是；(2) 是。

16. (1) $\begin{pmatrix}x_1\\x_2\\x_3\\x_4\end{pmatrix}=c_1\begin{pmatrix}1\\1\\0\\0\end{pmatrix}+c_2\begin{pmatrix}-1\\0\\-4\\1\end{pmatrix}+\begin{pmatrix}1\\0\\3\\0\end{pmatrix}(c_1,c_2\in\mathbf{R})$;

(2) $\begin{pmatrix}x_1\\x_2\\x_3\\x_4\end{pmatrix}=c_1\begin{pmatrix}4\\-2\\1\\0\end{pmatrix}+c_2\begin{pmatrix}-1\\-2\\0\\1\end{pmatrix}+\begin{pmatrix}-1\\1\\0\\0\end{pmatrix}(c_1,c_2\in\mathbf{R})$。

17. $\begin{pmatrix}x_1\\x_2\\x_3\\x_4\end{pmatrix}=c\begin{pmatrix}0\\-5\\-10\\-15\end{pmatrix}+\begin{pmatrix}1\\3\\5\\7\end{pmatrix}(c\in\mathbf{R})$。

18. (1) 用反证法； (2) 用(1) 的结论。

第 5 章

习题 5.1

1. (1) $\lambda_1=-2,\boldsymbol{\xi}_1=\begin{pmatrix}1\\2\\2\end{pmatrix},\lambda_2=1,\boldsymbol{\xi}_2=\begin{pmatrix}2\\1\\-2\end{pmatrix},\lambda_3=4,\boldsymbol{\xi}_3=\begin{pmatrix}2\\-2\\1\end{pmatrix}$;

(2) $\lambda_1=1,\boldsymbol{\xi}_1=\begin{pmatrix}1\\0\\0\end{pmatrix},\lambda_2=\lambda_3=2,\boldsymbol{\xi}_2=\begin{pmatrix}0\\0\\1\end{pmatrix}$;

(3) $\lambda_1=-1,\boldsymbol{\xi}_1=\begin{pmatrix}2\\2\\1\end{pmatrix},\lambda_2=2,\boldsymbol{\xi}_2=\begin{pmatrix}2\\-1\\-2\end{pmatrix},\lambda_3=5,\boldsymbol{\xi}_3=\begin{pmatrix}1\\-2\\2\end{pmatrix}$;

(4) $\lambda_1=-1,\boldsymbol{\xi}_1=\begin{pmatrix}1\\0\\1\end{pmatrix},\lambda_2=\lambda_3=2,\boldsymbol{\xi}_2=\begin{pmatrix}0\\1\\-1\end{pmatrix},\boldsymbol{\xi}_3=\begin{pmatrix}1\\0\\4\end{pmatrix}$。

2. $-24,-3$。 **3.** (1) 略； (2) 略。

4. (1) $2,-6,4$； (2) $1,-\frac{1}{3},\frac{1}{2}$； (3) $-6,2,-3$； (4) $2,-2,3$。

5. 提示：可用特征值定义证。 **6.** $0,0,-2,35$。

习题 5.2

1. 用定义证。

2. (1) $\boldsymbol{A}=\begin{pmatrix}-1&-6\\1&4\end{pmatrix}$； (2) $\boldsymbol{A}=\begin{pmatrix}1&0&-2\\0&-1&0\\0&0&2\end{pmatrix}$。

3. (1) 不能； (2) $\boldsymbol{\Lambda}=\begin{pmatrix}0&&\\&2&\\&&3\end{pmatrix}$, $\boldsymbol{P}=\begin{pmatrix}-1&0&-1\\3&2&0\\1&1&1\end{pmatrix}$；

(3) $\boldsymbol{\Lambda}=\begin{pmatrix}2&&\\&-1&\\&&-1\end{pmatrix}$, $\boldsymbol{P}=\begin{pmatrix}1&-2&0\\-1&1&0\\1&0&1\end{pmatrix}$。

4. $x=-3, y=0, \lambda=-1$。 **5.** (1) $x=6$； (2) $\boldsymbol{P}=\begin{pmatrix}-1&1&1\\1&0&-2\\0&1&3\end{pmatrix}$。

习题 5.3

1. (1) $-2,2$； (2) $3,\sqrt{6},\sqrt{11}$。

2. (1) $\frac{1}{\sqrt{3}}(-1,1,1)^{\mathrm{T}}$； (2) $\pm\frac{1}{\sqrt{2}}(1,0,0,-1)^{\mathrm{T}}$。

3. (1) $\begin{pmatrix}1\\1\\1\end{pmatrix},\begin{pmatrix}-1\\0\\1\end{pmatrix},\frac{1}{3}\begin{pmatrix}1\\-2\\1\end{pmatrix}$； (2) $\begin{pmatrix}1\\1\\0\end{pmatrix},\begin{pmatrix}1\\-1\\1\end{pmatrix},\frac{1}{3}\begin{pmatrix}1\\-1\\-2\end{pmatrix}$；

(3) $\begin{pmatrix}1\\0\\-1\\1\end{pmatrix},\frac{1}{3}\begin{pmatrix}1\\-3\\2\\1\end{pmatrix},\frac{1}{5}\begin{pmatrix}-1\\3\\3\\4\end{pmatrix}$； (4) $\begin{pmatrix}1\\1\\0\\1\end{pmatrix},\begin{pmatrix}0\\-1\\1\\1\end{pmatrix},\begin{pmatrix}0\\-1\\-2\\1\end{pmatrix}$。

4. 略。

习题 5.4

1. (1) $\frac{1}{\sqrt{2}}\begin{pmatrix}0&-1&1\\\sqrt{2}&0&0\\0&1&1\end{pmatrix}$, $\boldsymbol{\Lambda}=\begin{pmatrix}1&&\\&2&\\&&0\end{pmatrix}$； (2) $\frac{1}{\sqrt{6}}\begin{pmatrix}\sqrt{2}&-\sqrt{3}&-1\\\sqrt{2}&\sqrt{3}&-1\\\sqrt{2}&0&2\end{pmatrix}$, $\boldsymbol{\Lambda}=\begin{pmatrix}4&&\\&1&\\&&1\end{pmatrix}$；

(3) $\frac{1}{3}\begin{pmatrix}2&-2&1\\-2&-1&2\\1&2&2\end{pmatrix}$, $\boldsymbol{\Lambda}=\begin{pmatrix}0&&\\&-3&\\&&3\end{pmatrix}$。

2. (1) $\begin{pmatrix}1\\0\\0\end{pmatrix},\begin{pmatrix}0\\-1\\1\end{pmatrix}$； (2) $\begin{pmatrix}1&0&0\\0&0&-1\\0&-1&0\end{pmatrix}$。 **3.** $\boldsymbol{A}=\begin{pmatrix}3&1&-1\\1&0&-2\\-1&-2&0\end{pmatrix}$。

4. (1) $2,0,0$； (2) $\boldsymbol{P}=\begin{pmatrix}1&-1&-1\\1&1&0\\1&0&1\end{pmatrix}$, $\boldsymbol{\Lambda}=\begin{pmatrix}2&&\\&0&\\&&0\end{pmatrix}$。

5. (1) $\boldsymbol{A}^{10}=\frac{1}{2}\begin{pmatrix}5^{10}+1&5^{10}-1\\5^{10}-1&5^{10}+1\end{pmatrix}$； (2) $\boldsymbol{A}^{100}=\begin{pmatrix}1&0&5^{100}-1\\0&5^{100}&0\\0&0&5^{100}\end{pmatrix}$。

总习题 5

1. (1) 3,3,6； (2) -3； (3) $\frac{1}{6}$； (4) 0。

2. $\lambda_1=1,\boldsymbol{\xi}_1=\begin{pmatrix}-1\\1\\1\end{pmatrix},\lambda_2=\lambda_3=2,\boldsymbol{\xi}_2=\begin{pmatrix}-1\\1\\0\end{pmatrix},\boldsymbol{\xi}_3=\begin{pmatrix}1\\0\\1\end{pmatrix}$。

3. 12,5。 **4.** 略。 **5.** 18。 **6.** $a=b=0$。 **7.** 略。

8. (1) $\boldsymbol{\Lambda}=\begin{pmatrix}2&&\\&2&\\&&-7\end{pmatrix},\boldsymbol{P}=\begin{pmatrix}-2&2&1\\1&0&2\\0&1&-2\end{pmatrix}$； (2) 不能。 **9.** $k=3$。

10. (1) $\frac{1}{\sqrt{3}}(1,1,1)^{\mathrm{T}},\frac{1}{\sqrt{6}}(-2,1,1)^{\mathrm{T}},\frac{1}{\sqrt{2}}(0,-1,1)^{\mathrm{T}}$；

(2) $\frac{1}{\sqrt{2}}(1,1,0,0)^{\mathrm{T}},\frac{1}{\sqrt{6}}(-1,1,2,0)^{\mathrm{T}},\frac{1}{\sqrt{21}}(2,-2,2,3)^{\mathrm{T}}$；

(3) $\frac{1}{\sqrt{10}}(1,2,2,-1)^{\mathrm{T}},\frac{1}{\sqrt{26}}(2,3,-3,2)^{\mathrm{T}},\frac{1}{\sqrt{10}}(2,-1,-1,-2)^{\mathrm{T}}$。

11. $\frac{1}{\sqrt{2}}(1,1,0)^{\mathrm{T}},\frac{1}{\sqrt{6}}(-1,1,2)^{\mathrm{T}}$。 **12.** $\boldsymbol{\alpha}_2=(1,0,1)^{\mathrm{T}},\boldsymbol{\alpha}_3=(-1,1,1)^{\mathrm{T}}$。

13. (1) $\boldsymbol{\Lambda}=\begin{pmatrix}3&&\\&0&\\&&-3\end{pmatrix},\boldsymbol{P}=\begin{pmatrix}1&2&2\\2&-2&1\\2&1&-2\end{pmatrix}$； (2) $\boldsymbol{Q}=\frac{1}{3}\begin{pmatrix}1&2&2\\2&-2&1\\2&1&-2\end{pmatrix}$。

14. (1) $\begin{pmatrix}\frac{1}{3}&0&\frac{4}{3\sqrt{2}}\\\frac{2}{3}&\frac{1}{\sqrt{2}}&-\frac{1}{3\sqrt{2}}\\-\frac{2}{3}&\frac{1}{\sqrt{2}}&\frac{1}{3\sqrt{2}}\end{pmatrix},\boldsymbol{\Lambda}=\begin{pmatrix}10&&\\&1&\\&&1\end{pmatrix}$； (2) $\frac{1}{3}\begin{pmatrix}2&1&-2\\1&2&2\\2&-2&1\end{pmatrix},\boldsymbol{\Lambda}=\begin{pmatrix}6&&\\&-3&\\&&-3\end{pmatrix}$；

(3) $\frac{1}{3}\begin{pmatrix}1&-2&2\\2&-1&-2\\2&2&1\end{pmatrix},\boldsymbol{\Lambda}=\begin{pmatrix}-2&&\\&1&\\&&4\end{pmatrix}$。

15. $x=4,y=5,\boldsymbol{P}=\begin{pmatrix}\frac{1}{\sqrt{2}}&\frac{2}{3}&\frac{1}{3\sqrt{2}}\\0&\frac{1}{3}&-\frac{4}{3\sqrt{2}}\\-\frac{1}{\sqrt{2}}&\frac{2}{3}&\frac{1}{3\sqrt{2}}\end{pmatrix}$。 **16.** $\boldsymbol{A}=\begin{pmatrix}-2&3&-3\\-4&5&-3\\-4&4&-2\end{pmatrix}$。

17. $\boldsymbol{A}=\frac{1}{6}\begin{pmatrix}1&1&4\\1&1&4\\4&4&-2\end{pmatrix}$。 **18.** $\begin{pmatrix}2&2&-4\\2&2&-4\\-4&-4&8\end{pmatrix}$。

19. (1) $x=3,y=-2$； (2) 由 $\boldsymbol{A}$ 的特征值证。

第 6 章

习题 6.1

1. (1) $f=(x_1,x_2,x_3)\begin{pmatrix}1&1&1\\1&2&3\\1&3&5\end{pmatrix}\begin{pmatrix}x_1\\x_2\\x_3\end{pmatrix}$； (2) $f=(x,y,z)\begin{pmatrix}1&2&1\\2&4&2\\1&2&1\end{pmatrix}\begin{pmatrix}x\\y\\z\end{pmatrix}$。

2. (1) $f=ax_1^2+cx_2^2+2bx_1x_2$； (2) $f=x_1^2-x_2^2+4x_1x_2+2x_2x_3$。

3. (1) $\boldsymbol{A}=\begin{pmatrix}2&2\\2&1\end{pmatrix}$； (2) $\boldsymbol{A}=\begin{pmatrix}1&1&1\\1&2&2\\1&2&1\end{pmatrix}$。

4. (1) $\begin{pmatrix}x_1\\x_2\\x_3\end{pmatrix}=\frac{1}{3}\begin{pmatrix}-2&2&1\\2&1&2\\1&2&-2\end{pmatrix}\begin{pmatrix}y_1\\y_2\\y_3\end{pmatrix}$，$f=-y_1^2+2y_2^2+5y_3^2$；

(2) $\begin{pmatrix}x_1\\x_2\\x_3\end{pmatrix}=\frac{1}{\sqrt{2}}\begin{pmatrix}\sqrt{2}&0&0\\0&1&1\\0&-1&1\end{pmatrix}\begin{pmatrix}y_1\\y_2\\y_3\end{pmatrix}$，$f=2y_1^2+y_2^2+5y_3^2$；

(3) $\begin{pmatrix}x_1\\x_2\\x_3\\x_4\end{pmatrix}=\frac{1}{\sqrt{2}}\begin{pmatrix}1&0&1&0\\1&0&-1&0\\0&1&0&1\\0&-1&0&1\end{pmatrix}\begin{pmatrix}y_1\\y_2\\y_3\\y_4\end{pmatrix}$，$f=y_1^2+y_2^2-y_3^2-y_4^2$。

习题 6.2

1. (1) $f(\boldsymbol{Cy})=y_1^2-4y_2^2+\frac{9}{16}y_3^2$，$\boldsymbol{C}=\begin{pmatrix}1&-2&\frac{3}{4}\\0&1&-\frac{3}{8}\\0&0&1\end{pmatrix}$；

(2) $f(\boldsymbol{Cy})=y_1^2+y_2^2-2y_3^2$，$\boldsymbol{C}=\begin{pmatrix}1&-1&2\\0&1&-1\\0&0&1\end{pmatrix}$；

(3) $f(\boldsymbol{Cy})=2y_1^2-2y_2^2+6y_3^2$，$\boldsymbol{C}=\begin{pmatrix}1&-1&3\\1&1&-1\\0&0&1\end{pmatrix}$。

2. (1) $f=y_1^2+y_2^2+0y_3^2$，$\begin{pmatrix}x_1\\x_2\\x_3\end{pmatrix}=\begin{pmatrix}1&-1&1\\0&1&-2\\0&0&1\end{pmatrix}\begin{pmatrix}y_1\\y_2\\y_3\end{pmatrix}$；

(2) $f=y_1^2-4y_2^2-5y_3^2$，$\begin{pmatrix}x_1\\x_2\\x_3\end{pmatrix}=\begin{pmatrix}1&-2&-5\\1&2&-1\\0&0&1\end{pmatrix}\begin{pmatrix}y_1\\y_2\\y_3\end{pmatrix}$。

习题 6.3

1. $\begin{pmatrix} x_1 \\ x_2 \\ x_3 \end{pmatrix} = \begin{pmatrix} 1 & -1 & -1 \\ 0 & 1 & 1 \\ 0 & 0 & 1 \end{pmatrix} \begin{pmatrix} y_1 \\ y_2 \\ y_3 \end{pmatrix}$，$f = y_1^2 - y_2^2$，$p = 1$。

2. $\begin{pmatrix} x_1 \\ x_2 \\ x_3 \end{pmatrix} = \begin{pmatrix} 1 & -\frac{1}{2} & \frac{5}{6} \\ 0 & \frac{1}{2} & -\frac{1}{6} \\ 0 & 0 & \frac{1}{3} \end{pmatrix} \begin{pmatrix} y_1 \\ y_2 \\ y_3 \end{pmatrix}$，$f = y_1^2 + y_2^2 - y_3^2$，$p = 2$。

3. $\begin{pmatrix} x_1 \\ x_2 \\ x_3 \end{pmatrix} = \begin{pmatrix} 1 & \sqrt{2} & \sqrt{2} \\ 0 & \frac{1}{\sqrt{2}} & \frac{3}{\sqrt{2}} \\ 0 & 0 & \frac{1}{\sqrt{2}} \end{pmatrix} \begin{pmatrix} y_1 \\ y_2 \\ y_3 \end{pmatrix}$，$f = y_1^2 - y_2^2 - y_3^2$，$p = 1$。

习题 6.4

1. (1) 正定；(2) 负定。 **2.** (1) 正定；(2) 负定。 **3.** $k > 5$。 **4～5.** 略。

总习题 6

1. (1) $f = y_1^2 - y_2^2$；(2) $y_1^2 - 2y_2^2 + 4y_3^2$；(3) $-1 < t < 1$。

2. (1) $f = (x_1, x_2, x_3, x_4) \begin{pmatrix} 0 & 1 & 0 & 0 \\ 1 & 0 & 0 & 0 \\ 0 & 0 & 0 & -2 \\ 0 & 0 & -2 & 0 \end{pmatrix} \begin{pmatrix} x_1 \\ x_2 \\ x_3 \\ x_4 \end{pmatrix}$；

(2) $f = (x_1, x_2, x_3, x_4) \begin{pmatrix} 1 & -1 & 2 & -1 \\ -1 & 1 & 0 & 3 \\ 2 & 0 & 1 & 0 \\ -1 & 3 & 0 & 1 \end{pmatrix} \begin{pmatrix} x_1 \\ x_2 \\ x_3 \\ x_4 \end{pmatrix}$。

3. (1) $f = x_1^2 + 2x_2^2 + 3x_3^2 + 2x_1x_2 - 3x_1x_3 + 4x_2x_3$；

(2) $f = x_1^2 + x_2^2 + x_3^2 + x_4^2 - 2x_1x_2 + 4x_1x_3 - 2x_1x_4 + 6x_2x_3 - 4x_2x_4$。

4. (1) $\begin{pmatrix} x_1 \\ x_2 \\ x_3 \end{pmatrix} = \frac{1}{3} \begin{pmatrix} 1 & -2 & 2 \\ 2 & -1 & -2 \\ 2 & 2 & 1 \end{pmatrix} \begin{pmatrix} y_1 \\ y_2 \\ y_3 \end{pmatrix}$，$f(x_1, x_2, x_3) = -2y_1^2 + y_2^2 + 4y_3^2$；

(2) $\begin{pmatrix} x_1 \\ x_2 \\ x_3 \end{pmatrix} = \begin{pmatrix} \frac{-2}{\sqrt{5}} & \frac{2}{3\sqrt{5}} & \frac{-1}{3} \\ \frac{1}{\sqrt{5}} & \frac{4}{3\sqrt{5}} & \frac{-2}{3} \\ 0 & \frac{5}{3\sqrt{5}} & \frac{2}{3} \end{pmatrix} \begin{pmatrix} y_1 \\ y_2 \\ y_3 \end{pmatrix}$，$f(x_1, x_2, x_3) = y_1^2 + y_2^2 + 10y_3^2$。

5. $c=3,\begin{pmatrix}x_1\\x_2\\x_3\end{pmatrix}=\begin{pmatrix}\frac{1}{\sqrt{2}} & \frac{1}{\sqrt{3}} & -\frac{1}{\sqrt{6}}\\ \frac{1}{\sqrt{2}} & -\frac{1}{\sqrt{3}} & \frac{1}{\sqrt{6}}\\ 0 & \frac{1}{\sqrt{3}} & \frac{2}{\sqrt{6}}\end{pmatrix}\begin{pmatrix}y_1\\y_2\\y_3\end{pmatrix},f=4y_1^2+9y_2^2$。

6. $\begin{pmatrix}x\\y\\z\end{pmatrix}=\begin{pmatrix}\frac{2}{5}\sqrt{5} & \frac{2}{15}\sqrt{5} & \frac{1}{3}\\ -\frac{\sqrt{5}}{5} & \frac{4}{15}\sqrt{5} & \frac{2}{3}\\ 0 & \frac{1}{3}\sqrt{5} & -\frac{2}{3}\end{pmatrix}\begin{pmatrix}u\\v\\w\end{pmatrix},u^2+v^2+10w^2=1$(椭球面)。

7. (1) $f(\boldsymbol{C}\boldsymbol{z})=z_1^2-z_2^2+3z_3^2,\boldsymbol{C}=\begin{pmatrix}1 & 1 & 3\\ 1 & -1 & -1\\ 0 & 0 & 1\end{pmatrix}$;

(2) $f(\boldsymbol{C}\boldsymbol{y})=2y_1^2+3y_2^2+\frac{2}{3}y_3^2,\boldsymbol{C}=\begin{pmatrix}1 & -1 & \frac{1}{3}\\ 0 & 1 & \frac{2}{3}\\ 0 & 0 & 1\end{pmatrix}$。

8. (1) 正定; (2) 负定。 **9.** $-\frac{4}{5}<k<0$。 **10.** 略。 **11.** $y_1^2-y_2^2-y_3^2$。